工伤预防实务指南

江西省人力资源和社会保障学会　编著

主　编　揭赣元

副主编　李立德　侯中华　徐国荣　杨乃昭　刘军

中国劳动社会保障出版社

图书在版编目(CIP)数据

工伤预防实务指南/揭赣元主编. -- 北京：中国劳动社会保障出版社，2019
ISBN 978-7-5167-3970-9

Ⅰ.①工… Ⅱ.①揭… Ⅲ.①工伤事故-事故预防-指南 Ⅳ.①X928.03-62

中国版本图书馆 CIP 数据核字(2019)第 079769 号

中国劳动社会保障出版社出版发行

(北京市惠新东街 1 号　邮政编码：100029)

*

三河市华骏印务包装有限公司印刷装订　新华书店经销

787 毫米×1092 毫米　16 开本　18 印张　294 千字

2019 年 5 月第 1 版　2019 年 5 月第 1 次印刷

定价：45.00 元

读者服务部电话：(010) 64929211/84209101/64921644

营销中心电话：(010) 64962347

出版社网址：http://www.class.com.cn

工伤预防实务指南
编委会

主　　任　揭赣元

副 主 任　李立德　侯中华　徐国荣　杨乃昭　刘　军

编写人员　涂子贤　占　健　涂小凤　李更生　杨　柳　占俊学

林大建　余　华　王　琦　李　党　黄海行　黄　洪

叶小英　舒志平　周永安

《工伤预防实务指南》一书出版了，这是工伤保险业界一件可喜可贺的事情。

现代工伤保险制度起源于1884年德国出台的《工伤保险法》。19世纪中叶，西方发达国家相继进入了工业化发展时期，工人的劳动时间长、劳动强度大、劳动条件恶劣，造成了大量的工伤事故和职业病，为了争取工人的劳动保护和工伤保障权益，工人运动风起云涌，劳资对立带来了经济社会发展的尖锐矛盾。德国《工伤保险法》正是在这样的背景下诞生的。为了处理好工业化中由工伤问题引发的社会矛盾，这部法律规定了工伤保险制度的三项主要任务：预防事故、职业康复和经济补偿。这三项主要任务构成了预防、康复、补偿三位一体的现代工伤保险制度的基石，其中预防工伤事故发生成为工伤保险制度的首要任务。从那以后，国际工伤保险制度就循着三位一体的模式不断完善发展，工伤预防成为工伤保险制度不可或缺的三大支柱之一。

改革开放四十年来，我国的工伤保险制度在不断的改革、完善中发展。从发展阶段上看，我国正处在经济高速发展的工业化阶段，工伤事故和职业病发生的概率较高，特别是几亿农民工进城务工，工业化、城市化进程齐头并进，总体安全生产的形势较为严峻，通过工伤预防工作防止或减少工伤事故和职业病发生，就显得十分必要。

2004年开始实施的《工伤保险条例》，开宗明义将立法宗旨表述为“为了保障因工作遭受事故伤害或者患职业病的职工获得医疗救治和经济补偿，促进工伤预防和职业康复，分散用人单位的工伤风险”。2010年《工伤保险条例》（修订），又明确规定了工伤预防费的使用项目和管理办法。工伤预防是积极的工伤保险政策的集中体现，是以人为本的社会保障的重要内容，是工伤保险的主要支柱。

工伤保险为什么要搞工伤预防？其意义和重要性有以下三点：

第一，工伤预防可以降低工伤事故和职业病的发生率，减少职工伤亡，有效地保障劳动者的安全和健康。工伤保险既是一个社会保险制度，也是一个劳动保护制度。它的功能既有对工伤职工事后的经济补偿，也有通过各种措施在事前开展工伤预防，以减少职业伤害，最大限度地体现工伤保险对劳动者的保护功能。

第二，工伤预防工作有利于企业长期健康发展，促进劳动关系和谐与社会稳定。工伤预防工作减少了企业管理上的工伤风险和不安全因素，进而减少了因工伤事故频发造成的企业管理和财务成本支出，有利于企业在竞争中良性发展；同时，企业工伤事故减少会大大减少劳资之间的争议，有利于构建和谐的劳动关系，提升企业正面形象，从而促进社会和谐稳定。

第三，工伤预防工作可以减少工伤保险基金的支出和社会物质财富的损失。国际上一些国家开展工伤预防的实践表明，前期开展工伤预防工作，事后可减少大量的工伤经济补偿支出。我国部分城市开展工伤预防工作，投入产出比为1∶5.8，即投入1元工伤预防费，可以减少工伤基金支出5.8元，效果十分可观。当然，由于工伤事故减少，由工伤事故伤害带来的直接、间接损失也会减少，为此付出的社会成本也会大大减少，集中体现了工伤保险制度以人民为中心的指导思想。

《工伤保险条例》实施后，工伤预防工作逐步开展。2009 年开始，人力资源社会保障部在部分省进行了工伤预防工作试点，2017 年人力资源社会保障部与财政部、国家卫生计生委、国家安全监管总局印发了《工伤预防费使用管理暂行办法》，对工伤预防费的使用和管理做出了新的规定，工伤预防工作进入全面推进阶段，各地纷纷出台实施办法，推动工伤预防工作深入开展。

《工伤预防实务指南》一书由江西省长期从事工伤保险和工伤预防工作的专家撰写，他们在工伤预防工作中做了大量的探索，取得了丰富的经验。这本书凝聚了他们精心探索实践的心血。书中介绍了工伤预防相关的法规政策和预防工作的基本知识、管理方法，但又有与一般此类书籍不同的特点：一是专章阐述了用人单位工伤风险程度评估的标准、程序，详细介绍了工伤风险指数的确定方法，操作性很强；二是分类论述了工伤保险行政部门的工伤预防管理、规范、监督机制，用人单位的工伤预防工作组织，提供工伤预防项目服务单位的工作方式方法，将工伤预防的行政管理、用人单位的组织实施和第三方提供项目服务规范化、程序化、标准化，使工伤预防的项目实施制度化，为读者提供了一个推进工伤预防工作的“样板间”，容易掌握、易于操作；三是书中成熟的经验和办法是在江西省 21 家企业三年试点上产生的，有牢靠的实践基础，有充分的说服力；四是提出了“建设工伤预防智能服务平台”的构想，以“工伤及预防大数据”为基础建立信息库，以实现智能监控、及时处理和综合服务，大大提升工伤预防的科学性和精准性。

开卷有益。《工伤预防实务指南》一书内容丰富、亮点多多，既有理论法规，又有实际操作，实为推动工伤预防工作的指南。此书特别适合从事工伤预防工作的各方面人员阅读学习，也可以作为用人单位干部职工开展工伤预防的宣传、培训教材。

生命无价，安全为天。做好工伤预防工作，积德之厚，善莫大焉。感谢《工伤预防实务指南》的作者们做了这样一件有意义的事情，祝愿工伤预防工作有一个大发展。

中国医疗保险研究会副会长　陈刚

2019 年 4 月

内容简介

本书根据最新工伤保险和工伤预防相关的政策法规编写，主要讲述了工伤预防和职业病防治工作的基本知识、常用的管理方法及预防工伤事故的相关技能，并以工伤预防工作中的实例，详细介绍了主管部门、用人单位以及第三方服务机构在各自职责范围内全面推进工伤预防工作的方法及效果。本书主要内容包括：工伤预防概述，工伤预防相关法律法规导读，行政主管部门工伤预防管理，用人单位工伤风险程度及工伤预防工作评估，工伤预防项目服务单位工作内容，工伤预防建设项目工作实践。

本书适用于工伤预防工作有关管理部门、工伤预防项目服务机构等相关人员的工作指导，还可作为对用人单位主要负责人、中层管理人员及全体职工进行工伤预防宣传、培训的教材。

前　言

为贯彻落实《社会保险法》《工伤保险条例》及《关于印发工伤预防费使用管理暂行办法》（人社部规〔2017〕13号）等政策法规的相关规定，促进工伤预防工作，进一步保障劳动者的安全健康，我们以江西省的工伤预防试点工作实践为主线编著了这本《工伤预防实务指南》。

本书简述了工伤事故预防和职业病防治基本知识、常用的管理方法及预防工伤事故的相关技能，以便掌握工伤预防工作的要领；选录了《中华人民共和国劳动法》等法规中保障职工权益及工伤预防的相关条款并注以“导读”，以利于从法律法规层面促进工伤预防工作；以工伤预防试点实例为基础叙述了用人单位如何推进工伤预防工作，特别是用人单位主要负责人、中层管理人员及职工个人的工伤预防职责，为全面实施工伤预防并取得良好效果提供借鉴；从专业管理的角度论述了人力资源和社会保障部门推进工伤预防的主要工作内容，以帮助相关人员加快进入“角色”；从工伤预防试点经验出发，提出了工伤预防试点项目服务单位应如何实施预防项目，顺利完成项目并收到良好效果；从工伤预防发展的角度，简述了“工伤预防智能服务平台”的构想。

本书适合作为对用人单位主要负责人、中层管理人员及全体职工进行工伤预防宣传、培训的教材；适用于帮助人力资源和社会保障部门相关人员提高工伤预防工作能力；适用于指导承担工伤预防项目的单位及人员顺利达成项目目标。

本书由江西省人力资源和社会保障学会编著，在编著过程中得到了江西省人力资源和社会保障厅工伤保险处、南昌市人力资源和社会保障局、赣州市人力资源和社会保障局、九江市人力资源和社会保障局等单位的支持和帮助。

本书编著还得到了承担江西省工伤预防试点项目服务的江西天下人力资源管理服务有限公司的帮助和支持。在此一并致以诚挚的谢意！

编者

2019年4月

目　　录

第一章

工伤预防概述

《工伤保险条例》开宗明义，工伤预防是我国工伤保险制度的重要组成部分。做好工伤预防工作的重要意义在于：直接减少工伤事故和职业病的发生，保障职工的安全与健康，直接体现了贯彻习近平总书记“以人民为中心”“发展决不能以牺牲人的生命为代价”的发展思想，促进社会文明、和谐；保护用人单位最宝贵的资源——“人”，促进社会发展；减少了社会保险基金的赔付，促进工伤保险制度稳健运行。什么是工伤预防呢？简言之就是采取适当的管理办法和技术措施，防止人员在生产工作活动中受到《工伤保险条例》规定的、可以被认定为工伤的伤害或罹患职业病。

工伤事故伤害风险存在于上下班途中、生产前的准备工作及生产后的收尾工作等相关活动、生产全过程、生产中的相关活动等，其覆盖面大于安全生产事故风险。工伤预防不仅包括生产时段，还包括上下班时段及从事相关活动的时段，因此是“全程预防”。应该说，工伤预防不仅是预防事故的发生，更要注重事故发生后如何保护人不受到伤害，“以人为本”的特性更为突出（以保护人为宗旨，在物质财产安全和生命安全发生冲突时，后者为重，通常情况下是指不能以“生命”换取“财产”）。

第一节　工伤保险与工伤预防概况

一、国外概况

工伤保险是世界上最早产生以及最早进行国家立法，也是最成熟的社会保险险种。1884 年德国颁布了《工伤保险法》，这是世界上第一部工伤保险法。这部法的颁布也影响了世界各国，其他国家纷纷效仿，先后建立了工伤保险制度，颁布了相关的法律法规。

工伤保险实施的早期阶段，职业伤害待遇只是一种事后的消极补偿手段，是对雇员受到工伤事故伤害和患职业病后生活的保障。后来人们逐渐认识到，工伤保险制度可以并且应当介入预防工伤和职业病的领域，以促使雇主加强劳动安全和保护工作，改善劳动条件。此举不仅可以减少职业伤害的发生，有利于雇主的企业安全生产，从根本上保护雇员的利益，同时也可以减轻工伤保险费用支出的压力。美国马萨诸塞州最早在1912年即做出类似的立法，提出在就业过程中预防职业伤害。

1946年法国、1955年澳大利亚等国家通过立法，规定政府介入企业内部职业伤害预防工作，有权命令企业或者行业安装安全生产设备，对违反规定的企业有权令其关闭。在法国，利用社会保险基金对企业职业伤害预防工作提供多方面的服务，如进行咨询、资助项目等，设由社会保障机构负责的事故预防基金会，资助一个国家级职业安全与职业病预防研究所。该所的主要职能是研究并发布有关职业安全卫生信息，培训事故预防专家，向雇主提供提高安全操作水平培训等项目的低息贷款。在日本，社会保障计划规定社会保险基金在支持正常的补偿外，还有责任支持各种推动社会保障预防工作的协会；资助各种工业安全与医药卫生的科研与实验活动；资助劳动者的职业病普查及对工业环境管理所进行的有关科研工作等。

到目前为止，国外工伤预防研究大部分仍处于防止生产过程中的职业伤害阶段。工伤预防工作开展较好的是德国。德国由同业公会负责工伤预防工作，同业公会的责任有6个方面：一是颁布安全法律法规；二是监督排查治理事故隐患；三是咨询，包括测定厂内所有的设施、工艺过程及建筑结构等；四是提供培训服务；五是监测与调查；六是产品安全标准鉴定。德国将工伤保险基金的8%花在了预防上，有效地减少和控制了工伤保险费用支出的总体规模，事故发生率持续下降，工伤保险费率也不断降低。

二、国内概况

在我国，工伤保险是社会保险制度中的重要组成部分，是指国家通过立法建立的，以社会统筹方式建立基金，对在工作过程中遭受事故伤害，或因从事有损健康的工作患职业病而丧失劳动能力的职工，以及对因工死亡的职工遗属提供物质帮助的制度。

中华人民共和国成立初期，政务院颁布的《劳动保险条例》建立了企业职工工伤保险制度，对职工因工伤残后的补偿和休养康复等做出了规定。1994年颁布的《劳动法》对工伤保险作了原则性规定。1996年，原劳动部在总结各地试点经验的基础上，发布了《企业职工工伤保险试行办法》，对沿用了40多年的以企业自我保障为主的工伤福利制度进行了改革。2003年，国务院颁布了《工伤保险条例》，进一步改革了工伤保险制度，对工伤保险制度作出全面规定，丰富和完善了相关政策。几十年来的工伤保险实践，为社会保险立法积累了经验。2010年10月28日，第十一届全国人民代表大会常务委员会第十七次会议通过了《中华人民共和国社会保险法》，该法在第四章全章专门对工伤保险进行了规定，为我国的工伤保险制度奠定了坚实的法律基础。2010年12月，《工伤保险条例》进行了修订，并自2011年1月1日起施行。

借鉴国外“预防优先”的理念，我国已建立起工伤预防、工伤康复、工伤补偿相结合的“三位一体”的工伤保险制度功能体系。基于社会保险的工伤预防政策性强、对安全科学和技术要求更高（不仅要预防生产事故，更需要保护人），相关研究机构和用人单位与政府工伤保险管理机构合力，按《工伤保险条例》要求，探索研究工伤预防的科学与技术，将成为人们自我保护研究的新分支。以下所列为国内学者研究工伤保险、工伤预防的部分情况：

（1）郭晓宏的《中国工伤保险制度研究》（2010年）和乔庆梅的《中国职业风险与工伤保障：演变与转型》（2010年）是国内系统研究工伤保险的专著，分别从国外和国内的相关角度来组织著作内容体系。

郭晓宏以对日本工伤保险性质的学术大争论的细致考察为切入点，对我国各个历史阶段的工伤保险制度的性质及其特征等进行了研究分析。郭晓宏认为在20世纪90年代中期，我国诞生了真正的工伤保险制度，才有了从计划经济时期国家激励补偿性质的工伤待遇安排向市场经济下的、基于赔偿理念的工伤保险制度的真正过渡。还从对“和谐社会”的理解入手，分析了与之相适应的工伤保险制度的应有模式。

乔庆梅以中国工业发展转型期为背景，分析了职业风险的变化和工伤保障制度的改革与发展，对转型期的职业风险变化进行了全面系统的总结，对中国工伤保障制度的演变、改革进行了分析与评价。其中，转型期工伤保险制度分析涉及制度覆盖范围的有效性分析（工伤保险覆盖面、工伤保险的行业分布、工伤保险的地区发展和各类经济主体的参保状况等）、工伤保险基金充足性与稳定性分析、工伤保险制度效率分析和转型期工伤保险制度评价等各个方面。

（2）孙树菡、朱丽敏在《现代工伤保险制度：发展历程及动力机制》（2010年）一文中探讨了现代工伤保险制度发展历程及动力机制，认为工伤保险制度的产生与发展有着内在动力机制，生产力的进步是根本动因，公平与效率之争、不同利益集团的博弈则是内在动力。现代工伤保险法律依据由侵权行为法向社会法跨越，组织形式由自发的职工互助保险演变成工伤社会保险制度。

（3）蒋月、廖小航用定量分析方法来科学评估《工伤保险条例》实施效果。统计发现我国煤矿、铁路行业等风险较大行业和中等风险行业在1995—2010年间工伤事故发生数量大幅下降，说明《工伤保险条例》实施效果显著。建议工伤保险应扩大保护覆盖范围，细化行业差别费率和行业内费率档次，动态科学地完善立法［见蒋月、廖小航（2012年）《〈工伤保险条例〉实施效果及立法完善——基于定量分析的思考》］。

（4）李朝晖在《农民工工伤风险保障问题研究：以湖南湘中五城为例》（2011年）一书中，通过对我国农民工职业安全与劳动保护的状况分析，考察了农民工个体特征对工伤风险意识形成的影响；通过评估农民工享有工伤保险的程度，反映了农民工对工伤保障公平正义共享的期望；通过对农民工在工伤保障获取中所遇到的困难及应对策略的论证，分析了农民工个人、政府、企业及民间组织在各自工伤风险保障中所扮演角色的作用，主张坚持工伤预防优先、健全工伤康复指导和确保经济补偿完全。

（5）杨宏的《谈我国城市农民工工伤保险问题》（2004年）和孟繁元、田旭、李晶的《我国农民工工伤保险存在的问题及分析对策》（2006年）等相关论文，指出我国很多农民工未能享受工伤保险待遇，针对农民工工伤保险缺失的现状进行了原因分析，阐述完善农民工工伤保险的必要性和对策。

（6）张开云、吕惠琴、许国祥在《农民工工伤保险制度：现实困境与发展策略》（2011年）一文中指出，我国农民工在对工伤保险的认知、参保率、工伤预防和权益维护等方面得到了一定的进步。但农民工工伤保险制度仍然存在诸多困境，必须通过有效的制度创新以扩大工伤保险覆盖面，加强工伤预防和优化体系结构，健全农民工工伤保险制度，保障农民工劳动权益。

（7）张秋洁的《政策和企业因素对农民工参加工伤保险的影响研究》（2011年）一文对我国农民工参加工伤保险的影响因素进行了实证分析，发现农民工是否参加工伤保险受到各地工伤保险政策以及农民工所在企业两方面的影响。

（8）余飞跃在《工伤保险预防制度研究目标、机制与条件》（2011年）一书中，通过对工伤预防的产生和发展过程的梳理，归纳了工伤预防目标的变迁、工伤预防手段的扩展，同时从劳资关系的框架内分析了工伤预防目标与手段变迁的条件，提出工伤保险制度效率与工伤预防的经济安全目标要考虑补偿理念的变迁、补偿目标的增长极限与优先权问题、工伤保险基金效率问题和工伤预防与工伤保险制度的可持续问题。

（9）周慧文的《工伤保险风险分类及风险分类表研究》（2005 年）以风险理论为基础，对工伤保险费率确定中风险分类的作用、原则，风险分类表的定义、组成及其制定规则进行了研究，并将风险分类表分为三类，为工伤风险控制研究提供基础。

（10）黄雯在《我国工伤保险“三位一体”制度建设现状分析与对策》（2012 年）中指出，我国工伤保险预防、补偿、康复“三位一体”的制度体系已初见雏形，但工伤预防与工伤康复的功能明显薄弱，应加强发挥工伤预防和康复的职能。

第二节　工伤与生产事故

一、工伤

从字面解释，工伤是指在工作时间和工作场所内，因工作原因受到事故的伤害。《工伤保险条例》规定，工伤还包括维护国家利益、公共利益活动中受到的伤害和患职业病。从工伤保险角度来说，被认定为工伤是从业人员因在用人单位生产经营活动中和社会公益活动中受到伤害或患职业病而享受工伤保险待遇的条件。从统计数据可以看出，常见的工伤主要有生产性事故、上下班途中交通事故、患职业病和工作岗位上突发疾病死亡四种。

1996 年以前，职工在生产中的伤亡事故，通常说成发生工伤，1996 年原劳动部颁布《企业职工工伤保险试行办法》后，工伤包括生产性事故伤害和维护国家利益、公共利益活动中受到的伤害，所以可以认为：

《企业职工工伤保险试行办法》颁布前：“工伤” = “生产性伤亡事故”。

《企业职工工伤保险试行办法》颁布后：“工伤” ≠ “生产性伤亡事故”，“工伤” =享受工伤保险待遇的伤害=部分“生产性事故伤害” +部分“非生产性伤害”。

基于《工伤保险条例》的规定，工伤与各类事故的关系如图 1—1 所示。

1. 生产事故造成的工伤（A）

（1）在工作时间和工作场所内，因工作原因受到事故伤害的。

（2）工作时间前后在工作场所内，从事与工作有关的预备性或者收尾性

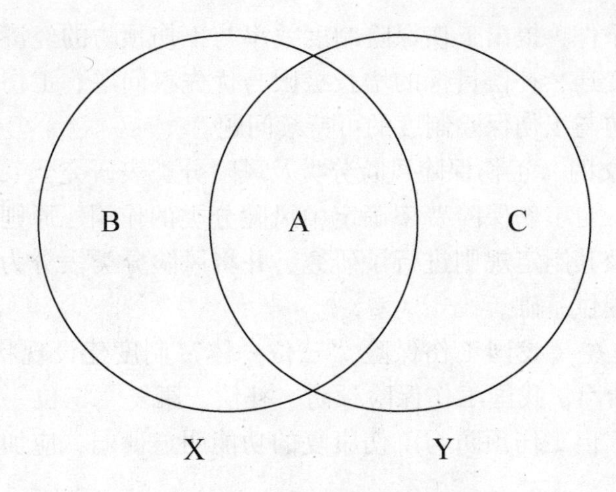

图 1—1　工伤与各类事故的关系

X——工伤　Y——事故

工作受到事故伤害的。

2. 非生产事故造成的工伤（B）

（1）在工作时间和工作场所内，因履行工作职责受到暴力等意外伤害的。

（2）患职业病的。

（3）因工外出期间，由于工作原因受到伤害或者发生事故下落不明的。

（4）在上下班途中，受到非本人主要责任的交通事故或者城市轨道交通、客运轮渡、火车事故伤害的。

（5）在工作时间和工作岗位，突发疾病死亡或者在 48 小时之内经抢救无效死亡的。

（6）在抢险救灾等维护国家利益、公共利益活动中受到伤害的。

（7）职工原在军队服役，因战、因公负伤致残，已取得革命伤残军人证，到用人单位后旧伤复发的。

（8）法律、行政法规规定应当认定为工伤的其他情形。

3. 生产时的非工伤的事故（C）

（1）因犯罪或者违反治安管理规定伤亡的。

（2）醉酒导致伤亡的。

二、生产事故

事故是违背人们意愿的事件。在生产经营活动过程中，由于人的不安全行为、物的不安全状态和管理上的缺陷，生产作业场所或多或少地会存在一些危险因素或有害因素，作业人员在作业过程中出现的各种原因激发这些因素，就会违背人们“高高兴兴上班，平平安安回家”意愿，造成人身伤害或者直接经济损失。

1. 生产事故一般概念

（1）生产事故。生产事故是指生产经营活动中发生的造成人身伤亡或者直接经济损失的事故。

（2）职工伤亡事故。职工伤亡事故是指企业职工在生产劳动过程中，发生的人身伤害、急性工业中毒事故。

（3）急性工业中毒事故。急性工业中毒事故是指企业职工在生产劳动过程中，因人体接触国家规定的工业性毒物、有害气体，一次或短期内通过人的呼吸道、消化道或皮肤大量吸入生产性毒物到体内，使人体在短时间内发生病变，导致中断工作，须进行急救处理，甚至死亡的事故。

2. 事故等级

事故等级某种意义上来说等同于“事故严重程度”。《生产安全事故报告和调查处理条例》（国务院令第 493 号）根据生产安全事故造成的人员伤亡或者直接经济损失，将事故分为以下等级（如表 1—1 所示）：

（1）特别重大事故，是指造成 30 人以上死亡，或者 100 人以上重伤（包括急性工业中毒，下同），或者 1 亿元以上直接经济损失的事故。

（2）重大事故，是指造成 10 人以上 30 人以下死亡，或者 50 人以上 100 人以下重伤，或者 5 000 万元以上 1 亿元以下直接经济损失的事故。

（3）较大事故，是指造成 3 人以上 10 人以下死亡，或者 10 人以上 50 人以下重伤，或者 1 000 万元以上 5 000 万元以下直接经济损失的事故。

（4）一般事故，是指造成 3 人以下死亡，或者 10 人以下重伤，或者 1 000 万元以下直接经济损失的事故。

这里所称的“以上”包括本数，“以下”不包括本数。

表 1—1　　事故及其等级要素

事故等级	死亡人数	（或）重伤人数	（或）直接经济损失
特别重大事故	30 人以上	100 人以上	1 亿元以上
重大事故	10 人以上 30 人以下	50 人以上 100 人以下	5 000 万元以上 1 亿元以下
较大事故	3 人以上 10 人以下	10 人以上 50 人以下	1 000 万元以上 5 000 万元以下
一般事故	3 人以下	10 人以下	1 000 万元以下

注：表中的“以上”包括本数，“以下”不包括本数。

3. 事故伤害程度

事故伤害按程度分为轻伤、重伤和死亡，事故伤害损失工作日按照《事故伤害损失工作日标准》（GB/T 15499—1995）中的规定执行。该标准规定了定量记录人体伤害程度的方法及伤害对应的损失工作日数值。

根据《企业职工伤亡事故分类标准》（GB 6441—1986）：

（1）轻伤是指造成人员肢体、某些器官功能性或器质性轻度损伤，致使劳动能力轻度或暂时丧失的伤害。其事故伤害损失工作日小于105个工作日。

（2）重伤是指造成人员肢体残缺或某些器官受到严重损伤，致使人体长期存在功能障碍或劳动能力有重大损失的伤害。其事故伤害损失工作日大于或等于105个工作日。

（3）死亡或永久性全失能伤害损失工作日按6 000个工作日计算。

注：以上是从安全生产角度对人员受到伤害的程度的一种划分，和工伤保险劳动能力鉴定标准无对应关系。

4. 事故类别

《企业职工伤亡事故分类标准》（GB 6441—1986）将职工伤亡事故分为物体打击、车辆伤害、机械伤害、起重伤害、触电、淹溺、灼烫、火灾、高处坠落、坍塌、冒顶片帮、透水、放炮、火药爆炸、瓦斯爆炸、锅炉爆炸、容器爆炸、其他爆炸、中毒和窒息、其他伤害共20类。

三、工伤事故致因理论

事故致因理论是指探索事故发生及预防规律，阐明事故发生机理，防止事故发生的理论。事故致因理论是用来阐明事故的成因、始末过程和事故后果，以便对事故现象的发生、发展进行明确的分析。事故致因理论的出现，已有上百年的历史，从最早的单因素理论发展到不断增多的复杂因素的系统理论。

1. 单因素理论

早在1919年格林伍德和1926年纽伯尔德，都认为事故在人群中并非随机地分布，某些人比其他人更易发生事故。一些工人由于存在精神或心理方面的问题，如果在生产操作过程中发生过一次事故，当再继续操作时，就有重复发生第二次、第三次事故的倾向，符合这种统计分布的主要是少数有精神或心理缺陷的工人。因此，可用某种方法将有事故倾向的工人与其他人区别开来。

1939年法默和凯姆伯斯提出：一个有事故倾向的人具有较高的事故产生

率，而与工作任务、生活环境和经历等无关。

在此研究基础上，1939 年，法默和查姆勃等人提出了事故频发倾向理论。该理论认为，事故频发倾向是指个别容易发生事故的稳定的个人内在倾向。事故频发倾向者的存在是工业事故发生的主要原因，即少数具有事故频发倾向的工人是事故频发倾向者，他们的存在是工业事故发生的原因。如果企业中减少了事故频发倾向者，就可以减少工业事故。

尽管事故频发倾向论把工业事故归因于少数事故频发倾向者的观点今天看来是错误的，其缺点是过分夸大了人的性格特点在事故中的作用，然而从职业适合性的角度来看，关于事故频发倾向的认识也有一定可取之处。单一因素理论——具有事故倾向的素质论，在 1971 年被邵合赛克尔主张为供工种考选的参考。

判断某人是否为事故频发倾向者，要通过一系列的心理学测试。例如，在日本曾采用 YG 测验（Yatabe Gnilford Test）来测试工人的性格。另外，也可以通过对日常工人行为的观察来发现事故频发倾向者。一般来说，具有事故频发倾向的人在进行生产操作时往往精神动摇，注意力不能时刻集中在操作上，因而不能适应迅速变化的外界条件。

2. “事件链”理论

1931 年，美国安全工程师海因里希在《工业事故预防》一书中，论述了事故发生的因果连锁理论，后人称其为海因里希因果连锁理论。海因里希把工业伤害事故的发生、发展过程描述为具有一定因果关系事件的连锁，即人员伤亡的发生是事故的结果，事故的发生原因是人的不安全行为或物的不安全状态，人的不安全行为或物的不安全状态是由人的缺点造成的，人的缺点是由不良环境诱发或者是由先天的遗传因素造成的。

海因里希将事故因果连锁过程概括为以下 5 个因素：遗传及社会环境，人的缺点，人的不安全行为或物的不安全状态，事故，伤害。海因里希用多米诺骨牌来形象地描述这种事故因果连锁关系。在多米诺骨牌系列中，一颗骨牌被碰倒了，将发生连锁反应，其余的几颗骨牌相继被碰倒。如果移去中间的一颗骨牌，则连锁被破坏，事故过程被中止。他认为，企业安全工作的中心就是防止人的不安全行为，消除机械的或物的不安全状态，中断事故连锁的进程而避免事故的发生。

事故因果连锁中一个最重要的因素是管理。大多数企业，由于各种原因，完全依靠工程技术上的改进来预防事故是不现实的，需要完善的安全管理工作机制，才能防止事故的发生。如果管理上出现缺欠，就会使得导致事故的基本原因出现。

1953 年，巴尔将上述骨牌原理发展为“事件链”理论，认为事故的前级诸致因因素是一系列事件的“链环”，一环生一环，一环套一环。链的末端是事件后果——事故和损失。

3.“事故树”分析论

1961 年，美国的沃森提出了以逻辑分析中的演绎分析法和逻辑电路的逻辑门形式绘制事故模型。

1962 年，美国公开了“空军弹道导弹系统安全工程”的说明书。

1965 年，科尔德纳在安全性定量化的论文中在沃森的基础上系统地介绍了故障树分析法（FTA）。

1970 年，德莱林明确地将事件链理论发展为分支事件过程逻辑理论。FTA 等树枝图形，实质上是分支事件过程的解析。

4.“能量转移”论

1961 年由吉布森提出的，并在 1966 年由哈登完善的“能量转移”论，指出了人体受到的伤害，只能是能量转移的结果，从而明确了事故致因的本质是能量逆流（能量错误释放）于人体。因此，应该通过控制能量或控制作为能量到达人体媒介的能量载体来预防伤害事故。并提出了能量逆流于人体造成伤害的分类方法，将伤害分为两类：第一类伤害是由于施加了局部或全身性损伤阈值的能量引起的；第二类伤害是由影响了局部或全身性能量交换引起的，主要指中毒窒息和冻伤。

5.“人为因素”论

1969 年，瑟利提出了 S—O—R 人为因素致因模型，该模型包括两组问题（危险构成和显现危险），每组又分别包括三类心理、生理成分，即对事件的感知、刺激（S）；对事件的理解、响应和认识（O）；生理行为、响应或举动（R）。这是系统理论的人为因素致因模型。

6.“扰动”论

1972 年，本纳提出了起因于“扰动”而促成事故的理论，即 P 理论（Perturbation Occurs），进而提出“多重线性事件过程图解法”。扰动起源论把事故看成是相继发生的事件过程，以破坏自动调节的动态平衡——“扰动”为起源事件，以伤害或损坏而告终（终了事件）。该理论指出了事故发生是由于系统运行中出现了失衡而扰动，并因扰动失控而造成的。在发生事故前改善环境条件，使之自动动态平衡，砍断向事故后果发展的链条，即可防止事故发生。

7. “人因”论

1972年，威格勒沃茨提出了以人失误为主因的事故模型（人因事故模型），主要以人的行为失误构成伤害为基础，指出人如果“错误地或不适当地响应刺激”就会发生失误，从而可能导致事故发生。

8. “管理”论

1975年，约翰逊从管理角度出发提出了管理疏忽和危险树（MORT）理论，把事故致因重点放在管理缺陷上，指出造成伤亡事故的本质原因是管理失误。

9. “轨迹交叉”论

近二十几年来，许多学者较一致地认为，事故的直接原因不外乎人的不安全行为（或失误）和物的不安全状态（或故障）两大因素作用的结果。即人与物两系列运动轨迹的交叉点就是发生事故的“时空”，“轨迹交叉论”应运而生。

10. “综合因素”论

我国的安全生产工作者在事故致因理论上的综合研究方兴未艾。当前比较统一的观点认为事故是多种因素综合作用造成的，是社会因素、管理因素和生产中的危险因素被偶然事件触发而造成的伤亡和损失的不幸事件。事故致因的本质是基础原因。“综合因素”论是在我国较为受重视的事故致因理论。

第三节 职 业 病

职业病是指用人单位的劳动者在职业活动中，因接触粉尘、放射性物质和其他有毒有害因素而引起的疾病。

一、职业病现状

据有关部门调查，我国的职业病危害分布于全国三十多个行业，其中以煤炭、冶金、建材、有色金属、机械、化工等行业最为突出。以尘肺病为例，据不完全统计，至2016年，全国累计尘肺病人558 624人，其中已死亡近133 226人；截至2018年年底，患尘肺病人425 398例，还有60多万例可疑尘肺人员，新发尘肺病人仍以每年1.5万~2万例的速度增长。

二、职业病的分类和目录

随着经济的发展和科技的进步，各种新材料、新工艺、新技术不断出现，产生职业病危害因素的种类越来越多，从而导致了职业病的范围越来越广，出现了一些过去未曾见过或很少见过的职业病。因此，随着我国社会经济的发展，国家对法定职业病的范围不断进行修订。1957 年，卫生部首次发布了《关于试行〈职业病范围和职业病患者处理办法〉的规定》，将职业病确定为 14 种；1987 年，卫生部、劳动人事部、财政部和全国总工会发布了《职业病范围和职业病患者处理办法的规定》（国卫防字〔1987〕60 号）将职业病修订为 9 类 99 种；2002 年，根据《中华人民共和国职业病防治法》，卫生部联合劳动和社会保障部发布了《职业病目录》（卫法监发〔2002〕108 号），将职业病修订为 10 类 115 种。目前，根据国家卫生计生委、国家安全监管总局、人力资源社会保障部和全国总工会于 2013 年 12 月 23 日联合发布的《职业病分类和目录》（国卫疾控发〔2013〕48 号），职业病分为 10 类 132 种。具体分类如下：

1. 职业性尘肺病及其他呼吸系统疾病（19 种）

（1）尘肺病（13 种）：矽肺、煤工尘肺、石墨尘肺、碳黑尘肺、石棉肺、滑石尘肺、水泥尘肺、云母尘肺、陶工尘肺、铝尘肺、电焊工尘肺、铸工尘肺以及根据《尘肺病诊断标准》和《尘肺病理诊断标准》可以诊断的其他尘肺病。

（2）其他呼吸系统疾病（6 种）：过敏性肺炎、棉尘病、哮喘、金属及其化合物粉尘肺沉着病（锡、铁、锑、钡及其化合物等）、刺激性化学物所致慢性阻塞性肺疾病和硬金属肺病。

2. 职业性皮肤病（9 种）

职业性皮肤病包括接触性皮炎、光接触性皮炎、电光性皮炎、黑变病、痤疮、溃疡、化学性皮肤灼伤、白斑以及根据《职业性皮肤病的诊断总则》可以诊断的其他职业性皮肤病。

3. 职业性眼病（3 种）

职业性眼病包括化学性眼部灼伤、电光性眼炎、白内障（含放射性白内障、三硝基甲苯白内障）。

4. 职业性耳鼻喉口腔疾病（4 种）

职业性耳鼻喉口腔疾病包括噪声聋、铬鼻病、牙酸蚀病和爆震聋。

5. 职业性化学中毒（60 种）

职业性化学中毒包括铅及其化合物中毒（不包括四乙基铅），汞及其化合物中毒，锰及其化合物中毒，镉及其化合物中毒，铍病，铊及其化合物中毒，钡及其化合物中毒，钒及其化合物中毒，磷及其化合物中毒，砷及其化合物中毒，铀及其化合物中毒，砷化氢中毒，氯气中毒，二氧化硫中毒，光气中毒，氨中毒，偏二甲基肼中毒，氮氧化合物中毒，一氧化碳中毒，二硫化碳中毒，硫化氢中毒，磷化氢、磷化锌、磷化铝中毒，氟及其无机化合物中毒，氰及腈类化合物中毒，四乙基铅中毒，有机锡中毒，羰基镍中毒，苯中毒，甲苯中毒，二甲苯中毒，正己烷中毒，汽油中毒，一甲胺中毒，有机氟聚合物单体及其热裂解物中毒，二氯乙烷中毒，四氯化碳中毒，氯乙烯中毒，三氯乙烯中毒，氯丙烯中毒，氯丁二烯中毒，苯的氨基及硝基化合物（不包括三硝基甲苯）中毒，三硝基甲苯中毒，甲醇中毒，酚中毒，五氯酚（钠）中毒，甲醛中毒，硫酸二甲酯中毒，丙烯酰胺中毒，二甲基甲酰胺中毒，有机磷中毒，氨基甲酸酯类中毒，杀虫脒中毒，溴甲烷中毒，拟除虫菊酯类中毒，铟及其化合物中毒，溴丙烷中毒，碘甲烷中毒，氯乙酸中毒，环氧乙烷中毒，上述条目未提及的与职业病危害因素接触之间存在直接因果联系的其他化学中毒。

6. 物理因素所致职业病（7 种）

物理因素所致职业病包括中暑、减压病、高原病、航空病、手臂振动病、激光所致眼（角膜、晶状体、视网膜）损伤和冻伤。

7. 职业性放射性疾病（11 种）

职业性放射性疾病包括外照射急性放射病、外照射亚急性放射病、外照射慢性放射病、内照射放射病、放射性皮肤疾病、放射性肿瘤（含矿工高氡暴露所致肺癌）、放射性骨损伤、放射性甲状腺疾病、放射性性腺疾病、放射复合伤以及根据《职业性放射性疾病诊断标准（总则）》可以诊断的其他放射性损伤。

8. 职业性传染病（5 种）

职业性传染病包括炭疽、森林脑炎、布鲁氏菌病、艾滋病（限于医疗卫生人员及人民警察）和莱姆病。

9. 职业性肿瘤（11 种）

职业性肿瘤包括石棉所致肺癌、间皮瘤，联苯胺所致膀胱癌，苯所致白血病，氯甲醚、双氯甲醚所致肺癌，砷及其化合物所致肺癌、皮肤癌，氯乙烯所致肝血管肉瘤，焦炉逸散物所致肺癌，六价铬化合物所致肺癌，毛沸石所致肺癌、胸膜间皮瘤，煤焦油、煤焦油沥青、石油沥青所致皮肤癌和β-萘胺所致膀胱癌。

10. 其他职业病（3 种）

其他职业病包括金属烟热，滑囊炎（限于井下工人），股静脉血栓综合征、股动脉闭塞症或淋巴管闭塞症（限于刮研作业人员）。

三、职业病危害因素分类

职业病危害因素，又称职业危害因素或职业性有害因素，是指对从事职业活动的劳动者可能导致职业病的各种危害。职业病危害因素包括：职业活动中存在的各种有害的化学、物理、生物因素以及在作业过程中产生的其他职业有害因素。职业病危害因素可按如下方法进行分类：

1. 按照《职业病危害因素分类目录》中规定的分类

2015年，国家卫生计生委、国家安全监管总局、人力资源社会保障部和全国总工会联合发布的《职业病危害因素分类目录》（国卫疾控发〔2015〕92号）将职业病危害因素分为6大类，包括：粉尘类（矽尘等共52种）；化学因素类（铅及其化合物等共375种）；物理因素类（噪声等共15种）；放射性因素类（密封放射源产生的电离辐射等共8种）；生物因素类（艾滋病病毒等共6种）；其他因素类（金属烟、井下不良作业条件、刮研作业共3种）。详细内容请查阅该目录。

2. 按照工作场所中的职业病危害因素来源的分类

（1）生产过程中产生的有害因素：

1）生产性粉尘。生产性粉尘常见的有水泥生产过程中产生的水泥尘，陶瓷制作过程中产生的陶瓷尘，电焊作业过程中产生的电焊烟尘，浇铸作业过程中产生的铸造粉尘等。

2）化学性因素。化学性有害因素主要为生产性毒物，常见的有生产工艺使用的汞及其化合物、砷及其化合物、氯气、汽油，生产过程中产生一氧化碳、二氧化碳、硫化氢、甲醛以及电焊作业过程中产生的锰烟，喷漆、刷漆作业过程中产生的苯系物等。

3）物理因素。物理因素包括噪声、振动、电离辐射（如X射线、γ射线）、非电离辐射（如紫外线、微波辐射）、异常气象条件（如高温、低温、高湿）和异常气压（如高气压、低气压）等。

4）生物因素。生物因素包括炭疽杆菌、森林脑炎、布氏杆菌等。

（2）劳动过程中的有害因素：

1）劳动组织和制度不合理，劳动作息制度不合理等。

2）职业性精神（心理）紧张。

3）劳动强度过大或生产定额不当，不能合理地安排与劳动者身体状况相适应的作业。

4）个别器官或系统过度紧张，如视力紧张等。

5）长时间处于不良体位或姿势，或使用不合理的工具劳动等。

（3）生产环境中的有害因素：

1）自然环境因素的作用，如炎热季节高温辐射，冬季低温冻伤等。

2）厂房建筑物布局缺陷，如采光照明不足，通风不良等。

3）作业环境空气污染等。

第四节　用人单位工伤预防基本要求

一、工伤预防的地位和作用

1. 工伤预防的地位

从国际上看，有关国际组织向来重视工伤预防在工伤保险制度中的重要作用。国际劳工组织第 121 号《工伤事故与职业病津贴公约》要求："各成员国应在规定条件下，采取针对工伤事故和职业病的预防措施。"

在我国，党和政府一贯高度重视工伤预防相关工作，发布了一系列法律法规、标准和文件，改善了劳动环境，促进了职工的安全健康。《中华人民共和国安全生产法》（以下简称《安全生产法》）第三条明确提出"安全生产管理，坚持安全第一、预防为主、综合治理的方针"。2003 年 4 月，国务院颁布的《工伤保险条例》第一条即提出制定工伤保险条例的目的是"保障因工作遭受事故伤害或者患职业病的职工获得医疗救治和经济补偿，促进工伤预防和职业康复，分散用人单位的工伤风险"，由此可见，"促进工伤预防"是其立法宗旨之一。《工伤保险条例》第四条要求"用人单位和职工应当遵守有关安全生产和职业病防治的法律法规，执行安全卫生规程和标准，预防工伤事故发生，避免和减少职业病危害"。《工伤保险条例》第十二条明确规定工伤预防的宣传、培训等费用可从工伤保险基金中列支，奠定了我国工伤保险制度的工伤预防功能的法律地位和制度基础，进一步表明我国政府对工伤预防工作的一贯重视。

2. 工伤预防的作用

（1）工伤预防可以从源头上降低工伤事故和职业病的发生，保障劳动者的安全健康。预防的要义，在于"事先防范"，防未发生的事故，防"未病之病"，防患于未然。工伤预防是企业安全生产工作的一项重要内容。企业要进行生产经营活动，就存在发生伤亡事故和职业病的可能。据统计，我国每年工伤人数100万左右，评定伤残等级人数50万左右，新患职业病的有1万多人。减少工伤事故和职业病的发生，保障劳动者在生产过程中的安全健康，需要事先的预防工作。有关研究表明，已发生的事故80%以上是可以通过对安全生产管理与技术等手段避免的，说明了工伤预防工作的迫切性和重要性。

（2）工伤预防工作从根本上有利于企业发展，促进社会和谐稳定。近些年来，我国工伤事故和职业病所造成的危害已经引起各级政府和社会各方面的广泛关注。随着工伤保险制度的改革，将逐步加强工伤预防工作。一方面，通过工伤预防，提高企业安全生产管理水平，消除事故隐患，减少和避免事故的发生，既保护了劳动者的生命安全与身体健康，也减少了事故发生给企业造成的损失，保证企业生产经营的顺利进行，有助于企业的良性发展，进而推动经济社会的发展进步。另一方面，企业工伤事故少了，将大大减少由此引发的劳资双方的争议，有利于建立和谐的劳动关系，促进社会的和谐稳定。

（3）工伤预防可以减少工伤保险基金的支出和社会物质财富的损失，降低社会成本。西方国家有谚语："一镑的预防等于十镑的治疗"，形象地说明了预防的投入产出比是很高的。国际通行的"损失控制"理论表明，在前期投入少量资金开展工伤预防工作，可减少大量的事后赔偿支出。据国际劳工组织估测，一个国家职业伤害造成的经济损失占GDP的2%左右。如此计算，按2017年我国近83万亿元人民币的GDP总额计算，我国一年中各种职业伤害造成的经济损失高达1.66万亿元人民币。工伤预防工作能减少职业伤害，从而从根本上减少工伤保险基金支出。实践证明，加强工伤预防工作，减少工伤事故发生，是控制工伤保险基金支出的有效办法之一。同时，工伤事故的降低，工伤人数的减少，除了可以降低工伤保险赔付和待遇支付外，还可减少人力资源和社会保障部门工伤认定、劳动能力鉴定和待遇核付等一系列工作的工作量和管理费用，从而降低行政成本。

总之，有效实施工伤预防工作，可以获得较高的社会效益和经济效益（投入产出比）。

二、用人单位防范工伤事故的基本措施要求

为了做好工伤预防工作，给职工提供人身安全和健康保障，用人单位的工伤预防工作必须达到有关基本要求。我国当前情况下，主要是以安全生产管理的手段，杜绝或减少用人单位工伤事故的发生，以下从主要的几个方面来介绍。

1. 用人单位的生产经营要符合相关法律法规和标准的要求

生产经营场所和设备、设施以及配套管理制度要符合工伤预防相关法律法规的规定和有关国家标准、行业标准或者地方标准的要求。

2. 建立健全安全规章制度

生产经营单位安全规章制度是指生产经营单位依据国家有关法律法规、国家和行业标准，结合生产经营的安全生产实际，以生产经营单位名义起草颁发的有关安全生产的规范性文件，一般包括：规程、标准、规定、措施、办法、制度、指导意见等。

安全规章制度是生产经营单位贯彻国家有关安全生产法律法规、国家和行业标准，落实国家安全生产方针政策的行动指南，是生产经营单位有效防范生产经营过程中的安全生产风险，保障从业人员安全和健康，加强安全生产管理的重要措施。

建立健全安全规章制度是生产经营单位的法定责任。生产经营单位是安全生产的责任主体，国家有关法律法规对生产经营单位加强安全规章制度建设有明确的要求。《安全生产法》第四条规定“生产经营单位必须遵守本法和其他有关安全生产的法律、法规，加强安全生产管理，建立、健全安全生产责任制度，完善安全生产条件，确保安全生产”；《中华人民共和国劳动法》（以下简称《劳动法》）第五十二条规定“用人单位必须建立、健全劳动安全卫生制度，严格执行国家劳动安全卫生规程和标准，对劳动者进行劳动安全卫生教育，防止劳动过程中的事故，减少职业危害”；《中华人民共和国突发事件应对法》第二十二条规定“所有单位应当建立健全安全管理制度，定期检查本单位各项安全防范措施的落实情况，及时消除事故隐患……”所以，建立健全安全规章制度是国家有关安全生产法律法规明确的生产经营单位的法定责任。

一般生产经营单位的安全生产规章制度的内容主要包括安全生产教育培训制度、安全生产检查制度、安全生产奖惩制度、生产安全事故的报告和处理制度、劳动防护用品管理制度、设备安全管理制度、危险作业管理制度、安全操作规程等，特殊或专项作业项目的安全生产制度可结合自身要求加以制定。

3. 落实安全生产责任制

（1）安全生产责任制的概念。安全生产责任制是根据我国的安全生产方针“安全第一、预防为主、综合治理”和安全生产法规以及“管生产必须管安全”这一原则，建立的各级领导、职能部门、工程技术人员、岗位操作人员在劳动生产过程中对安全生产层层负责的制度，是将以上所列的各级负责人员、各职能部门及其工作人员和各岗位生产人员在安全生产方面应做的事情和应负的责任加以明确规定的一种制度。安全生产责任制是企业岗位责任制的一个组成部分，是生产经营单位中最基本的一项安全制度，也是生产经营单位安全生产、劳动保护管理制度的核心。实践证明，凡是建立健全了安全生产责任制的生产经营单位，各级领导重视安全生产、劳动保护工作，切实贯彻执行党的安全生产、劳动保护方针、政策和国家的安全生产、劳动保护法规，在认真负责地组织生产的同时，积极采取措施，改善劳动条件，工伤事故和职业病就会减少。反之，就会职责不清，相互推诿，而使安全生产、劳动保护工作无人负责，无法进行，工伤事故与职业病就会不断发生。

(2) 生产经营单位建立安全生产责任制的目的。建立安全生产责任制的目的，一方面是增强生产经营单位各级负责人员、各职能部门及其工作人员和各岗位生产人员对安全生产的责任感；另一方面明确生产经营单位中各级负责人员、各职能部门及其工作人员和各岗位生产人员在安全生产中应履行的职责和应承担的责任，以充分调动各级人员和各部门安全生产方面的积极性和主观能动性，确保安全生产。

(3) 安全生产责任制的主要内容。安全生产责任制的内容主要包括以下两个方面：

一是纵向方面，即从上到下所有类型人员的安全生产职责。在建立责任制时，可首先将本单位从主要负责人一直到岗位职工分成相应的层级，然后结合本单位的实际工作，对不同层级的人员在安全生产中应承担的职责做出规定。

二是横向方面，即各职能部门（包括党、政、工、团）的安全生产职责。在建立责任制时，可按照本单位职能部门的设置（如安全、设备、计划、技术、生产、基建、人事、财务、设计、档案、培训、党办、宣传、工会、团委等部门），分别对其在安全生产中应承担的职责做出规定。

生产经营单位在建立安全生产责任制时，在纵向方面至少应包括下列几类人员：

1）生产经营单位主要负责人。生产经营单位的主要负责人是本单位安全生产的第一责任者，对安全生产工作全面负责。《安全生产法》第十八条将生产经营单位的主要负责人的安全生产职责定为：建立健全本单位安全生产责任制；组织制定本单位安全生产规章制度和操作规程；组织制订并实施本单位安全生产教育和培训计划；保证本单位安全生产投入的有效实施；督促、检查本单位的安全生产工作，及时消除生产安全事故隐患；组织制定并实施本单位的生产安全事故应急救援预案；及时、如实报告生产安全事故。

2）生产经营单位其他负责人。生产经营单位其他负责人的相关职责是协助主要负责人搞好安全生产工作。不同的负责人分管的工作不同，应根据其具体分管工作，对其在安全生产方面应承担的具体职责做出规定。

3）生产经营单位职能管理机构负责人及其工作人员。各职能部门都会涉及安全生产职责，需根据各部门职责分工做出具体规定。各职能部门负责人的职责是按照本部门的安全生产职责，组织有关人员做好本部门安全生产责任制的落实，并对本部门职责范围内的安全生产工作负责；各职能部门的工作人员则是在各人职责范围内做好有关安全生产工作，并对自己职责范围内的安全生产工作负责。

4）班组长。班组是生产经营单位搞好安全生产工作的关键。班组长全面负责本班组的安全生产，是安全生产法律法规和规章制度的直接执行者。班组长的主要有关职责是贯彻执行本单位对安全生产的规定和要求，督促本班组的工人遵守有关安全生产规章制度和安全操作规程，切实做到不违章指挥，不违章作业，遵守劳动纪律。

5）岗位职工。岗位职工对本岗位的安全生产负直接责任。岗位职工要接受安全生产教育和培训，遵守有关安全生产规章和安全操作规程，不违章作业，遵守劳动纪律。另外，特种作业人员必须接受专门的培训，经考试合格取得操作资格证书后，方可上岗作业。

4. 加强安全生产教育培训

《安全生产法》第二十五条规定：生产经营单位应当对从业人员进行安全生产教育和培训，保证从业人员具备必要的安全生产知识，熟悉有关的安全生产规章制度和安全操作规程，掌握本岗位的安全操作技能，了解事故应急处理措施，知悉其自身在安全生产方面的权利和义务。未经安全生产教育和培训合格的从业人员，不得上岗作业。

（1）安全生产教育培训的对象：

1）根据《生产经营单位安全培训规定》（2006 年 1 月 17 日原国家安全生产监督管理总局令第 3 号公布，2015 年 5 月 29 日原国家安全生产监督管理总局令第 80 号第二次修正），生产经营单位应当接受安全生产培训的从业人员包括主要负责人、安全生产管理人员、特种作业人员和其他从业人员。

2）生产经营单位使用被派遣劳动者的，应当将被派遣劳动者纳入本单位从业人员统一管理，对被派遣劳动者进行岗位安全操作规程和安全操作技能的教育和培训。劳务派遣单位应当对被派遣劳动者进行必要的安全生产教育和培训。

3）生产经营单位接收中等职业学校、高等学校学生实习的，应当对实习学生进行相应的安全生产教育和培训，提供必要的劳动防护用品。学校应当协助生产经营单位对实习学生进行安全生产教育和培训。

（2）安全生产教育的目的：

1）统一思想，提高认识。通过教育，把职工的思想统一到“安全第一、预防为主、综合治理”的方针上来，使生产经营单位管理者和各级领导真正把安全摆在“第一”的位置，在从事生产经营单位管理活动中坚持“五同时”（生产组织领导者必须在计划、布置、检查、总结、评比生产工作的同时进行计划、布置、检查、总结、评比安全工作的原则）的基本原则；使广大职工认识到安全生产的重要性，从“要我安全”变为“我要安全”“我会安全”，做到“三不伤害”，即“我不伤害自己，我不伤害他人，我不被他人伤害”，提高自觉抵制“三违”现象的能力。

2）提高企业的安全管理水平。安全管理包括对全体职工的安全管理，对设备、设施的安全技术管理和对作业环境的劳动卫生管理。通过安全生产教育，提高各级领导干部的安全生产政策水平，掌握有关安全生产法律法规、制度，学习应用先进的安全管理方法、手段，提高全体职工在各自工作范围内，对设备、设施和作业环境的安全管理能力。

3）提高全体职工的安全知识水平和安全技能。安全知识包括对生产活动中存在的各类危险因素和危险源的辨识、分析、预防、控制知识；安全技能包括安全操作的技巧、紧急状态的应变能力以及事故状态的急救、自救和处理能力。通过安全教育，使广大职工掌握安全生产知识，提高安全操作水平，发挥自防自控的自我保护及相互保护作用，有效地防止事故。

鉴于当前生产经营单位经济实力和科技水平，设备、设施的安全状态尚未达到本质安全的程度，坚持不断地进行安全生产教育，减少和控制人的不安全行为，就显得尤为重要。

（3）安全生产教育的内容：

安全生产教育的内容主要包括思想教育、法制教育、知识教育和技能训练。

1）思想教育主要是安全生产方针政策教育、形势任务教育和重要意义教育等。通过形式多样、丰富多彩的安全生产教育，使各级领导牢固地树立起“安全第一”的思想，正确处理各自业务范围内的安全与生产、安全与效益的关系，主动采取事故预防措施；通过教育提高全体职工的安全意识，激励其安全动机，自觉采取安全行为。

2）法治教育主要是法律法规教育、执法守法教育、权利义务教育等。通过教育，使生产经营单位的各级领导和全体职工知法、懂法、守法，以法规为准绳约束自己，履行自己的义务；以法律为武器维护自己的权利。

知识教育主要是安全管理、安全技术和劳动卫生知识教育。通过教育，使生产经营单位管理者和各级领导了解和掌握安全生产规律，熟悉自己业务范围内必需的安全管理理论和方法及相关的安全技术、劳动卫生知识，提高安全管理水平；使全体职工掌握各自必要的安全科学技术，提高生产经营单位的整体安全素质。

3）技能训练主要是针对各个不同岗位或工种的从业人员所必需的安全生产方法和手段的训练，如安全操作技能训练、危险预知训练、紧急状态事故处理训练、自救互救训练、消防演习、逃生救生训练等。通过训练，使从业人员掌握必备的安全技能与技巧。

5. 进行安全生产检查

安全生产检查是指对生产过程及安全管理中可能存在的隐患、危险有害因素、缺陷等进行查证，以确定隐患或危险有害因素、缺陷的存在状态，以及它们转化为事故的条件，以便制定整改措施，消除隐患和危险有害因素，确保生产安全。

安全生产检查是安全管理工作的重要内容，是消除隐患、防止事故发生、改善劳动条件的重要手段。通过安全生产检查可以发现生产经营单位生产过程中的危险有害因素，以便有计划地制定纠正措施，保证生产安全。

（1）安全生产检查的类型：

1）定期安全生产检查。定期安全生产检查一般是通过有计划、有组织、有目的的形式来实现的，如次/年、次/季、次/月、次/周等。检查周期根据各单位实际情况确定。定期安全生产检查的面广，有深度，能及时发现并解决问题。

2）经常性安全生产检查。经常性安全生产检查则是采取个别的、日常的巡视方式来实现的。在施工（生产）过程中进行经常性的预防检查，能及时发现隐患并及时消除，保证施工（生产）正常进行。

3）季节性及节假日前安全生产检查。由各级生产经营单位根据季节变化，按事故发生的规律对易发的潜在危险，突出重点进行季节性安全生产检查，如冬季防冻保温、防火、防煤气中毒，夏季防暑降温、防汛、防雷电等检查。

由于节假日（特别是重大节日，如元旦、春节、劳动节、国庆节）前后容易发生事故，因而应进行有针对性的安全生产检查。

4）专业（项）安全生产检查。专项安全生产检查是对某个专项问题或在施工（生产）中存在的普遍性安全问题进行的单项定性检查。

对危险性较大的在用设备、设施，作业场所环境条件的管理性或监督性定量检测检验，则属专业性安全生产检查。专业检查具有较强的针对性和专业要求，用于检查难度较大的项目。通过检查，发现潜在问题，研究整改对策，及时消除隐患，进行技术改造。

5）综合性安全生产检查。综合性安全生产检查一般是由主管部门对下属各生产经营单位进行的全面综合性检查，必要时可组织进行系统的安全性评价。

6）不定期的职工代表巡视安全生产检查。这类检查是由企业或车间工会负责人负责组织有关专业技术特长的职工代表进行的巡视安全生产检查，重点查国家安全生产方针、法规的贯彻执行情况；查单位领导干部安全生产责任制的执行情况；查从业人员安全生产职责的执行情况；查事故原因、隐患的整改情况。查出问题，要对责任者提出处理意见。此类检查可进一步强化各级领导安全生产责任制的落实，促进职工劳动保护合法权利的维护。

（2）安全生产检查的内容：

安全生产检查对象的确定应本着突出重点的原则，对于危险性大、易发事故、事故危害大的生产系统、部位、装置、设备等应加强检查。一般应重点检查：易造成重大损失的易燃易爆危险物品、剧毒品、锅炉、压力容器、起重设备、运输设备、冶炼设备、电气设备、冲压机械、高处作业岗位和该生产经营单位易发生工伤、火灾、爆炸等事故的设备、工种、场所及其作业人员；造成职业中毒或职业病的尘毒点及其作业人员；直接管理重要危险点和有害点的部门及其负责人等。

安全生产检查的内容包括软件系统和硬件系统检查，具体主要是查思想、查管理、查隐患、查整改、查事故处理和查生产设备设施。

目前，对非矿山生产经营单位，国家有关规定要求强制性检查的项目有：锅炉、压力容器、压力管道、高压医用氧舱、起重机、电梯、自动扶梯、施工升降机、简易升降机、防爆电器、厂内机动车辆、客运索道、游艺机及游乐设施等，作业场所的粉尘、噪声、振动、辐射、高温低温、有毒物质的浓度等。

6. 对特种设备和特种作业的管理

（1）特种设备安全管理。特种设备是指对人身和财产安全有较大危险性的锅炉、压力容器（含气瓶）、压力管道、电梯、起重机械、客运索道、大型游乐设施、场（厂）内专用机动车辆以及法律、行政法规规定适用《中华人民共和国特种设备安全法》（以下简称《特种设备安全法》）的其他特种设备。

根据《特种设备安全法》规定，国家对特种设备实行目录管理。特种设备目录由国务院负责特种设备安全监督管理的部门制定，报国务院批准后执行。特种设备生产、经营、使用单位应当遵守该法和其他有关法律法规，建立健全特种设备安全和节能责任制度，加强特种设备安全和节能管理，确保特种设备生产、经营、使用安全，符合节能要求。特种设备生产、经营、使用单位及其主要负责人对其生产、经营、使用的特种设备安全负责。特种设备生产、经营、使用单位应当按照国家有关规定配备特种设备安全管理人员、检测人员和作业人员，并对其进行必要的安全教育和技能培训。特种设备安全管理人员、检测人员和作业人员应当按照国家有关规定取得相应资格，方可从事相关工作。特种设备安全管理人员、检测人员和作业人员应当严格执行安全技术规范和管理制度，保证特种设备安全。

特种设备使用单位应当使用取得许可生产并经检验合格的特种设备，禁止使用国家明令淘汰和已经报废的特种设备。特种设备使用单位应当在特种设备投入使用前或者投入使用后30日内，向负责特种设备安全监督管理的部门办理使用登记，取得使用登记证书。登记标志应当置于该特种设备的显著位置。特种设备使用单位应当建立岗位责任、隐患治理、应急救援等安全管理制度，制定操作规程，保证特种设备安全运行。

（2）特种作业人员管理。特种作业人员，是指直接从事特种作业的从业人员。根据《特种作业人员安全技术培训考核管理规定》（国家安全生产监督管理总局令第30号），特种作业是指容易发生事故，对操作者本人、他人的安全健康及设备、设施的安全可能造成重大危害的作业。特种作业的范围由特种作业目录规定，有9大类41个工种，详细请查阅《特种作业目录》。特种作业人员应当接受与其所从事的特种作业相应的安全技术理论培训和实际操作培训，参加考核取得特种作业操作资格证后才能进行现场作业。

7. 安全事故报告、调查与处理

事故报告是安全生产工作中的一项十分重要的内容，事故发生后，及时、准确、完整地报告事故，对于及时、有效地组织事故救援，减少事故损失，顺利开展事故调查具有十分重要的意义。因此，《安全生产法》和《生产安全事故报告和调查处理条例》都对生产安全事故报告工作作出了严格要求。

《生产安全事故报告和调查处理条例》第四条第一款规定：事故报告应当及时、准确、完整，任何单位和个人对事故不得迟报、漏报、谎报或者瞒报。

《安全生产法》第八十条、第八十一条对事故的报告作出了如下规定：

生产经营单位发生生产安全事故后，事故现场有关人员应当立即报告本单位负责人。单位负责人接到事故报告后，应当迅速采取有效措施，组织抢救，防止事故扩大，减少人员伤亡和财产损失，并按照国家有关规定立即如实报告当地负有安全生产监督管理职责的部门，不得隐瞒不报、谎报或者拖延不报，不得故意破坏事故现场、毁灭有关证据。

负有安全生产监督管理职责的部门接到事故报告后，应当立即按照国家有关规定上报事故情况。负有安全生产监督管理职责的部门和有关地方人民政府对事故情况不得隐瞒不报、谎报或者拖延不报。

《安全生产法》和《生产安全事故报告和调查处理条例》都明确规定了事故报告责任，下列人员和单位负有报告事故的责任：

（1）事故现场有关人员。

（2）事故发生单位的主要负责人。

（3）安全生产监督管理部门。

（4）负有安全生产监督管理职责的有关部门。

（5）有关地方人民政府。

事故单位负责人既有向县级以上人民政府安全生产监督管理部门报告的责任，又有向负有安全生产监督管理职责的有关部门报告的责任，即事故报告是两条线，实行双报告制。

第五节　从业人员工伤预防的基本知识

人是生产经营活动中最活跃的要素，从业人员是生产经营活动最直接的承担者，是工伤事故伤害最直接的承受者，也是工伤预防的直接责任人，因此必须掌握工伤预防相关知识。

一、从业人员的相关权利与义务

作为法律关系的权利与义务是对等的，没有无权利的义务，也没有无义务的权利。从业人员有依法获得工伤预防和职业健康保障的权利，并应当依法履行工伤预防方面的义务。

1. 从业人员的工伤预防权利

（1）知情权。从业人员有权了解其作业场所和工作岗位存在的危险有害因素、防范措施及事故应急措施。

（2）建议、批评、检举、控告权。从业人员有权对本单位的工伤预防工作提出建议，对存在的问题提出批评、检举、控告。

（3）拒绝权。从业人员有权拒绝违章指挥和强令冒险作业。

（4）停止作业紧急撤离权。从业人员发现直接危及人身安全的紧急情况时，有权停止作业或者在采取可能的应急措施后撤离作业场所。

（5）获得赔偿权。因工伤事故受到损害的从业人员，除依法享有工伤保险外，依照有关民事法律尚有获得赔偿的权利的，有权向本单位提出赔偿要求。

2. 从业人员的工伤预防义务

（1）遵章守纪，服从管理。从业人员在作业过程中，应当严格遵守本单位的工伤预防规章制度和操作规程，服从管理，正确佩戴和使用劳动防护用品。

（2）接受教育，提高技能。从业人员应当接受工伤预防教育和培训，掌握本职工作所需的工伤预防知识，提高工伤预防技能，增强事故预防和应急处理能力。

（3）发现隐患，立即报告。从业人员发现事故隐患或者其他危险有害因素，应当立即向管理人员或者本单位负责人报告。

二、工伤风险及其种类

工伤风险的前提是存在危险有害因素。危险有害因素是指可对人造成伤亡或影响人的健康甚至导致疾病的因素，也可以分为危险因素和有害因素。危险因素是指能对人造成伤亡或对物造成突发性损失的因素；有害因素是指能影响人的健康甚至导致疾病或对物造成慢性损害的因素。

1. 危险源和能量风险

因实际需要，生产经营过程中需要使用各种危险源，这些危险源是生产经营所必需的能源，不能消除，只能控制利用。这些危险源普遍存在一定的能量用于做功，一旦控制利用不当就会产生能量外溢，外溢的能量作用于物体就发生物的事故损失，作用于人体就会发生工伤事故伤害。例如，电能是人们进行生产经营活动和生活所必需的能源，不能消除，只能控制利用，电压越高，危险越大，触电就是电的能量外溢作用于人体的事故。生产过程中常用的危险源还有燃气、动力、危险化学品等。

2. 人的不安全行为风险

人的不安全行为是指造成事故的人为错误，即由人的不安全行为而引起的事故。所谓人的不安全行为是指违反操作规程，使事故有可能或有机会发生的行为，包括违章、违纪行为等，它们是事故的激发条件，主要包括：

（1）忽视警告，操作错误。

（2）防护装置失效仍然使用。

（3）使用存在缺陷的设备。

（4）手代替工具操作。

（5）物体存放不当。

（6）冒险进入危险场所。

（7）身体处于危险位置。

（8）在起吊物下作业、停留。

（9）机器运转时加油、维修、清扫等。

（10）有分散注意力的行为。

（11）忽视劳动防护用品的使用。

（12）穿戴不符合工作要求的衣帽。

（13）错误处理易燃、易爆等危险物品等。

3. 物的不安全状态风险

物的不安全状态指直接形成或能导致事故发生的物质条件，一般由“物”的结构缺陷和状态缺陷所引起的。这个“物”可以是设备、设施、工具、原材料等，也可以是作业环境，主要包括：

（1）防护、保险、信号等装置缺乏或损坏。

（2）设备、设施、工具附件有缺陷，如设计不当，结构不符合安全要求，强度不够，设备在非正常状态下运行，维修或调整不良等。

（3）劳动防护用品、用具缺少或有缺陷，如无劳动防护用品、用具，所用劳动防护用品、用具不符安全要求等。

（4）生产、施工场地环境不良，如照明光线不良，通风不良，作业场所狭窄，作业场地杂乱，交通线路的配置不当，操作工序设计或配置不合理，地面滑，危险化学品储存方法不当，环境温度、湿度不良等。

4. 管理缺陷风险

一般情况下导致事故发生的直接原因是人的不安全行为、物的不安全状态，管理缺陷属于间接原因，但绝大多数工伤事故是由于存在管理缺陷而造成的，主要包括：

（1）工伤预防责任不落实。

（2）工伤预防教育培训不够，从业人员缺乏工伤预防理念、知识和技能。

（3）劳动组织不合理。

（4）对现场工伤预防工作缺乏检查或指导错误。

（5）事故隐患整改不力等。

三、提高个人工伤预防能力

据统计，绝大多数工伤事故发生的原因，都不同程度地存在个体自我保护意识不够强，缺乏应急处置和应对突发事件的能力。因此，应从以下几个方面加强提高个人工伤预防能力：

1. 弘扬生命至上、预防为主的理念

生命只有一次，作业中一定要坚持注意自我保护，珍爱生命，珍惜健康。预防为主就是当预防与生产、预防与效益发生矛盾的时候，切实做到“预防优先”，先解决或处理好危险有害因素，再努力完成生产任务。

2. 深刻认识工伤事故对个人、家庭、企业、社会的影响

一起工伤死亡事故不仅是一个生命的消失，而且还是一个家庭的破碎，失去亲人情感上的痛苦和心灵上创伤将无法弥补。发生工伤事故企业的生产经营活动会中断，会造成一定的直接经济损失和间接的经济损失。有些事故的发生还会波及企业周边，给群众造成伤害，给环境带来破坏，损害国家的形象，影响社会和谐发展。

3. 认真接受工伤预防教育培训

要防止发生工伤事故，需要掌握必要的工伤预防知识和技能。应不断地学习与工伤预防相关的法律法规、规章和标准，掌握用人单位的工伤预防管理制度、技术操作规程和作业标准；认真接受单位的工伤预防教育培训，特别是工伤事故分析和案例教育，掌握本岗位的操作技能和事故应急处理措施等。

4. 认真履行工伤预防职责，杜绝违章作业

职工是工伤预防的主体，在工作中要认真履行自己的工伤预防职责，克服自身的危险行为，加强作业前的自检或互检，主要检查使用的工具、设备、工作场所是否符合要求，安全装置和安全用具是否正常，劳动防护用品穿戴

是否正确等。应做到：个人不使用未经年检或年检不合格的特种设备；未经专门的安全作业培训，未取得相应资格，绝不从事特种作业，不操作特种设备；不拆卸、损坏生产设备的安全防护装置，生产设备的安全防护装置缺失时，绝不勉强生产。

5. 加强作业中的联系和互动

作业过程一般涉及多个工种，使用多种设备、工具，采用多种工艺来共同实践，是一个系统工程。要预防工伤事故的发生，作业人员在作业中应该做到发现事故隐患报告一声，发现他人违章作业制止一声。相互配合作业的人员在作业中要勤联系和互相关照，切实做到“我不伤害自己、我不伤害他人、我不被他人伤害”。

6. 做好有限空间作业防护

作业人员进入储罐、压力容器、管道、锅炉等密闭设备，废井、地窖、污水池（井）、沼气池、化粪池、下水道等地下有限空间，储藏室、酒糟池、发酵池、冷库等地上有限空间作业时，必须落实有限空间安全作业“五条规定”：

（1）必须严格实行作业审批制度，严禁擅自进入有限空间作业。

（2）必须做到“先通风、再检测、后作业”，严禁通风、检测不合格就进行作业。

（3）必须配备个人防中毒窒息等防护装备，设置安全警示标识，严禁无防护监护措施作业。

（4）必须对作业人员进行专门培训，严禁教育培训不合格就上岗作业。

（5）必须制定应急措施，现场配备应急装备，严禁盲目施救。

7. 正确处置工作场所突发事件

用人单位发生工伤事故时，在场的人员必须正确处置。

（1）掌握处置本工作场所可能发生的事故的技能，牢记应急预案，平时要积极参加应急演练，特别是要掌握现场应对火灾、爆炸、触电、有害气体泄漏、特种设备故障等事故的处置方法。

（2）一旦工作场所发生事故，要在立即采取适当的防止事故扩大的措施后，立即停止作业，紧急撤离到安全场所。

（3）要能在保护自己的前提下进行事故救援工作，特别要正确判断：是否有时间采取防止事故扩大的措施？采取防止事故扩大的措施后能否控制事故扩大？在采取防止事故扩大措施时是否会受到伤害？牢记：生命安全是最重要的。

（4）预防工作过程中的其他意外伤害。

8. 做好个体防护

用人单位要消除危险有害因素，降低工伤风险，应加大人力、财力、物力的投入；有些危险有害因素由于技术原因即使加大了投入也不能完全杜绝，所以生产经营单位不可能做到零风险。为了减少事故伤害的发生，职工使用劳动防护用品是最后一道防线，因此必须正确使用。

劳动防护用品是从业人员在劳动过程中为防御物理、化学、生物等危险有害因素伤害人体而穿戴和配备的各种物品的总称。劳动防护用品又称劳动保护用品或个体防护用品。

劳动防护用品是防止从业人员受到伤害的重要手段之一。当技术措施尚不能消除生产过程中的危险有害因素，达不到国家标准或有关规定时，穿戴劳动防护用品就成为既能完成生产任务又能保证从业人员的安全和健康的有效手段。

劳动防护用品的分类。劳动防护用品分为一般劳动防护用品和特种劳动防护用品，特种劳动防护用品实行生产许可证制度。以人体防护部位划分，劳动防护用品通常分为 9 大类。

（1）头部防护用品。头部防护用品是为防御头部（包括颈部）不受外来物体打击、其他危险有害因素伤害而配备的劳动防护用品。

生产过程中伤害头部的主要因素有物体打击伤害、高处坠落伤害、机械伤害、污染毛发（头皮）等。

根据防护功能要求，头部防护用品主要有一般防护帽、防尘帽、防水帽、防寒帽、安全帽、防静电帽、防高温帽、防电磁辐射帽、防昆虫帽等。

（2）眼（面）部防护用品。眼（面）部防护用品是为防御眼（面）部不受烟雾、尘粒、金属火花和飞屑、热辐射、电磁辐射、激光、化学飞溅物等伤害而配备的劳动防护用品。

生产过程中眼（面）部伤害主要有异物性眼伤害、化学性眼（面）伤害、非电磁辐射眼伤害、电磁辐射眼伤害、微波和激光眼伤害等。

根据防护功能要求，眼（面）部防护用品可分为防尘、防水、防冲击、防毒、防高温、防电磁辐射、防射线、防酸碱、防风沙、防强光等类。使用较普遍的有三种，即焊接护目镜和面罩、炉窑护目镜和面罩、防冲击眼护具。

（3）呼吸器官防护用品。呼吸器官防护用品是为防御有害气体、粉尘、烟雾经呼吸道吸入，或直接向使用者供氧或清净空气，保证尘、毒污染或缺氧环境中作业人员正常呼吸而配备的劳动防护用品。

生产过程中伤害呼吸器官的主要因素有生产性粉尘和生产性有害物。

呼吸器官防护用品按防护功能主要分为防尘口罩和防毒口罩（面具），按形式又可分为过滤式和隔离式两类。

（4）听觉器官防护用品。听觉器官防护用品是为防御噪声侵入耳道，预防噪声对人身造成伤害而配备的劳动防护用品。

生产过程中对听力的损害因素有机械性噪声、空气动力性噪声、电磁性噪声等。

听觉器官防护用品主要有耳塞、耳罩和防噪声头盔等。

（5）手部防护用品。手部防护用品是为防御手部不受外来物体打击和其他危险有害因素而配备的劳动防护用品。

生产过程中对手部的伤害因素是多种多样的，大致可归纳为：火与高温、低温、电磁与电离辐射、电、化学物质、撞击、切割、擦伤、微生物侵害以及感染等。

手部防护用品按防护功能分为一般防护手套、防水手套、防寒手套、防毒手套、防静电手套、防高温手套、防射线手套、防酸碱手套、防油手套、防振手套、防切割手套和绝缘手套等。

（6）躯干防护用品。躯干防护用品是为防御躯干不受外来物体打击和其他危险有害因素而配备的个人防护用品。

生产过程中对躯干的伤害因素主要有高温、强辐射热、低温、电磁与电离辐射、化学物质、电、静电等。

躯干防护用品就是通常讲的防护服，根据防护功能分为一般防护服、防水服、防寒服、防砸背心、防毒服、阻燃服、防静电服、防高温服、防电磁辐射服、防酸碱服、防油服、防昆虫服、防风沙服、水上救生衣等。

（7）足部防护用品。足部（包括腿部）防护用品是为防御足部不受外来物体打击和其他危险有害因素而配备的劳动防护用品。

生产过程中对足部的伤害因素主要有重物、锐利物品、高温、低温、化学物质、电、静电等。

足部防护用品根据防护功能分为防尘鞋、防水鞋、防寒鞋、防足趾伤害鞋、防静电鞋、防高温鞋、防酸碱鞋、防油鞋、防烫鞋、防滑鞋、防刺穿鞋、防震鞋、绝缘鞋（靴）等。

（8）护肤用品。护肤用品用于防止皮肤（主要是手、面等外露皮肤）免受化学、物理等有害因素的危害。

生产过程中对皮肤的伤害因素主要有高温、低温、紫外线、化学物质等。

护肤用品根据防护功能分为防毒、防腐、防射线、防油漆等类。

（9）防坠落用品。防坠落用品是防止人体从高处坠落，通过绳、带将高处作业者的身体系接于固定的物体上，或在作业场所边沿下方张网，以防不慎坠落。

防坠落用品根据防护功能分为安全带（绳）和安全网两类。

四、生产现场常见事故伤害应急处置方法

1. 常见事故伤害的应急处置

（1）出血应急处置。人体血量占体重的 7%～8%，如体重 60 kg，则有 4 200～4 800 mL 血液。急性出血时，若短时间内血液流失超过全身血量的 1/4～1/3，就有生命危险。因此，争取在最短时间内进行有效止血，对挽救伤员的生命具有非常重要的意义。常见出血应急处置方法有以下几种：

1）直接压迫法。较小的伤口出血，可直接压迫出血部位，即可达到应急止血的目的，然后再视情况和条件做进一步处理。

2）指压止血法。抢救者用手指把出血部位近端的动脉血管压在骨骼上，使血管闭塞，血流中断而达到止血目的。

如手部出血，于腕横纹上方用双手拇指分别压迫尺、桡动脉止血，如图 1—2 所示。

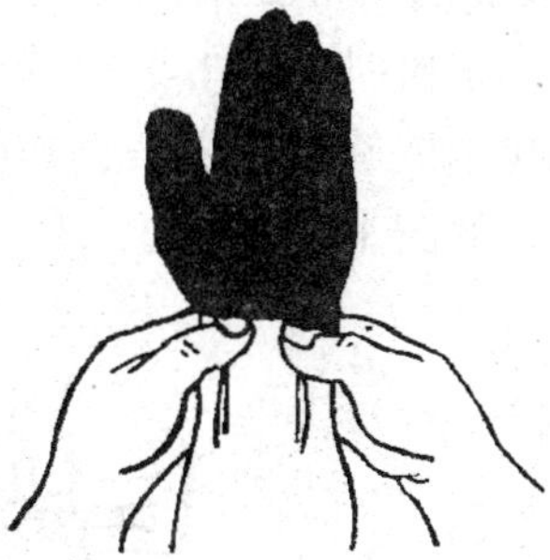

图 1—2　压迫尺、桡动脉止血

3）加压包扎止血法。在出血处放置敷料或伤口内填塞敷料后，用绷带加压包扎，适用于出血量小的毛细血管或静脉出血，如图 1—3 所示。

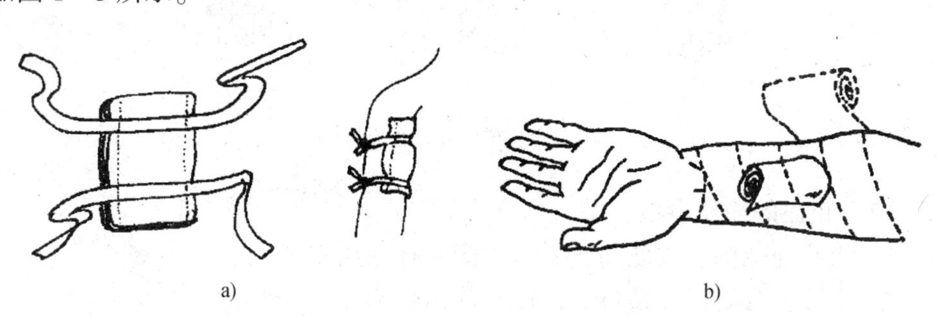

图 1—3　敷料加压包扎止血

4）橡皮止血带止血法。使用乳胶管制备的止血带止血，一般在距出血部

位 5~10 cm 的近心端缠绕止血带，如图 1—4 所示。

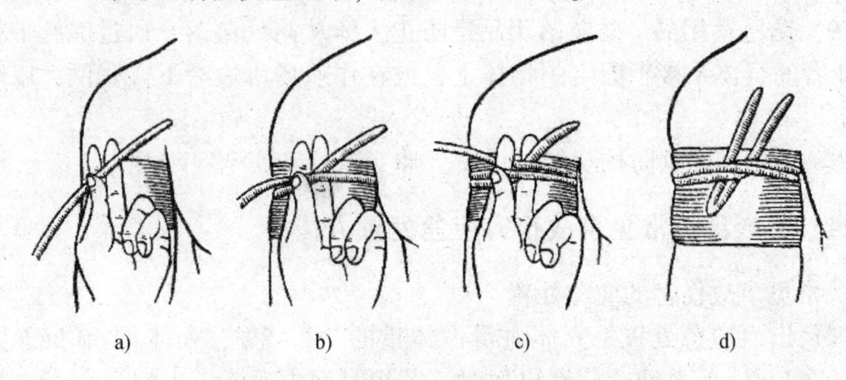

图 1—4　橡皮止血带止血法

5）布带绞紧止血法。用宽度大于 3 cm、长度大于要止血部位肢体周长 10 cm 的布带 2 条，直径大于 1 cm、长度 10 cm 左右的木棍（笔杆也可）1 根。止血时先用 1 根布带在止血部位绕肢体一周后打一死结，然后插入木棍，提起木棍旋转施压，直到出血停止，再用另一根布带将木棍打死结固定于肢体，如图 1—5 所示。

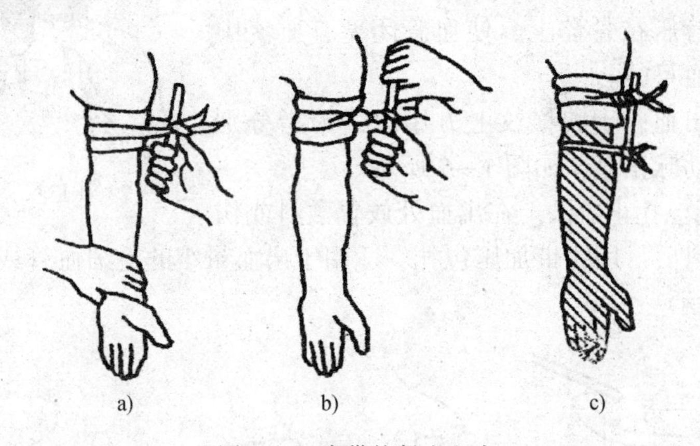

图 1—5　布带绞紧止血法

（2）止血的注意事项：

1）上止血带前，皮肤与止血带之间应加一层布垫。

2）上止血带要松紧适宜，以能止住出血为度。

3）上止血带的部位要尽可能靠近伤口。一般情况下，上肢出血扎在上臂的上 1/3 处（中 1/3 处容易损伤桡神经），下肢出血扎在大腿中、上 1/3 交界处。

4）上止血带过久，容易引起肢体坏死，因此每隔 40～50 min 应放松一次，每次放松 2～3 min。必须注意，放松止血带时要在伤口处加压，以防止血带放松后引起猛烈出血。

5）运送伤员时，要有明显标志，并注明上止血带与放松止血带的时间。

（3）骨折应急处置。骨折是指骨的完整性或连续性完全或部分中断。骨折现场处理不当常可致血管、神经损伤等并发症。对于骨折和怀疑存在骨折的伤员，应做好固定，以防止骨折断端移位，造成其他严重损伤。固定的材料有制式夹板（竹木质品、金属质品、聚酯材料制品等），必要时也可就地取材（如树枝、木板等）。常见应急固定方法如下：

1）上臂的固定。伤员手臂屈肘 90°，用两块夹板固定伤处，一块放在上臂内侧，另一块放在外侧，然后用绷带固定。固定好后，用绷带或三角巾悬吊伤肢，如图 1—6 所示。

图 1—6　上臂骨折固定法

2）小腿的固定。将伤腿伸直，夹板长度上过膝关节，下过足跟，两块夹板分别放在小腿内外侧，再用绷带或三角巾固定，如图 1—7 所示。

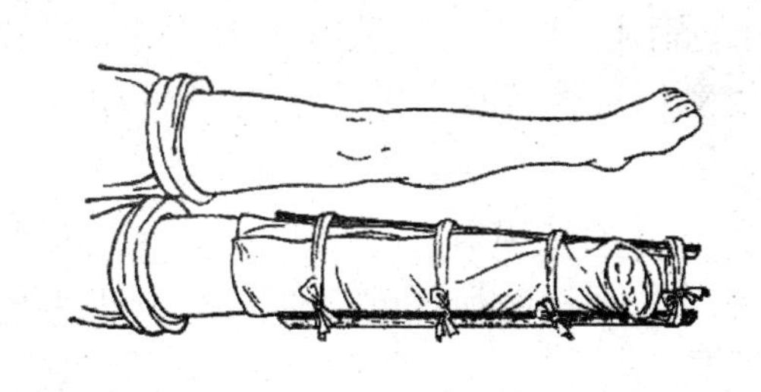

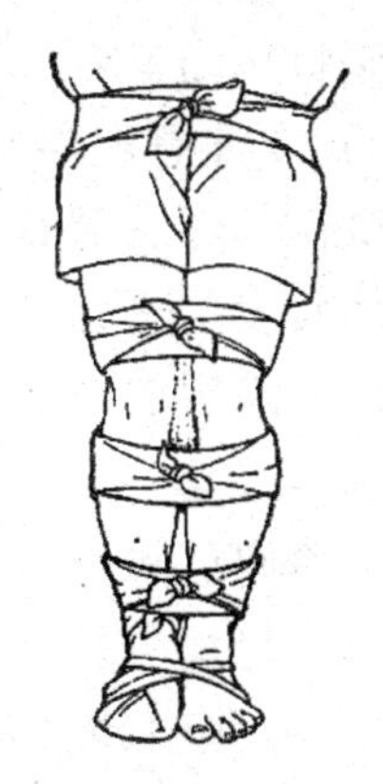

图 1—7　小腿骨折固定法

如无夹板，可利用另一未受伤的下肢进行固定。

(4) 骨折固定的注意事项：

1) 有开放性的伤口应先止血、包扎，然后再固定。如有危及生命的严重情况，应先抢救，病情稳定后再固定。

2) 怀疑脊椎、大腿或小腿骨折，应就地固定，切忌随便移动伤员。

3) 固定应力求稳定牢固，固定材料的长度应超过固定两端的上下两个关节。小腿固定所用材料长度应超过踝关节和膝关节；大腿固定所用材料长度应超过膝关节和髋关节；前臂固定所用材料长度应超过腕关节和肘关节；上臂固定所用材料长度应超过肘关节和肩关节。

4) 夹板和代替夹板的器材不要直接接触皮肤，应先用棉花、碎布、毛巾等软物垫在夹板与皮肤之间，尤其在肢体弯曲处等间隙较大的地方，要适当加厚垫衬。

5) 松紧适宜，不因固定而影响远端的血液循环；四肢末梢未受伤时要暴露以便于观察血液循环情况。

(5) 头部损伤应急处置。头部损伤可分为头皮损伤、颅骨损伤、脑损伤，三者可单独或合并存在。头皮损伤根据致伤原因和表现特点可分为头皮血肿、头皮裂伤和头皮撕脱伤等。

1) 应让伤者安静卧床，头不要乱动。头皮损伤患者早期可冷敷，以减轻出血和疼痛，48 小时后改用热敷，以促进血肿吸收；血肿较大时，应进行血肿穿刺和加压包扎；有伤口时应压迫止血、包扎伤口；头皮撕脱伤现场除包扎伤口外，还应妥善保护撕脱下来的头皮，将其用无菌敷料或清洁布单包裹，装入塑料袋内，再放置于有冰块的容器中，随伤员一起送往医院。

2) 要注意观察伤者情况，当出现下述情况之一时就应立即送医院治疗：①轻微伤却失去意识的伤员；②眼睛周围、鼻子、耳朵有出血现象的伤员；③受伤后发生恶心、呕吐的伤员；④意识逐渐模糊的伤员；⑤产生痉挛、麻痹、语言障碍的伤员；⑥剧烈头痛的伤员。

(6) 中暑应急处置。中暑是指在高温和热辐射的长时间作用下，机体体温调节障碍，水电解质代谢紊乱及神经系统功能损害的总称。中暑可分为先兆中暑、轻症中暑与重症中暑三种情况。

1) 先兆中暑。先兆中暑一般会出现疲乏、头昏、眼花、耳鸣、口渴、恶心、注意力不集中、动作不协调等症状。让中暑人员立即离开闷热环境，到阴凉通风处，并松开衣服，让其喝点含盐饮料或凉开水，一般即可很快康复。如果伤员不便移动，应立即打开窗户通风，或用电扇吹风，并给予清凉饮料或人丹、风油精等解暑药物，也可终止中暑的发展。

2）轻症中暑。轻症中暑除了有先兆中暑表现外，还可出现以下症状：面色潮红、皮肤灼热、心悸胸闷、体温升高（38.5℃以上）、大量出汗、脉搏加快等。对轻症中暑人员，除需将其立即搬离闷热环境外，还要让其脱去衣服、平卧，用冷水毛巾湿敷头部或包裹四肢和躯干，一边用电风扇吹风，让中暑人员体温尽快下降。对面色苍白、伴有呕吐和大量出汗者，应及时喂以淡盐水（1L 水中加入 2~3g 食盐）或清凉含盐饮料。

3）重症中暑。重症中暑按症状可分为热痉挛、热衰竭、日射病和热射病 4 种类型，中暑人员出现昏迷、抽搐、高烧、休克等症状，属于中暑中情况最严重的一种，需要立即送医院急救。

2. 火灾现场逃生方法

火场逃生是火灾现场避免伤亡事故的关键环节，在火灾发生时，一定要想方设法逃生。记住火场逃生的“十五法”，能有效减少火灾造成的伤害。

（1）逃生预演，临危不乱。每个人对自己工作、学习或居住所在的建筑物结构及逃生路径要做到心中有数，必要时可按逃生路线图进行消防演练。

（2）熟悉环境，牢记出口。处于陌生环境，如入住酒店、商场购物、进入娱乐场所，务必留心疏散通道、安全出口及楼梯方位等，以便关键时刻能尽快逃离现场。

（3）保持镇静，明辨方向。保持冷静，不要盲目出逃。要了解自己所处的环境位置，及时掌握当时火势的大小和蔓延方向，然后根据情况选择逃生方法和逃生路线。

（4）迅速撤离，不贪财物。逃生时不要为穿衣服或寻找贵重物品而浪费时间，也不要为带走自己的物品而负重影响逃离速度，更不要贪财，本已逃离火场而又重返火海。

（5）简易防护，匍匐前进。逃生时经过充满烟雾的路线，可采用毛巾、口罩蒙鼻，匍匐撤离的办法，开门窗前用手探查门窗温度以防烫伤；穿过烟火封锁区时，可向头部、身上浇冷水或用湿毛巾、湿棉被、湿毯子等将头、身裹好，再冲出去。

（6）胆大心细，善用通道。发生火灾时，除可以利用楼梯，还可以利用建筑物的阳台、窗台、天台、屋顶等攀到周围的安全地点，再沿着落水管、避雷线等攀爬下楼脱险。

（7）高楼火灾，忌乘电梯。火灾逃生时，一般不要坐电梯（消防电梯要在救护人员的指挥下使用），应从安全出口逃生。其原因：一是火灾中，易断电而使电梯“卡壳”，给救援带来难度；二是电梯直通楼房各层，火场的浓烟易涌入电梯中形成“烟囱效应”，人在电梯里随时都有可能被浓烟毒气熏呛或窒息而死亡。

(8) 巧妙逃生，滑绳自救。用绳子或把床单、被套撕成条状连成绳索，紧拴在窗框、暖气管、铁栏杆等固定物上，用毛巾、布条等保护手心，顺绳滑下或下到未着火的楼层脱离险境。

(9) 堵塞门户，固守待援。若用手摸房门已感到烫手，说明大火已经封门，再不能开门逃生。此时应关紧迎火的门窗，打开背火的门窗，用湿毛巾、湿布塞堵门缝或用水浸湿棉被蒙上门窗然后不停地用水淋透房门，防止烟火侵入，固守在房内，直到救援人员到达。

(10) 缓晃轻抛，寻求援助。被烟火围困暂时无法逃离的人员，要立即返回室内，用打手电筒、挥舞衣物、呼叫等方式向窗外发出求救信号等待救援。

(11) 走投无路，厕所避难。当逃离烟火区已无可能，又无其他条件可利用时，应冲向浴室、卫生间等。这些房间既无可燃物，又有水源。进入后，应闭门堵缝，向门泼水，打开排气扇，打开背火的窗子等待救援。

(12) 身上着火，切勿惊跑。如果身上着火应及时脱去衣服或就地打滚进行灭火，也可向身上浇水，用湿棉被、湿衣物等把身上的火包起来，使火熄灭。

(13) 辨明情况，低层跳离。火场上切勿轻易跳楼，在万不得已的情况下，住在低楼层（一般2层以下）的居民可采取跳楼的方法进行逃生。但首先要根据周围地形选择高度差较小的地面作为落地点，然后将席梦思床垫、沙发垫、厚棉被等抛下做缓冲物，并使身体重心尽量放低，做好准备后再跳。

(14) 互相帮助，利人利己。要发扬互助精神，帮助老人、小孩、病人优先疏散。对行动不便者可用被子、毛毯等包扎好，用绳子布条等吊下。逃生过程中如看见前面的人倒下，应立即扶起，对拥挤无序的人应给予疏导或选择其他疏散方法予以分流，减轻单一疏散通道的压力，竭尽全力保持疏散通道畅通，最大限度地减少人员伤亡。

(15) 既已逃出，不要回头。一旦逃离危险区，受灾者就必须留在安全区域并及时向救助人员反映火场情况，即使发现还有人没撤出来，也不能贸然返回。正确的做法是，由消防人员组织营救。

3. 触电应急处理

发现有人触电，要沉着冷静、迅速果断地采取应急措施，首先要使触电者尽快脱离电源，然后根据具体情况，进行相应的施救。

（1）脱离电源方法：

1）开关箱如在附近，可立即拉下闸刀或拔掉插头，断开电源。

2）开关箱如较远，应迅速用绝缘良好的工具或用带有干燥木柄的利器（刀、斧、锹等）砍断电线；或用干燥的木棒、竹竿、硬塑料管等物件迅速将电线挑离触电者。

3）若现场无任何合适的绝缘物件可利用，救护人员亦可用几层干燥的衣服将手包裹好，站在干燥的木板上，拉触电者的衣服，使其脱离电源；或助跑跳起踢开触电者所接触的带电体。

4）对高压触电，应立即通知有关部门停电，或迅速拉下开关，或由有经验的人采取特殊措施切断电源。

切记！在帮助触电者脱离电源时，必须防止次生伤害——施救者错误接触触电者或带电体而触电。

（2）现场施救方法：

1）触电者受伤不严重，神志尚清醒，只是四肢发麻，全身无力，或曾一度昏迷，但未失去知觉，在专人照顾、观察下，让其就地安静休息 1~2 小时，待情况稳定后，方可正常活动；对轻度昏迷或呼吸微弱者，可针刺或掐人中、十宣、涌泉等穴位，并送医院救治。

2）触电者受伤较严重，无知觉、无呼吸，但心脏有跳动，应立即进行人工呼吸；如有呼吸，但心脏停止跳动，则应立刻进行胸外心脏按压法施救。

3）触电者受伤很严重，心跳和呼吸都已停止，瞳孔放大，失去知觉，则须同时采取人工呼吸和胸外心脏按压两种方法交替进行抢救，每次人工呼吸吹气 2~3 次，再胸外心脏按压 10~15 次。

做人工呼吸和胸外心脏按压要有耐心，坚持抢救，直到把人救活，或至确诊已经死亡时为止。在送医院抢救途中，不应中断施救。

在现场施救的同时必须尽快告知专业急救部门！

（3）人工呼吸方法：

1）解开被救者衣服，取出其口中黏液及其他东西，使其平卧，头向后仰，鼻孔朝天。

2）救护者跪卧在伤者左侧或右侧，用一只手捏紧被救者的鼻孔，另一只手扒开其嘴巴。如果扒不开嘴巴，可用口对鼻吹气。

3）救护者深吸一口气后，紧贴被救者的嘴吹气，使其胸部微微膨胀，吹气时间约 2s。

4）吹气完毕，立即离开被救者的嘴，并吸气准备下次吹气。手放松被救者的鼻孔，让其自行呼气，时间约3s。

（4）胸外心脏按压方法：

1）将伤者衣服解开，使其仰卧在地板上，头向后仰，姿势与口对口人工呼吸法相同。

2）救护者跪跨在触电者的腰部两侧，两手相叠，手掌根部放在伤者心口窝上方，胸骨下1/3处。

3）掌根用力垂直向下，向脊背方向挤压，对成人应压陷3~4cm，每分钟均匀挤压60次为宜。

4）挤压后，掌根迅速全部放松，让触电者胸部自动复原，每次放松时掌根不必完全离开胸部。

第二章

工伤预防相关法律法规导读

为了切实保障广大职工的安全和健康，近年来国家多部法律法规涉及工伤保险及工伤预防，这些法律法规是顺利推进工伤预防的保障。现将国家有关法律法规（并以江西省有关规定作为地方立法管理的参考）条款理出并对这些规定进行理解、导读，以供学习、掌握。

第一节　《中华人民共和国劳动法》相关规定

1994 年 7 月 5 日，《中华人民共和国劳动法》由第八届全国人民代表大会常务委员会第八次会议通过，1994 年 7 月 5 日，中华人民共和国主席令第二十八号公布，自 1995 年 1 月 1 日起施行。2009 年 8 月 27 日，第十一届全国人民代表大会常务委员会第十次会议通过《全国人民代表大会常务委员会关于修改部分法律的决定》对《劳动法》第九十二条进行了修改，自公布之日起施行。2018 年 12 月 29 日，第十三届全国人民代表大会常务委员会第七次会议通过对《劳动法》再次作出修改。

《劳动法》是为了保护劳动者的合法权益，调整劳动关系，建立和维护适应社会主义市场经济的劳动制度，促进经济发展和社会进步，根据宪法制定的法律。以下是《劳动法》保护劳动者生产过程中的安全和健康的重要相关条款。

第五十二条　用人单位必须建立、健全劳动安全卫生制度，严格执行国家劳动安全卫生规程和标准，对劳动者进行劳动安全卫生教育，防止劳动过程中的事故，减少职业危害。

【导读】

劳动安全卫生制度主要包括用人单位的工伤预防、安全生产和职业病防治责任制（通常可包含在一个责任制中）；工伤预防和安全生产操作规程（岗位规程等）；工伤预防管理制度（预防上下班交通事故伤害、工作场所突发疾病和非直接由生产原因引发的伤害、因公外出伤害等）等。

国家劳动安全卫生规程和标准一般分为安全生产规程和劳动安全卫生规程两大块。安全生产规程很多，通常是按不同的行业、工艺或产品的生产过程分别制定的，如电力安全生产规程、炼钢安全生产规程、轧钢安全生产规程等。劳动安全卫生规程是指国家为了保护职工在生产和工作过程中的健康，防止、消除职业病和各种职业危害而制定的各种法律规范。其主要内容包括防止粉尘危害的规定、防止有毒有害物质危害的规定、防止噪声危害的规定、防止强光危害的规定、防暑降温和防寒的规定、通风照明的规定、劳动防护用品的规定、职业健康管理的规定等，其标准也是分门别类地制定。由于科技快速发展，新技术、新工艺发展很快，一些规程和标准国家未能及时制定，用人单位为保障安全生产，制定了相应的企业规程和标准，也应被严格遵守。

第五十三条 劳动安全卫生设施必须符合国家规定的标准。

新建、改建、扩建工程的劳动安全卫生设施必须与主体同时设计、同时施工、同时投入生产和使用。

【导读】

符合标准的劳动安全卫生设施是保障职工在生产过程中的安全和健康的基础，生产中没有符合国家标准的安全卫生设施必然会产生严重的后果。如20世纪70年代末开始，江西省九江市修水县大量农民在没有防护设施的情况下上山开采金矿，到20世纪90年代初该县开始出现尘肺病患者，随后患病人数迅速增加，造成了严重的社会问题。

对新建、改建、扩建工程的劳动安全卫生设施与主体同时设计、同时施工、同时投入生产和使用是从源头上堵住没有符合国家标准的安全卫生设施的生产事故发生的有效措施，也是历史教训的总结。

第五十四条 用人单位必须为劳动者提供符合国家规定的劳动安全卫生条件和必要的劳动防护用品，对从事有职业危害作业的劳动者应当定期进行健康检查。

【导读】

这里必须强调的是“符合国家规定”。如国家规定了工作场所空气中有毒有害物的最高允许浓度，用人单位必须采取相应的措施使工作场所空气中的有毒有害物浓度低于最高允许浓度；国家规定了所有的劳动防护用品的技术标准，用人单位向劳动者提供的劳动防护用品必须符合国家标准。

第五十五条　从事特种作业的劳动者必须经过专门培训并取得特种作业资格。

【导读】

国家规定对一些危险性较大的生产作业必须经过专门的培训，经考核合格发给特种作业证才能上岗作业。这些作业主要包括电工作业、焊工（热切割）作业、压力容器作业、高处作业、制冷与空调作业、煤矿安全作业、非煤矿山安全作业、石油天然气安全作业、危险化学品安全作业、烟花爆竹安全作业等国家安全生产行政主管部门认定的作业。从事上述作业的劳动者必须持安全生产行政主管部门颁发的操作证才能上岗操作。

第五十六条　劳动者在劳动过程中必须严格遵守安全操作规程。

劳动者对用人单位管理人员违章指挥、强令冒险作业，有权拒绝执行；对危害生命安全和身体健康的行为，有权提出批评、检举和控告。

【导读】

劳动者在劳动过程中严格遵守安全操作规程是自我保护的最重要措施。在实施工伤预防工作的过程中必须严格遵守安全操作规程是每个劳动者的义务。同时为保护自己和他人的安全和健康，劳动者对违章指挥、强令冒险作业，有权拒绝执行；对危害生命安全和身体健康的行为，有提出批评、检举和控告的权利。

第五十八条　国家对女职工和未成年工实行特殊劳动保护。未成年工是指年满十六周岁未满十八周岁的劳动者。

第五十九条　禁止安排女职工从事矿山井下、国家规定的第四级体力劳动强度的劳动和其他禁忌从事的劳动。

【导读】

我国体力劳动强度分级标准按照《工作场所有害因素职业接触限值　第2部分：物理因素》（GBZ 2.2—2007）中的第14章体力劳动强度分级中的内容规定分类。该标准把从事某工种的劳动者的能量代谢、劳动时间、体力劳动性别、体力劳动方式和体力劳动强度进行综合考虑，规定了体力劳动强度分级的划分原则和级别，用体力劳动强度指数区分体力劳动强度大小和等级，见表2—1。指数大，反映体力劳动强度大；指数小，反映体力劳动强度小。体力劳动强度指数由专业人员按国家体力劳动强度分级测量标准《工伤场所物理因素测量　第10部分：体力劳动强度分级》（GBZ/T 189.10—2007）测算。实际工作中体力劳动强度分级的职业描述可参考GBZ 2.2—2007中的附录B进行，是有关体力劳动安全卫生和管理的依据。

表2—1　体力劳动强度分级表

体力劳动强度级别	体力劳动强度指数
Ⅰ	$n \leq 15$
Ⅱ	$15 < n \leq 20$
Ⅲ	$20 < n \leq 25$
Ⅳ	$n > 25$

第六十条　不得安排女职工在经期从事高处、低温、冷水作业和国家规定的第三级体力劳动强度的劳动。

第六十一条　不得安排女职工在怀孕期间从事国家规定的第三级体力劳动强度的劳动和孕期禁忌从事的劳动。对怀孕七个月以上的女职工，不得安排其延长工作时间和夜班劳动。

第六十三条　不得安排女职工在哺乳未满一周岁的婴儿期间从事国家规定的第三级体力劳动强度的劳动和哺乳期禁忌从事的其他劳动，不得安排其延长工作时间和夜班劳动。

第六十四条　不得安排未成年工从事矿山井下、有毒有害、国家规定的第四级体力劳动强度的劳动和其他禁忌从事的劳动。

第九十二条　用人单位的劳动安全设施和劳动卫生条件不符合国家规定或者未向劳动者提供必要的劳动防护用品和劳动保护设施的，由劳动行政部门或者有关部门责令改正，可以处以罚款；情节严重的，提请县级以上人民政府决定责令停产整顿；对事故隐患不采取措施，致使发生重大事故，造成劳动者生命和财产损失的，对责任人员依照刑法有关规定追究刑事责任。

【导读】

《劳动法》授予了劳动行政部门检查用人单位的劳动安全设施和劳动卫生条件的责任，在实施工伤预防工作的过程中人力资源和社会保障部门应当督促用人单位完善劳动安全设施和劳动卫生条件。

《中华人民共和国刑法》第三百九十七条规定："滥用职权罪"是指国家机关工作人员滥用职权或者玩忽职守，致使公共财产、国家和人民利益遭受重大损失的，处三年以下有期徒刑或者拘役；情节特别严重的，处三年以上七年以下有期徒刑。本法另有规定的，依照规定。

国家机关工作人员徇私舞弊，犯前款罪的，处五年以下有期徒刑或者拘役；情节特别严重的，处五年以上十年以下有期徒刑。该法另有规定的，依照规定。

第九十三条　用人单位强令劳动者违章冒险作业，发生重大伤亡事故，造成严重后果的，对责任人员依法追究刑事责任。

第二节　《中华人民共和国社会保险法》相关规定

2010年10月28日，第十一届全国人民代表大会常务委员会第十七次会议通过了《中华人民共和国社会保险法》(以下简称《社会保险法》)，根据2018年12月29日第十三届全国人民代表大会常务委员会第七次会议《关于修改〈中华人民共和国社会保险法〉的决定》修正。

《社会保险法》是中国特色社会主义法律体系中起支架作用的重要法律之一，是一部着力保障和改善民生的法律。它的颁布实施，是我国人力资源和社会保障法治建设中的又一个里程碑，对于建立覆盖城乡居民的社会保障体系，更好地维护公民参加社会保险和享受社会保险待遇的合法权益，使公民共享发展成果，促进新时代社会主义建设，具有十分重要的意义。《社会保险法》第四章专门对工伤保险作出了明确的相关规定，为我国工伤保险制度奠定了基础。以下具体理解《社会保险法》中有关工伤预防的条款。

第三十三条　职工应当参加工伤保险，由用人单位缴纳工伤保险费，职工不缴纳工伤保险费。

【导读】

工伤保险经过一个多世纪的发展完善，已形成一些被世界上大多数国家普遍认可的基本理念和基本原则，主要包括：

（1）工伤保险的强制性的原则。国家通过立法的形式强制雇主对雇员遭受的工伤事故和职业病负责，所有雇主都应当为雇员参加工伤保险，并由雇主缴纳工伤保险费。目前，凡是实行了工伤保险制度的国家，都是通过颁布法律的形式实施的。

（2）职工个人不缴费的原则。工伤保险费由用人单位缴纳，职工个人不缴纳任何费用。在用人单位守法缴费的情况下，发生工伤事故后的补偿由工伤保险基金承担，这是工伤保险与养老、医疗、失业保险的主要区别之处。这一特点是工伤保险产生历史过程所决定的，国际上最早的工伤保险制度是从雇主无过错赔偿责任制度演化而来的。在雇主无过错赔偿的工伤补偿制度中，雇员在工作过程中受到伤害，无论雇主是否有过错，都应对雇员进行补偿，雇员不用承担责任。

（3）实行行业差别费率和企业浮动费率的原则。工伤保险的重要功能之一是促进工伤预防、减少工伤事故，这主要是通过行业差别费率和企业浮动费率来实现的，其实际费率与行业或职业的风险程度和企业上一缴费周期实际发生的事故率相关。为了使用人单位的缴费与所属行业风险挂钩，根据不同行业的工伤保险费使用、工伤事故发生率等情况，确定不同类别行业的费率，并且在同一行业内设定不同的费率档次。风险程度高的行业，费率相应高，反之则低。

（4）工伤补偿与工伤预防、工伤康复相结合的原则。工伤保险的首要任务是工伤补偿，但这不是唯一的任务。社会保险的根本任务是保障职工生活，保护职工的健康，促进社会安定和生产力发展。从这个根本任务出发，工伤保险就应当与工伤预防和工伤康复相结合。

（5）一次性补偿和长期补偿相结合的原则。对部分丧失或完全丧失劳动能力的工伤职工或因工死亡的职工，其工伤保险待遇补偿实行一次性和长期补偿相结合的办法，即对一级至六级因工伤残职工以及因工死亡职工遗属，工伤保险基金一般在支付一次性补偿的同时，还按月支付长期待遇。

第三十四条　国家根据不同行业的工伤风险程度确定行业的差别费率，并根据使用工伤保险基金、工伤发生率等情况在每个行业内确定费率档次。行业差别费率和行业内费率档次由国务院社会保险行政部门制定，报国务院批准后公布施行。

社会保险经办机构根据用人单位使用工伤保险基金、工伤发生率和所属行业费率档次等情况，确定用人单位缴费费率。

【导读】

根据《社会保险法》第六十五条有关社会保险基金通过预算实现收支平衡的规定，工伤保险基金当期征缴的工伤保险费基本用于支付当期的各项工伤保险待遇及其他合法支出。因此，工伤保险应根据以支定收、收支平衡的原则，合理确定总体费率水平。

用人单位缴纳工伤保险费不实行统一的费率，而是实行行业差别费率和用人单位浮动费率相结合的工伤保险费率。不同的行业，工伤风险有很大差别，工伤保险费率在实现社会共济的同时，与用人单位所属行业挂钩，形成行业差别费率，使工伤保险缴费更为公平。在实行行业差别费率的基础上，建立单位缴费浮动机制。也就是说，国家根据不同行业的工伤风险程度，确定行业的差别费率，并根据本行业内企业间工伤保险费使用、工伤事故发生的差异程度等情况确定若干费率档次。本条规定了行业差别费率和浮动费率档次的制定权限由国务院社会保险行政部门具体实施，并报国务院批准后施行。因此，地方各级社会保险行政部门没有权力确定或者改变行业差别费率和浮动费率档次。

用人单位具体缴费费率的确定，是在行业差别费率及费率档次制定后，根据每个用人单位上一费率确定周期使用工伤保险基金、工伤发生率等情况，由统筹地区的社会保险经办机构确定其在所属行业的不同费率档次中适用哪一个档次的费率。

第三十六条　职工因工作原因受到事故伤害或者患职业病，且经工伤认定的，享受工伤保险待遇；其中，经劳动能力鉴定丧失劳动能力的，享受伤残待遇。

工伤认定和劳动能力鉴定应当简捷、方便。

【导读】

根据有关国际劳工公约，工伤是指职工“由于工作直接或间接引起的事故”所受到的伤害。最初这个范围不包括职业病，随着时间的推移，各国逐渐开始将职业病也纳入工伤范畴，并以国际公约的形式确定了现在的工伤概念。职工受到的伤害是否属于工伤，其核心因素是“因工作原因”。也就是说，由于工作直接或间接引起的伤害都是工伤。可从三个方面理解什么是“因工作原因”：一是职工在工作过程中，直接因所从事的工作受到伤害；二是职工虽未工作，但由于用人单位的设施和设备不完善、劳动条件或劳动环境不良、管理不善等原因，造成职工伤害；三是职工受用人单位指派，外出期间受到伤害。本法在制定中，既总结了我国多年实践的经验，也参考了国际上的通常做法，最终将“工作原因”作为确认工伤的核心因素。

事故伤害是指由于工作原因直接或间接造成的伤害和急性中毒事故。按照伤害程度划分，可分为轻伤事故、重伤事故和死亡事故。

职业病是指职工在职业活动中，因接触粉尘、放射性物质和其他有毒有害物质等因素而引起的疾病。其特征是在有毒有害的环境下工作所患的疾病。职业病的种类按照国家发布的《职业病分类和目录》的规定执行。

第三节 《中华人民共和国安全生产法》相关规定

《中华人民共和国安全生产法》由第九届全国人民代表大会常务委员会第二十八次会议于2002年6月29日通过公布，自2002年11月1日起施行。2014年8月31日，第十二届人民代表大会常务委员会第十次会议通过全国人民代表大会常务委员会关于修改《安全生产法》的决定，自2014年12月1日起施行。

一、《安全生产法》概述

我国《安全生产法》第一条开宗明义地规定：“为了加强安全生产工作，防止和减少生产安全事故，保障人民群众生命和财产安全，促进经济社会持续健康发展，制定本法。”据此，明确了4个层次的立法目的，互相联系，层层递进，集中展现了该法的价值和目标。

安全生产是工伤预防的重要组成部分，熟悉《安全生产法》对做好工伤预防工作的重要性毋庸置疑。

1.《安全生产法》的立法目的

（1）为了加强安全生产工作。为了加强安全生产工作，是制定《安全生产法》最直接的目的。安全生产事关人民群众生命财产安全，事关改革开放、经济发展和社会稳定大局，事关党和政府的形象，是一项只能持续加强而不能有任何削弱的极为重要的工作。特别是我国人口众多，又处于工业化、城镇化快速发展进程中，安全生产基础比较薄弱，安全生产责任不落实、安全防范和监督管理不到位、违法生产经营建设行为屡禁不止等问题较为突出，生产安全事故处于易发多发的高峰期，重特大事故尚未得到有效遏制，安全生产的各方面工作亟待进一步加强。其中具有基础性、长远性和根本性意义的措施，就是不断加强安全生产法制建设，通过完善相关制度，确立基本的行为规范，明确相关主体的权利义务，使安全生产工作有章可循、有规可依。中华人民共和国成立以来特别是改革开放以来，我国颁布实施了一系列有关安全生产的法律法规，对于规范和加强相关行业、领域的安全生产工作发挥了积极的作用。与此同时，也需要制定一部安全生产领域的综合性、基础性法律，确立具有共性的制度和规范，更加全面、系统地规范安全生产工作。

（2）为了防止和减少生产安全事故。防止和减少生产安全事故，是制定《安全生产法》的基本目的。安全生产形势和安全生产工作的成效是通过生产安全事故来衡量的，不发生或者少发生事故表明安全生产形势稳定趋好，安全生产工作成效明显，反之则表明安全生产形势严峻，安全生产工作没有取得实效。制定《安全生产法》，就是要从制度、体制、机制方面设计出防止和减少生产安全事故特别是重特大事故的措施和办法，使事故发生率及其造成的伤亡人数不断下降。当前，我国安全生产形势依然严峻复杂，事故多发的态势尚未根本扭转，将防止和减少生产安全事故作为《安全生产法》的立法目的之一，具有很强的现实针对性。

由于生产经营活动固有的风险以及人类认知和控制风险能力的局限等因素，完全杜绝生产安全事故是不现实的，只能最大限度地防止和减少事故的发生。《安全生产法》第一条规定既表明了制度建设努力追求的目标，又体现了实事求是的科学态度。

（3）保障人民群众生命和财产安全。保障人民群众生命和财产安全，是制定《安全生产法》的根本目的。人民群众的生命和财产安全，是人民群众的根本利益所在。加强安全生产工作，防止和减少生产安全事故，归根结底是为了保障人民群众的生命和财产安全，这是以人为本理念的本质要求。从实际情况看，各类生产安全事故给人民群众的生命和财产安全造成严重损害，必须深刻吸取用生命和鲜血换来的教训，筑牢安全生产防线，创新安全管理模式，落实企业主体责任。将保障人民群众生命和财产安全作为制定《安全生产法》最根本的目的，就是要使这部法律的制度设计始终以保障人民生命和财产安全为核心，成为保障人民群众生命和财产安全的法制利器。

（4）促进经济社会持续健康发展。促进经济社会持续健康发展，是制定

《安全生产法》的重要目的。安全生产不仅是经济问题，更是社会问题，一个地区、一个行业甚至一个单位重特大事故频发，不仅会严重影响经济发展进程，也会严重干扰社会和谐稳定大局，严重损害党和政府治国理政的形象。因此，制定《安全生产法》不仅仅是要促进经济发展，更要促进经济社会持续健康发展。把安全生产工作放在社会经济发展的整体格局中，体现了科学发展观和新时代社会主义建设的必然要求，进一步表明了安全生产工作在社会经济发展中的重要位置。安全生产是经济社会持续健康发展的前提，是促进经济社会转型升级的重要抓手。这就要求我们把安全生产与经济社会发展各项工作同步规划、同步部署、同步推进，实现安全与速度、质量、效益相统一，安全生产与经济社会发展相协调。

2.《安全生产法》的适用范围

本法第二条规定：在中华人民共和国领域内从事生产经营活动的单位的安全生产，适用本法；有关法律、行政法规对消防安全和道路交通安全、铁路交通安全、水上交通安全、民用航空安全以及核与辐射安全、特种设备安全另有规定的，适用其规定。

（1）对《安全生产法》适用范围中“一般规定”的理解

《安全生产法》适用范围第一层次的规定是，在中华人民共和国领域内从事生产经营活动的单位的安全生产，适用本法。这项规定所包含的内容和所覆盖的范围都是清楚的，是指：

1）各种所有制的生产经营单位，包括国有的、集体的、混合经济的、民营的、个体经营的、中外合资的、外商独资的等，都在适用范围之列。

2）各个地区、各种行业、各个部门、各个系统中从事生产经营活动的单位都应当在适用范围之列。

3）《安全生产法》所指的生产经营活动，是一个广义的概念，既包括生产活动又包括经营活动，既包括合法的生产经营活动也包括非法的生产经营活动等。

4）从事生产经营活动的单位，是指在社会生产经营活动中作为一个基本单元出现的实体，比如一个个体工商户，从事生产活动或者从事经营活动，是社会生产经营的基本单元，涉及安全生产的仍要遵守《安全生产法》。

（2）对《安全生产法》适用范围中“另有规定”的理解

1）有一部分生产经营活动的单位或安全事项具有特殊性，国家对其另行立法进行规范是必要的，对这部分在法律、行政法规中另有规定的，从其规定。这部分另有规定的范围为消防安全、道路交通安全、铁路交通安全、水上交通安全、民用航空安全、核与辐射安全、特种设备安全等。也就是在这些领域中的安全事务，由有关的法律、行政法规进行调整，执行有关法律、行政法规中已作出的规定。但是，《安全生产法》确立的以人为本、安全发展的理念，安全生产工作方针、基本法律制度仍然适用于其他行业和领域的安全生产工作。

2）还有一些专门的立法，如《中华人民共和国矿山安全法》，还有在一些有关法律中对安全生产作出规定的，如在《劳动法》中对劳动安全、《中华人民共和国铁路法》中对铁路安全、《中华人民共和国建筑法》中对建筑安全生产等都作出了规定。这些规定与《安全生产法》的规定是基本一致的。

3.《安全生产法》的十大亮点

《安全生产法》从强化安全生产工作的摆位、进一步落实生产经营单位主体责任、政府安全监管定位和加强基层执法力量、强化安全生产责任追究4个方面入手，在法律制度规定方面，主要有十大亮点。

（1）坚持以人为本，推进安全发展。《安全生产法》第三条提出安全生产工作应当以人为本，坚持安全发展，充分体现了习近平总书记等中央领导同志多年来关于安全生产工作的一系列重要指示精神，对于坚守发展决不能以牺牲人的生命为代价这条红线，牢固树立以人为本、生命至上的理念，正确处理重大险情和事故应急救援中“保财产”还是“保人命”问题，具有重大现实意义。

（2）确立“十二字”安全生产方针。“安全第一、预防为主、综合治理”的安全生产工作“十二字”方针，明确了安全生产的重要地位、主体任务和实现安全生产的根本途径。“安全第一”要求从事生产经营活动必须把安全放在首位，不能以牺牲人的生命、健康为代价换取发展和效益；“预防为主”要求把安全生产工作的重心放在预防上，强化隐患排查治理，打非治违，从源头上控制、预防和减少生产安全事故；“综合治理”要求运用行政、经济、法治、科技等多种手段，充分发挥社会、职工、舆论监督各个方面的作用，抓好安全生产工作。

（3）落实“三个必须”，明确安全监管部门执法地位。按照“三个必须”（管业务必须管安全、管行业必须管安全、管生产经营必须管安全）的要求，《安全生产法》规定：一是国务院和县级以上地方人民政府应当建立健全安全生产工作协调机制，及时协调、解决安全生产监督管理中存在的重大问题；二是明确国务院和县级以上地方人民政府安全生产监督管理部门实施综合监督管理，有关部门在各自职责范围内对有关行业、领域的安全生产工作实施监督管理，并将其统称负有安全生产监督管理职责的部门；三是明确各级安全生产监督管理部门和其他负有安全生产监督管理职责的部门作为执法部门，依法开展安全生产行政执法工作，对生产经营单位执行法律法规、国家标准或者行业标准的情况进行监督检查。

（4）明确乡镇人民政府以及街道办事处、开发区管理机构安全生产职责。乡镇街道是安全生产工作的重要基础，有必要在立法层面明确其安全生产职责，同时，针对各地经济技术开发区、工业园区的安全监管体制不顺、监管人员配备不足、事故隐患集中、事故多发等突出问题，《安全生产法》明确：乡、镇人民政府以及街道办事处、开发区管理机构等地方人民政府的派出机关应当按照职责，加强对本行政区域内生产经营单位安全生产状况的监督检查，协助上级人民政府有关部门依法履行安全生产监督管理职责。

（5）强化生产经营单位的安全生产主体责任。《安全生产法》把明确安全责任、发挥生产经营单位安全生产管理机构和安全生产管理人员作用作为一项重要内容，作出4个方面的重要规定：一是明确委托规定的机构提供安全生产技术、管理服务的，保证安全生产的责任仍然由本单位负责；二是明确生产经营单位的安全生产责任制的内容，规定生产经营单位应当建立相应的机制，加强对安全生产责任制落实情况的监督考核；三是明确生产经营单位的安全生产管理机构以及安全生产管理人员履行的相关职责；四是规定矿山、金属冶炼建设项目和用于生产、储存危险物品的建设项目竣工投入生产或者使用前，由建设单位负责组织对安全设施进行验收。

（6）建立事故预防和应急救援的制度。加强事前预防和事故应急救援是安全生产工作的两项重要内容。《安全生产法》规定：一是生产经营单位必须建立生产安全事故隐患排查治理制度，采取技术、管理措施及时发现并消除事故隐患，并向从业人员通报隐患排查治理情况；二是政府有关部门要建立健全重大事故隐患治理督办制度，督促生产经营单位消除重大事故隐患；三是对未建立隐患排查治理制度、未采取有效措施消除事故隐患的行为，设定了严格的行政处罚；四是赋予负有安全监管职责的部门对拒不执行执法决定、有发生生产安全事故现实危险的生产经营单位依法采取停电、停供民用爆炸物品等措施，强制生产经营单位履行决定；五是国家建立应急救援基地和应急救援队伍，建立全国统一的应急救援信息系统。生产经营单位应当依法制定应急预案并定期演练。参与事故抢救的部门和单位要服从统一指挥，根据事故救援的需要组织采取告知、警戒、疏散等措施。

（7）建立安全生产标准化制度。近年来矿山、危险化学品等高危行业企业安全生产标准化取得了显著成效，企业本质安全生产水平明显提高。结合多年的实践经验，《安全生产法》在总则部分明确提出推进安全生产标准化工作，这将对强化安全生产基础建设，促进企业安全生产水平持续提升产生重大而深远的影响。

（8）推行注册安全工程师制度。为解决中小企业安全生产“无人管、不会管”的问题，促进安全生产管理人员队伍朝着专业化、职业化方向发展，《安全生产法》确立了注册安全工程师制度，并从两个方面加以推进：一是危险物品的生产、储存单位以及矿山、金属冶炼单位应当有注册安全工程师从事安全生产管理工作，鼓励其他生产经营单位聘用注册安全工程师从事安全生产管理工作；二是建立注册安全工程师按专业分类管理制度，授权国务院有关部门制定具体实施办法。

（9）推进安全生产责任保险制度。《安全生产法》总结近年来的试点经验，通过引入保险机制，促进安全生产，规定国家鼓励生产经营单位投保安全生产责任保险。安全生产责任保险具有其他保险所不具备的特殊功能和优势：一是增加事故救援费用和第三人（事故单位从业人员以外的事故受害人）赔付的资金来源；二是有利于现行安全生产经济政策的完善和发展；三是通过保险费率浮动、引进保险公司参与企业安全管理，可以有效促进企业加强安全生产工作。

（10）加大对安全生产违法行为的责任追究力度：

1）规定了事故行政处罚和终身行业禁入。按照两个责任主体、四个事故等级，设立了对生产经营单位及其主要负责人的八项罚款处罚明文，大幅提高对事故责任单位的罚款金额。

2）加大罚款处罚力度。结合各地区经济发展水平、企业规模等实际，在维持罚款下限基本不变、将罚款上限提高了2~5倍，并且大多数罚则不再将限期整改作为前置条件。这反映了“打非治违”“重典治乱”的现实需要，强化了对安全生产违法行为的震慑力，也有利于降低执法成本、提高执法效能。

3）建立了严重违法行为公告和通报制度。要求负有安全生产监督管理职责的部门建立安全生产违法行为信息库，如实记录生产经营单位的违法行为信息；对违法行为情节严重的生产经营单位，应当向社会公告，并通报行业主管部门、投资主管部门、国土资源主管部门、证券监督管理部门和有关金融机构。

4）安全生产工作机制的内涵。《安全生产法》第三条要求“建立生产经营单位负责、职工参与、政府监管、行业自律、社会监督的工作机制”，进一步明确各方安全生产职责，这是对安全生产工作经验的总结。

①生产经营单位负责，是做好安全生产工作的根本。生产经营单位是安全生产的责任主体，对本单位的安全生产保障负责，《安全生产法》从多个方面进行了规定，包括生产经营单位应当具备法定的安全生产条件、生产经营单位主要负责人的安全生产职责、安全生产投入、安全生产责任制、安全生产管理机构以及安全生产管理人员的职责及配备、从业人员安全生产教育和培训、安全设施与主体工程“三同时”、安全警示标志、安全设备管理、危险物品安全管理、危险作业和交叉作业安全管理、发包出租的安全管理、事故隐患排查治理、有关从业人员安全管理等方面。

②职工参与，是做好安全生产工作的基础。职工是生产经营活动的直接操作者，安全生产首先涉及职工的人身安全。职工参与主要体现在：一是通过生产经营单位的工会组织依法代表职工参加本单位安全生产工作的民主管理和民主监督，参与生产经营单位制定或者修改有关安全生产和职业健康的规章制度，维护职工在安全生产方面的合法权益，首先要维护职工的生命权和健康权。二是职工作为企业的主人要发挥其主人翁作用，关心企业的安全生产，关心自身的安全与健康，拒绝违章指挥和强令冒险作业的命令，真正做到遵章守纪，按标作业；接受教育，提高技能；发现隐患，立即报告。

③政府监管，是做好安全生产工作的关键。在强化和落实生产经营单位主体责任、保障职工参与的同时，还必须充分发挥政府在安全生产方面的监管作用，以国家强制力为后盾，保证安全生产法律法规以及相关标准得到切实遵守，及时查处、纠正安全生产违法行为，消除事故除患，这是保障安全生产不可或缺的重要方面。所以，健全完善安全生产综合监管和行业监管相结合的工作机制，强化安全生产监管部门对安全生产工作的综合监管，全面落实行业主管部门的专业监管和行业管理指导职责。各部门要加强协作，形成监管合力，在各级政府统一领导下，严厉打击违法生产经营等影响安全生产的行为，对拒不执行监管监察指令的生产经营单位，要依法依规从重处罚。

④行业自律，是做好安全生产工作的发展方向。市场经济条件下，必须充分发挥行业协会等社会组织的作用。一方面各个行业都要遵守国家法律法规和政策，另一方面行业组织要通过行规、行约制约本行业生产经营单位的行为。通过行业间的自律，促使生产经营单位能从自身安全生产的需要和保护从业人员生命健康的角度出发，自觉开展安全生产工作，切实履行生产经

营单位的法定职责和社会职责。《安全生产法》第十二条规定：“有关协会组织依照法律、行政法规和章程，为生产经营单位提供安全生产方面的信息、培训等服务，发挥自律作用，促进生产经营单位加强安全生产管理。”

⑤社会监督，是做好安全生产工作的推动力量。注重发挥新闻媒体和社会公众的舆论监督作用。有关部门和地区要进一步畅通安全生产的社会监督渠道，设立举报电话，接受人民群众的公开监督，将安全生产工作置于全社会的监督之下。《安全生产法》第七十一条规定：“任何单位或者个人对事故隐患或者安全生产违法行为，均有权向负有安全生产监督管理职责的部门报告或者举报。”第七十二条规定：“居民委员会、村民委员会发现其所在区域内的生产经营单位存在事故隐患或者安全生产违法行为时，应当向当地人民政府或者有关部门报告。”第七十四条规定：“新闻、出版、广播、电影、电视等单位有进行安全生产公益宣传教育的义务，有对违反安全生产法律、法规的行为进行舆论监督的权利。”

二、《安全生产法》相关规定

第三条　安全生产工作应当以人为本，坚持安全发展，坚持安全第一、预防为主、综合治理的方针，强化和落实生产经营单位的主体责任，建立生产经营单位负责、职工参与、政府监管、行业自律和社会监督的机制。

【导读】

安全生产的宗旨是以人为本，方针是坚持安全第一、预防为主、综合治理，主体责任是生产经营单位（用人单位），工作机制是生产经营单位负责、职工参与、政府监管、行业自律和社会监督。

第四条　生产经营单位必须遵守本法和其他有关安全生产的法律、法规，加强安全生产管理，建立、健全安全生产责任制和安全生产规章制度，改善安全生产条件，推进安全生产标准化建设，提高安全生产水平，确保安全生产。

【导读】

安全生产标准化建设是指通过建立安全生产责任制，制定安全管理制度和操作规程，排查治理隐患和监控重大危险源，建立预防机制，规范生产行为，使各生产环节符合有关安全生产法律法规和标准规范的要求，人、机、物、环境处于良好的生产状态，并持续改进，不断加强企业安全生产规范化建设。

安全生产标准化建设的主要内容是组织机构、安全投入、安全管理制度、人员教育培训、设备设施运行管理、作业安全管理、隐患排查和治理、重大危险源监控、职业健康、应急救援、事故的报告和调查处理、绩效评定和持续改进等方面。

2010年4月15日，原国家安全生产监督管理总局发布了《企业安全生产标准化基本规范》安全生产行业标准，标准编号为AQ/T 9006—2010，自2010年6月1日起实施。

第五条 生产经营单位的主要负责人对本单位的安全生产工作全面负责。

【导读】

生产经营单位的主要负责人是本单位的安全生产工作的第一责任人。

第六条 生产经营单位的从业人员有依法获得安全生产保障的权利，并应当依法履行安全生产方面的义务。

第十一条 各级人民政府及其有关部门应当采取多种形式，加强对有关安全生产的法律、法规和安全生产知识的宣传，增强全社会的安全生产意识。

第十四条 国家实行生产安全事故责任追究制度，依照本法和有关法律、法规的规定，追究生产安全事故责任人员的法律责任。

第十八条 生产经营单位的主要负责人对本单位安全生产工作负有下列职责：

（一）建立、健全本单位安全生产责任制。

（二）组织制定本单位安全生产规章制度和操作规程。

（三）组织制定并实施本单位安全生产教育和培训计划。

（四）保证本单位安全生产投入的有效实施。

（五）督促、检查本单位的安全生产工作，及时消除生产安全事故隐患。

（六）组织制定并实施本单位的生产安全事故应急救援预案。

（七）及时、如实报告生产安全事故。

第十九条 生产经营单位的安全生产责任制应当明确各岗位的责任人员、责任范围和考核标准等内容。

生产经营单位应当建立相应的机制，加强对安全生产责任制落实情况的监督考核，保证安全生产责任制的落实。

第二十条 生产经营单位应当具备的安全生产条件所必需的资金投入，由生产经营单位的决策机构、主要负责人或者个人经营的投资人予以保证，并对由于安全生产所必需的资金投入不足导致的后果承担责任。

【导读】

安全生产所必需的资金应列入生产成本。从工伤保险基金中提取的工伤预防费按《工伤预防费使用管理暂行办法》（人社部规〔2017〕13号）规定，只能用于工伤事故和职业病预防宣传和培训，不能用于购置安全生产设施、劳动防护用品等方面。

第二十一条 矿山、金属冶炼、建筑施工、道路运输单位和危险物品的生产、经营、储存单位，应当设置安全生产管理机构或者配备专职安全生产管理人员。

前款规定以外的其他生产经营单位，从业人员超过一百人的，应当设置安全生产管理机构或者配备专职安全生产管理人员；从业人员在一百人以下的，应当配备专职或者兼职的安全生产管理人员。

第二十二条 生产经营单位的安全生产管理机构以及安全生产管理人员履行下列职责：

（一）组织或者参与拟订本单位安全生产规章制度、操作规程和生产安全事故应急救援预案。

（二）组织或者参与本单位安全生产教育和培训，如实记录安全生产教育和培训情况。

（三）督促落实本单位重大危险源的安全管理措施。

（四）组织或者参与本单位应急救援演练。

（五）检查本单位的安全生产状况，及时排查生产安全事故隐患，提出改进安全生产管理的建议。

（六）制止和纠正违章指挥、强令冒险作业、违反操作规程的行为。

（七）督促落实本单位安全生产整改措施。

【导读】

生产经营单位设置安全生产管理机构或者配备专职安全生产管理人员是安全生产的有效组织措施，在推进工伤预防工作中，一是要督促生产经营单位落实该组织措施；二是要赋予其工伤预防的责任（为加强其责任感，也可

“两块牌子，一套人马”即“工伤预防管理机构”和“工伤预防管理人员”）。

第二十四条 生产经营单位的主要负责人和安全生产管理人员必须具备与本单位所从事的生产经营活动相应的安全生产知识和管理能力。

【导读】

在实施工伤预防工作中，必须对用人单位的主要负责人和安全生产（工伤预防）管理人员进行安全生产和工伤预防的宣传和培训，促进他们掌握与本单位所从事的生产经营活动相适应的安全生产（工伤预防）知识和管理能力。

第二十五条 生产经营单位应当对从业人员进行安全生产教育和培训，保证从业人员具备必要的安全生产知识，熟悉有关的安全生产规章制度和安全操作规程，掌握本岗位的安全操作技能，了解事故应急处理措施，知悉自身在安全生产方面的权利和义务。未经安全生产教育和培训合格的从业人员，不得上岗作业。

生产经营单位使用被派遣劳动者的，应当将被派遣劳动者纳入本单位从业人员统一管理，对被派遣劳动者进行岗位安全操作规程和安全操作技能的教育和培训。劳务派遣单位应当对被派遣劳动者进行必要的安全生产教育和培训。

生产经营单位接收中等职业学校、高等学校学生实习的，应当对实习学生进行相应的安全生产教育和培训，提供必要的劳动防护用品。学校应当协助生产经营单位对实习学生进行安全生产教育和培训。

生产经营单位应当建立安全生产教育和培训档案，如实记录安全生产教育和培训的时间、内容、参加人员以及考核结果等情况。

【导读】

“未经安全生产教育和培训合格的从业人员，不得上岗作业”是由血的教训总结的。在实施工伤预防工作中必须增加工伤预防的教育和培训，并按建立安全生产教育和培训档案的要求单独建立工伤预防教育和培训档案。

第二十六条 生产经营单位采用新工艺、新技术、新材料或者使用新设备，必须了解、掌握其安全技术特性，采取有效的安全防护措施，并对从业人员进行专门的安全生产教育和培训。

【导读】

这一条款也体现了安全生产教育和培训的连续性，不仅采用新工艺、新技术、新材料或者使用新设备要对从业人员进行专门的安全生产教育和培训，而且在生产场所发生变化、生产设备大修后等较大变化后也要进行相应的教育和培训。

第二十七条　生产经营单位的特种作业人员必须按照国家有关规定经专门的安全作业培训，取得相应资格，方可上岗。

【导读】

实施工伤预防工作时应督促用人单位的特种作业人员必须持相应单位发给的“特种作业操作证”上岗。

第三十二条　生产经营单位应当在有较大危险因素的生产经营场所和有关设施、设备上，设置明显的安全警示标志。

【导读】

在这些地方设置警示标志有较好的提示作用。劳动者进入有较大危险有害因素的生产经营场所或接近有较大危险有害因素的设施、设备，一看到警示标志，马上在大脑形成“条件反射”要注意安全。工伤预防也同样要在这些地方设置“警示牌”，工伤预防实践工作中，在部分车间设置工伤预防警示牌，的确收到了很好的效果。

第三十三条　安全设备的设计、制造、安装、使用、检测、维修、改造和报废，应当符合国家标准或者行业标准。

生产经营单位必须对安全设备进行经常性维护、保养，并定期检测，保证正常运转。维护、保养、检测应当做好记录，并由有关人员签字。

【导读】

一次性配备安全设备比较容易做到，但在使用中长期保持其安全性能不变，确实需要严格的管理制度来维持。工伤预防试点工作中，经常发现一些大中型企业的安全设施虽然比中小企业维护得好一些，但仍存在安全装置失能的情况，这是工伤预防宣传教育需要加强的一个重要方面。

第三十八条 生产经营单位应当建立健全生产安全事故隐患排查治理制度，采取技术、管理措施，及时发现并消除事故隐患。事故隐患排查治理情况应当如实记录，并向从业人员通报。

【导读】

工伤预防试点工作中，发现绝大部分企业都建立了生产安全事故隐患排查治理制度，但存在的问题主要有两个方面：一是制度不够健全；二是坚持执行制度，采取技术、管理措施，及时发现并消除事故隐患做得不够。在实施工伤预防工作中要注意调查研究，找到企业已有制度的不足及存在的事故隐患，有针对性地进行宣传、培训，指导用人单位完善相关制度并采取科学、有效的手段消除隐患。

第四十一条 生产经营单位应当教育和督促从业人员严格执行本单位的安全生产规章制度和安全操作规程；并向从业人员如实告知作业场所和工作岗位存在的危险因素、防范措施以及事故应急措施。

【导读】

工伤预防试点工作调查表明，从业人员严格执行本单位的安全生产规章制度和安全操作规程普遍存在“打折扣”的现象，这是引发生产事故及工伤事故的主要原因，但由于事故的“偶发性”导致部分从业人员忽视了认真执行安全生产规章制度的重要性。这是工伤预防宣传、培训要重点加强的方面，而且这方面的宣传、培训不可能一劳永逸，要警钟长鸣。

向从业人员告知作业场所和工作岗位存在的危险有害因素、防范措施以及事故应急措施的有效方法之一是经常性地、有针对性地进行宣传和培训。

第四十二条 生产经营单位必须为从业人员提供符合国家标准或者行业标准的劳动防护用品，并监督、教育从业人员按照使用规则佩戴、使用。

【导读】

为从业人员提供符合国家标准和行业标准的劳动防护用品很重要，工伤预防试点工作调查结果显示，大多数用人单位都能做到这点。但从业人员按照使用规则佩戴、使用却存在较大差距，工伤预防宣传培训必须加大相应的工作力度。

第四十三条　生产经营单位的安全生产管理人员应当根据本单位的生产经营特点，对安全生产状况进行经常性检查；对检查中发现的安全问题，应当立即处理；不能处理的，应当及时报告本单位有关负责人，有关负责人应当及时处理。检查及处理情况应当如实记录在案。

生产经营单位的安全生产管理人员在检查中发现重大事故隐患，依照前款规定向本单位有关负责人报告，有关负责人不及时处理的，安全生产管理人员可以向主管的负有安全生产监督管理职责的部门报告，接到报告的部门应当依法及时处理。

【导读】

这一条款是针对生产经营单位安全生产管理人员的重要职责，不仅自己要做好，还要结合实际采用更多的检查方法，比如建立每日（或几日）定期巡回检查制度（工伤预防试点中有的单位实行该制度后明显地降低了工伤事故发生率）、建立全体职工检查自己周围的隐患制度等。

第四十七条　生产经营单位发生生产安全事故时，单位的主要负责人应当立即组织抢救，并不得在事故调查处理期间擅离职守。

【导读】

这是控制事故、减少伤害的有效组织措施，也是生产经营单位的主要负责人是安全生产的第一责任人的体现形式。

第四十八条　生产经营单位必须依法参加工伤保险，为从业人员缴纳保险费。国家鼓励生产经营单位投保安全生产责任保险。

【导读】

参加工伤保险，一是保障了工伤职工获得医疗救治的权益和经济补偿的权益；二是增加了职工主动履行工伤预防的义务，从而更好地保护自己的安全健康。

生产经营单位投保安全生产责任保险为工伤职工再获得民事赔偿提供了保障。

第五十条　生产经营单位的从业人员有权了解其作业场所和工作岗位存

在的危险因素、防范措施及事故应急措施，有权对本单位的安全生产工作提出建议。

【导读】

这是从业人员主动预防工作伤害的基础，应当加大宣传和培训力度，使其深刻了解其作业场所和工作岗位存在的危险有害因素，牢牢掌握防范措施及事故应急措施。

第五十一条 从业人员有权对本单位安全生产工作中存在的问题提出批评、检举、控告；有权拒绝违章指挥和强令冒险作业。

生产经营单位不得因从业人员对本单位安全生产工作提出批评、检举、控告或者拒绝违章指挥、强令冒险作业而降低其工资、福利等待遇或者解除与其订立的劳动合同。

【导读】

从业人员主动投入安全生产和工伤预防工作的实际行动，应当受到鼓励。

第五十二条 从业人员发现直接危及人身安全的紧急情况时，有权停止作业或者在采取可能的应急措施后撤离作业场所。

生产经营单位不得因从业人员在前款紧急情况下停止作业或者采取紧急撤离措施而降低其工资、福利等待遇或者解除与其订立的劳动合同。

【导读】

这是以人为本的具体体现，不能为了保护“财产”而付出生命代价（在通常情况下，用“生命安全”冒险换取“财产安全”不可取，更何况大多数情况下即使付出生命代价却保护不了“财产”）。

第五十三条 因生产安全事故受到损害的从业人员，除依法享有工伤保险补偿外，依照有关民事法律尚有获得赔偿的权利的，有权向本单位提出赔偿要求。

【导读】

从实际情况看，因生产安全事故受到损害的从业人员，除依法享有工伤保险补偿外，大多数未获得民事赔偿，法律赋予的权利未能实现。其主要原因一是从业人员不知道自己享有这方面权利，未能向本用人单位提出赔偿要求；二是用人单位相关负责人也不知道这一法律规定，或有意对相关从业人员隐瞒。

第五十四条 从业人员在作业过程中，应当严格遵守本单位的安全生产规章制度和操作规程，服从管理，正确佩戴和使用劳动防护用品。

【导读】

这是从业人员的法律义务，是做好安全生产工作和预防工伤事故的关键环节，在工伤预防的宣传、培训中必须让从业人员牢牢地树立这个观念。

第五十五条 从业人员应当接受安全生产教育和培训，掌握本职工作所需的安全生产知识，提高安全生产技能，增强事故预防和应急处理能力。

【导读】

工伤预防宣传、培训应有针对性地帮助从业人员掌握本职工作所需的安全生产知识，提高安全生产技能，增强事故预防和应急处理能力。

第五十六条 从业人员发现事故隐患或者其他不安全因素，应当立即向现场安全生产管理人员或者本单位负责人报告；接到报告的人员应当及时予以处理。

【导读】

在工伤预防宣传、培训中应提高从业人员发现事故隐患或者其他危险有害因素的能力。

第五十七条 工会有权对建设项目的安全设施与主体工程同时设计、同时施工、同时投入生产和使用进行监督，提出意见。

工会对生产经营单位违反安全生产法律、法规，侵犯从业人员合法权益的行为，有权要求纠正；发现生产经营单位违章指挥、强令冒险作业或者发现事故隐患时，有权提出解决的建议，生产经营单位应当及时研究答复；发现危及从业人员生命安全的情况时，有权向生产经营单位建议组织从业人员撤离危险场所，生产经营单位必须立即作出处理。

工会有权依法参加事故调查，向有关部门提出处理意见，并要求追究有关人员的责任。

【导读】

工伤预防工作也应该取得工会的监督、支持和帮助。

第四节 《中华人民共和国职业病防治法》相关规定

《中华人民共和国职业病防治法》（以下简称《职业病防治法》）是由中华人民共和国第九届全国人民代表大会常务委员会第二十四次会议于 2001 年 10 月 27 日通过，自 2002 年 5 月 1 日起施行。根据 2011 年 12 月 31 日第十一届全国人民代表大会常务委员会第二十四次会议《关于修改〈中华人民共和国职业病防治法〉的决定》第一次修正；根据 2016 年 7 月 2 日第十二届全国人民代表大会常务委员会第二十一次会议《关于修改〈中华人民共和国节约能源法〉等六部法律的决定》第二次修正；根据 2017 年 11 月 4 日第十二届全国人民代表大会常务委员会第三十次会议《关于修改〈中华人民共和国会计法〉等十一部法律的决定》第三次修正；根据 2018 年 12 月 29 日第十三届全国人民代表大会常务委员会第七次会议《关于修改〈中华人民共和国劳动法〉等七部法律的决定》第四次修正。

为了预防、控制和消除职业病危害，防治职业病，保护劳动者健康及其相关权益，促进经济发展，根据宪法，制定本法。防治职业病是工伤预防工作的重要内容，掌握《职业病防治法》的主要内容对促进工伤预防工作是必要的。

第二条 本法适用于中华人民共和国领域内的职业病防治活动。

本法所称职业病，是指企业、事业单位和个体经济组织等用人单位的劳动者在职业活动中，因接触粉尘、放射性物质和其他有毒有害因素而引起的疾病。

职业病的分类和目录由国务院卫生行政部门会同国务院劳动保障行政部门制定、调整并公布。

【导读】

职业病种类详见第一章中的相关内容。尘肺病可根据《职业性尘肺病的诊断》（GBZ 70—2015）和《职业性尘肺病的病理诊断》（GBZ 25—2014）诊断；职业性放射性疾病可根据《职业性放射性疾病诊断 总则》（GBZ 112—2017）诊断；职业中毒可根据《职业性中毒性肝病诊断标准》（GBZ

59—2010)、《职业性急性化学物中毒的诊断　总则》诊断等。

第三条　职业病防治工作坚持预防为主、防治结合的方针，建立用人单位负责、行政机关监管、行业自律、职工参与和社会监督的机制，实行分类管理、综合治理。

【导读】

由于大部分职业病发病的迟发性，致使人们对职业病的认识产生误区，有的甚至对职业病毫无认识，给防治职业病工作造成很大的困难。职业病防治应在分类管理、综合治理的基础上结合当前社会生产实际发展、创新防治办法。

第四条　劳动者依法享有职业卫生保护的权利。

用人单位应当为劳动者创造符合国家职业卫生标准和卫生要求的工作环境和条件，并采取措施保障劳动者获得职业卫生保护。

【导读】

国家职业卫生标准详见《中华人民共和国国家卫生标准汇编　职业卫生标准卷》，共上下两卷。其中，“工作场所有害因素职业接触限值”分“化学有害因素”和“物理因素”两部分。化学因素包括工作场所空气中化学物质(共339种)、工作场所空气中粉尘（共27种)、工作场所空气中生物因素(共2种）容许浓度；物理因素包括超高频辐射、高频电磁场、工频电场、激光辐射、微波辐射、紫外辐射、高温作业、噪声、手传振动职业接触限值及煤矿井下采掘工作场所气象条件等。

第五条　用人单位应当建立、健全职业病防治责任制，加强对职业病防治的管理，提高职业病防治水平，对本单位产生的职业病危害承担责任。

第六条　用人单位的主要负责人对本单位的职业病防治工作全面负责。

【导读】

在用人单位，职业病防治责任制和安全生产责任制可合并制定，单位主要负责人是安全生产、职业病防治和工伤预防的第一责任人。

第七条　用人单位必须依法参加工伤保险。国务院和县级以上地方人民政府劳动保障行政部门应当加强对工伤保险的监督管理，确保劳动者依法享受工伤保险待遇。

【导读】

工伤保险参保范围即适用范围应按《工伤保险条例》的规定确定，已经参加工伤保险的劳动者用人单位还可以为其参加商业保险，确保其受到职业病伤害时能获得更多的医疗救治和经济补偿。

第十三条 任何单位和个人有权对违反本法的行为进行检举和控告。有关部门收到相关的检举和控告后，应当及时处理。

【导读】

依据最新修正的《职业病防治法》规定，有关工作场所空气中的有毒有害物、工作场所中的有害物理因素、预防职业病的防护措施、劳动防护用品等生产条件的违法行为以及有关职业病诊断治疗的违法行为等均可向卫生行政部门举报；涉及《劳动法》和《工伤保险条例》的违法行为可向人力资源和社会保障部门举报。

第十四条 用人单位应当依照法律、法规要求，严格遵守国家职业卫生标准，落实职业病预防措施，从源头上控制和消除职业病危害。

【导读】

依照的法律、法规主要包括《安全生产法》《职业病防治法》《劳动法》《工伤保险条例》等，以及职业卫生相关的国家标准等。

第十五条 产生职业病危害的用人单位的设立除应当符合法律、行政法规规定的设立条件外，其工作场所还应当符合下列职业卫生要求：

（一）职业病危害因素的强度或者浓度符合国家职业卫生标准。

（二）有与职业病危害防护相适应的设施。

（三）生产布局合理，符合有害与无害作业分开的原则。

（四）有配套的更衣间、洗浴间、孕妇休息间等卫生设施。

（五）设备、工具、用具等设施符合保护劳动者生理、心理健康的要求。

（六）法律、行政法规和国务院卫生行政部门关于保护劳动者健康的其他要求。

【导读】

用人单位可按这些要求，根据预防职业病危害的实际需要完善工作场所卫生条件。

第十六条 国家建立职业病危害项目申报制度。用人单位工作场所存在职业病目录所列职业病的危害因素的，应当及时、如实向所在地卫生行政部门申报危害项目，接受监督。

第十七条 新建、扩建、改建建设项目和技术改造、技术引进项目（以下统称建设项目）可能产生职业病危害的，建设单位在可行性论证阶段应当进行职业病危害预评价。

职业病危害预评价报告应当对建设项目可能产生的职业病危害因素及其对工作场所和劳动者健康的影响作出评价，确定危害类别和职业病防护措施。

【导读】

建设项目的职业病的防护措施所需费用应当纳入建设项目工程预算，并与主体工程同时设计、同时施工、同时投入生产和使用。

第二十条 用人单位应当采取下列职业病防治管理措施：

（一）设置或者指定职业卫生管理机构或者组织，配备专职或者兼职的职业卫生管理人员，负责本单位的职业病防治工作。

（二）制定职业病防治计划和实施方案。

（三）建立、健全职业卫生管理制度和操作规程。

（四）建立、健全职业卫生档案和劳动者健康监护档案。

（五）建立、健全工作场所职业病危害因素监测及评价制度。

（六）建立、健全职业病危害事故应急救援预案。

【导读】

可按上述要求，纳入用人单位安全生产管理办法中统一建设。

第二十一条 用人单位应当保障职业病防治所需的资金投入，不得挤占、挪用，并对因资金投入不足导致的后果承担责任。

【导读】

职业病防治所需的资金应和安全生产所需的资金同时投入。

第二十二条 用人单位必须采用有效的职业病防护设施，并为劳动者提供个人使用的职业病防护用品。

用人单位为劳动者个人提供的职业病防护用品必须符合防治职业病的要求；不符合要求的，不得使用。

【导读】

个人使用的职业病防护用品要按职业病防护需要和国家标准配置，并按国家（行业、企业）标准设置防护设施，教育和督促劳动者按规定使用。

第二十三条 用人单位应当优先采用有利于防治职业病和保护劳动者健康的新技术、新工艺、新设备、新材料，逐步替代职业病危害严重的技术、工艺、设备、材料。

【导读】

这是预防职业危害的治本措施，相关部门应当向用人单位宣传推广这类新技术、新工艺、新设备、新材料，对推广效果好的用人单位应表扬鼓励。

第二十四条 产生职业病危害的用人单位，应当在醒目位置设置公告栏，公布有关职业病防治的规章制度、操作规程、职业病危害事故应急救援措施和工作场所职业病危害因素检测结果。

对产生严重职业病危害的作业岗位，应当在其醒目位置，设置警示标识和中文警示说明。警示说明应当载明产生职业病危害的种类、后果、预防以及应急救治措施等内容。

【导读】

这是很重要的预防措施，用人单位应做好做实。

第二十五条 对可能发生急性职业损伤的有毒、有害工作场所，用人单位应当设置报警装置，配置现场急救用品、冲洗设备、应急撤离通道和必要的泄险区。

对放射工作场所和放射性同位素的运输、贮存，用人单位必须配置防护设备和报警装置，保证接触放射线的工作人员佩戴个人剂量计。

对职业病防护设备、应急救援设施和个人使用的职业病防护用品，用人单位应当进行经常性的维护、检修，定期检测其性能和效果，确保其处于正常状态，不得擅自拆除或者停止使用。

【导读】

这是重要的防护措施，一是按需要和技术标准配置；二是对劳动者进行培训，熟练地应用这些装置，特别是在紧急情况下的应急处置；三是长期坚持维护以保持这些装置处于正常状态。

第二十六条　用人单位应当实施由专人负责的职业病危害因素日常监测，并确保监测系统处于正常运行状态。

用人单位应当按照国务院卫生行政部门的规定，定期对工作场所进行职业病危害因素检测、评价。检测、评价结果存入用人单位职业卫生档案，定期向所在地卫生行政部门报告并向劳动者公布。

发现工作场所职业病危害因素不符合国家职业卫生标准和卫生要求时，用人单位应当立即采取相应治理措施，仍然达不到国家职业卫生标准和卫生要求的，必须停止存在职业病危害因素的作业；职业病危害因素经治理后，符合国家职业卫生标准和卫生要求的，方可重新作业。

【导读】

用人单位做到这条规定的事项需要坚持人力物力方面的投入，目前工作场所职业病危害因素超标的情况较普遍，特别是空气中粉尘、有害化学物超标更为严重，需加大宣传、培训和监督管理力度。

第三十二条　用人单位对采用的技术、工艺、设备、材料，应当知悉其产生的职业病危害，对有职业病危害的技术、工艺、设备、材料隐瞒其危害而采用的，对所造成的职业病危害后果承担责任。

【导读】

在工伤预防过程中，发现有隐瞒采用产生职业病危害的技术、工艺、设备、材料的，劳动者应积极举报，相关部门应责令用人单位整改，尽早控制危害。

第三十三条　用人单位与劳动者订立劳动合同（含聘用合同，下同）时，应当将工作过程中可能产生的职业病危害及其后果、职业病防护措施和待遇等如实告知劳动者，并在劳动合同中写明，不得隐瞒或者欺骗。

劳动者在已订立劳动合同期间因工作岗位或者工作内容变更，从事与所订立劳动合同中未告知的存在职业病危害的作业时，用人单位应当依照前款规定，向劳动者履行如实告知的义务，并协商变更原劳动合同相关条款。

用人单位违反前两款规定的，劳动者有权拒绝从事存在职业病危害的作业，用人单位不得因此解除与劳动者所订立的劳动合同。

【导读】

这是个人预防职业病的需要，一是劳动者知悉危害后，可选择不签订合同；二是知悉危害而在作业过程中主动预防。

第三十四条 用人单位的主要负责人和职业卫生管理人员应当接受职业卫生培训，遵守职业病防治法律、法规，依法组织本单位的职业病防治工作。

用人单位应当对劳动者进行上岗前的职业卫生培训和在岗期间的定期职业卫生培训，普及职业卫生知识，督促劳动者遵守职业病防治法律、法规、规章和操作规程，指导劳动者正确使用职业病防护设备和个人使用的职业病防护用品。

劳动者应当学习和掌握相关的职业卫生知识，增强职业病防范意识，遵守职业病防治法律、法规、规章和操作规程，正确使用、维护职业病防护设备和个人使用的职业病防护用品，发现职业病危害事故隐患应当及时报告。

劳动者不履行前款规定义务的，用人单位应当对其进行教育。

【导读】

不同职责的人员预防职业病的责任不尽相同，分别有针对性地进行宣传、培训可获得更好的效果。

第三十五条 对从事接触职业病危害的作业的劳动者，用人单位应当按照国务院卫生行政部门的规定组织上岗前、在岗期间和离岗时的职业健康检查，并将检查结果书面告知劳动者。职业健康检查费用由用人单位承担。

用人单位不得安排未经上岗前职业健康检查的劳动者从事接触职业病危害的作业；不得安排有职业禁忌的劳动者从事其所禁忌的作业；对在职业健康检查中发现有与所从事的职业相关的健康损害的劳动者，应当调离原工作岗位，并妥善安置；对未进行离岗前职业健康检查的劳动者不得解除或者终止与其订立的劳动合同。

职业健康检查应当由取得《医疗机构执业许可证》的医疗卫生机构承

担。卫生行政部门应当加强对职业健康检查工作的规范管理，具体管理办法由国务院卫生行政部门制定。

【导读】

职业健康检查是预防职业病的重要措施，用人单位应当认真落实；工伤保险经办机构在接受从事接触职业病危害的作业的劳动者参加工伤保险时应督促其进行职业健康检查。

第三十六条 用人单位应当为劳动者建立职业健康监护档案，并按照规定的期限妥善保存。

职业健康监护档案应当包括劳动者的职业史、职业病危害接触史、职业健康检查结果和职业病诊疗等有关个人健康资料。

劳动者离开用人单位时，有权索取本人职业健康监护档案复印件，用人单位应当如实、无偿提供，并在所提供的复印件上签章。

【导读】

用人单位应主动向离开单位的劳动者提供其本人的职业健康监护档案复印件。

第三十七条 发生或者可能发生急性职业病危害事故时，用人单位应当立即采取应急救援和控制措施，并及时报告所在地卫生行政部门和有关部门。卫生行政部门接到报告后，应当及时会同有关部门组织调查处理；必要时，可以采取临时控制措施。卫生行政部门应当组织做好医疗救治工作。

对遭受或者可能遭受急性职业病危害的劳动者，用人单位应当及时组织救治、进行健康检查和医学观察，所需费用由用人单位承担。

【导读】

对遭受到急性职业病危害的劳动者，用人单位应为其申请工伤认定，以保障职工的工伤保险权益。

第三十九条 劳动者享有下列职业卫生保护权利：

（一）获得职业卫生教育、培训。

（二）获得职业健康检查、职业病诊疗、康复等职业病防治服务。

（三）了解工作场所产生或者可能产生的职业病危害因素、危害后果和应当采取的职业病防护措施。

（四）要求用人单位提供符合防治职业病要求的职业病防护设施和个人使用的职业病防护用品，改善工作条件。

（五）对违反职业病防治法律、法规以及危及生命健康的行为提出批评、检举和控告。

（六）拒绝违章指挥和强令进行没有职业病防护措施的作业。

（七）参与用人单位职业卫生工作的民主管理，对职业病防治工作提出意见和建议。

用人单位应当保障劳动者行使前款所列权利。因劳动者依法行使正当权利而降低其工资、福利等待遇或者解除、终止与其订立的劳动合同的，其行为无效。

【导读】

在存在职业病危害因素的场所作业的劳动者应主动行使这些职业卫生保护权利，特别是拒绝违章指挥和强令进行没有职业病防护措施的作业，这是自我保护的基本需要。

第四十一条 用人单位按照职业病防治要求，用于预防和治理职业病危害、工作场所卫生检测、健康监护和职业卫生培训等费用，按照国家有关规定，在生产成本中据实列支。

【导读】

这是国家对预防职业病的重视和支持，用人单位应按规定足额提取费用用于职业病防治。

第四十四条 劳动者可以在用人单位所在地、本人户籍所在地或者经常居住地依法承担职业病诊断的医疗卫生机构进行职业病诊断。

【导读】

这是以人为本理念的具体体现，便于劳动者进行职业病诊断。

第五十条 用人单位和医疗卫生机构发现职业病病人或者疑似职业病病人时，应当及时向所在地卫生行政部门报告。确诊为职业病的，用人单位还应当向所在地劳动保障行政部门报告。接到报告的部门应当依法作出处理。

【导读】

人力资源和社会保障部门接到报告应及时督促用人单位为职业病患者申请劳动能力鉴定，以便患职业病的劳动者能及时享受工伤保险待遇。

第五十二条　当事人对职业病诊断有异议的，可以向作出诊断的医疗卫生机构所在地地方人民政府卫生行政部门申请鉴定。

职业病诊断争议由设区的市级以上地方人民政府卫生行政部门根据当事人的申请，组织职业病诊断鉴定委员会进行鉴定。

当事人对设区的市级职业病诊断鉴定委员会的鉴定结论不服的，可以向省、自治区、直辖市人民政府卫生行政部门申请再鉴定。

第五十五条　医疗卫生机构发现疑似职业病病人时，应当告知劳动者本人并及时通知用人单位。

用人单位应当及时安排对疑似职业病病人进行诊断；在疑似职业病病人诊断或者医学观察期间，不得解除或者终止与其订立的劳动合同。

疑似职业病病人在诊断、医学观察期间的费用，由用人单位承担。

第五十六条　用人单位应当保障职业病病人依法享受国家规定的职业病待遇。

用人单位应当按照国家有关规定，安排职业病病人进行治疗、康复和定期检查。

用人单位对不适宜继续从事原工作的职业病病人，应当调离原岗位，并妥善安置。

用人单位对从事接触职业病危害的作业的劳动者，应当给予适当岗位津贴。

第五十七条　职业病病人的诊疗、康复费用，伤残以及丧失劳动能力的职业病病人的社会保障，按照国家有关工伤保险的规定执行。

第五十八条　职业病病人除依法享有工伤保险外，依照有关民事法律，尚有获得赔偿的权利的，有权向用人单位提出赔偿要求。

第五十九条　劳动者被诊断患有职业病，但用人单位没有依法参加工伤保险的，其医疗和生活保障由该用人单位承担。

第六十条　职业病病人变动工作单位，其依法享有的待遇不变。

用人单位在发生分立、合并、解散、破产等情形时，应当对从事接触职业病危害的作业的劳动者进行健康检查，并按照国家有关规定妥善安置职业病病人。

【导读】

以上条款是患职业病的劳动者的权益，必须给予保障，劳动者未能享受到相应待遇时应依法保护自己的权益。

第六十四条 发生职业病危害事故或者有证据证明危害状态可能导致职业病危害事故发生时，卫生行政部门可以采取下列临时控制措施：

（一）责令暂停导致职业病危害事故的作业。

（二）封存造成职业病危害事故或者可能导致职业病危害事故发生的材料和设备。

（三）组织控制职业病危害事故现场。

在职业病危害事故或者危害状态得到有效控制后，卫生行政部门应当及时解除控制措施。

【导读】

这是为控制职业危害而授予卫生行政部门的职责和权力。

第七十八条 用人单位违反本法规定，造成重大职业病危害事故或者其他严重后果，构成犯罪的，对直接负责的主管人员和其他直接责任人员，依法追究刑事责任。

第八十五条 本法下列用语的含义：

职业病危害，是指对从事职业活动的劳动者可能导致职业病的各种危害。职业病危害因素包括：职业活动中存在的各种有害的化学、物理、生物因素以及在作业过程中产生的其他职业有害因素。

职业禁忌，是指劳动者从事特定职业或者接触特定职业病危害因素时，比一般职业人群更易于遭受职业病危害和罹患职业病或者可能导致原有自身疾病病情加重，或者在从事作业过程中诱发可能导致对他人生命健康构成危险的疾病的个人特殊生理或者病理状态。

第八十六条 本法第二条规定的用人单位以外的单位，产生职业病危害的，其职业病防治活动可以参照本法执行。

劳务派遣用工单位应当履行本法规定的用人单位的义务。

中国人民解放军参照执行本法的办法，由国务院、中央军事委员会制定。

第五节　《工伤保险条例》相关规定

《工伤保险条例》（本节以下简称《条例》）是为了保障因工作遭受事故伤害或者患职业病的职工获得医疗救治和经济补偿，促进工伤预防和职业康复，分散用人单位的工伤风险而制定的法规，于2004年1月1日起施行。2010年12月8日国务院第136次常务会议通过了《国务院关于修改〈工伤保险条例〉的决定》，自2011年1月1日起施行。

第一条　为了保障因工作遭受事故伤害或者患职业病的职工获得医疗救治和经济补偿，促进工伤预防和职业康复，分散用人单位的工伤风险，制定本条例。

【导读】

工伤保险的四大功能：一是保障工伤职工获得医疗救治和经济补偿，这个功能自《条例》实施以来已得到较好的发挥，大多数工伤职工都获得了应享受到的医疗待遇和经济补偿，但还存在不足，仍有部分劳动者特别是农民工待遇享受仍不完善。二是促进工伤预防功能，在制度设计上通过行业差别费率，特别是实行用人单位的费率浮动，使单位缴费与工伤预防工作紧密相联，促使单位加强工伤事故和职业病的预防。同时在基金中列支工伤预防费，直接用于加强工伤预防或支持、鼓励、引导用人单位强化工伤预防。由于配套政策问题和促进工伤预防的复杂性，工伤预防工作一直处于试点状态，直到2017年8月17日《工伤预防费使用管理暂行办法》（人社部规〔2017〕13号）由人力资源社会保障部会同财政部、卫生计生委、安全监管总局制定印发，标志着我国工伤预防工作在制度上有了经费保障，使工伤保险进入促进劳动者安全和健康的更高目标。三是职业康复功能，通过加大工作力度使劳动者获得更好的康复保障。四是分散用人单位的工伤风险，从用人单位参加工伤保险的时候就避免了单独承担工伤赔偿的风险，经济压力风险被基金分担了应支付的部分。

第二条　中华人民共和国境内的企业、事业单位、社会团体、民办非企业单位、基金会、律师事务所、会计师事务所等组织和有雇工的个体工商户（以下称用人单位）应当依照本条例规定参加工伤保险，为本单位全部职工或者雇工（以下称职工）缴纳工伤保险费。

中华人民共和国境内的企业、事业单位、社会团体、民办非企业单位、基金会、律师事务所、会计师事务所等组织的职工和个体工商户的雇工，均有依照本条例的规定享受工伤保险待遇的权利。

【导读】

按照社会保险的普遍性原则，所有用人单位都应当参加工伤保险，以保护广大职工的合法权益。

第四条 用人单位应当将参加工伤保险的有关情况在本单位内公示。

用人单位和职工应当遵守有关安全生产和职业病防治的法律、法规，执行安全卫生规程和标准，预防工伤事故发生，避免和减少职业病危害。

职工发生工伤时，用人单位应当采取措施使工伤职工得到及时救治。

【导读】

用人单位在工伤保险中主要承担以下责任：

（1）按照规定依法参加工伤保险并将参保情况在单位内公示。

（2）落实安全生产和职业安全卫生措施，做好工伤预防。

（3）及时救治工伤职工。

第八条 工伤保险费根据以支定收、收支平衡的原则，确定费率。

国家根据不同行业的工伤风险程度确定行业的差别费率，并根据工伤保险费使用、工伤发生率等情况在每个行业内确定若干费率档次。行业差别费率和行业内费率档次由国务院社会保险行政部门制定，报国务院批准后公布施行。

统筹地区经办机构根据用人单位工伤保险费使用、工伤发生率等情况，适用所属行业内相应的费率档次确定单位缴费费率。

第十二条 工伤保险基金存入社会保障基金财政专户，用于本条例规定的工伤保险待遇，劳动能力鉴定，工伤预防的宣传、培训等费用，以及法律、法规规定的用于工伤保险的其他费用的支付。

【导读】

工伤预防所需的宣传、培训费用由工伤保险基金按国家规定的比例支付。

第十四条 职工有下列情形之一的，应当认定为工伤：

（一）在工作时间和工作场所内，因工作原因受到事故伤害的。

【导读】

在工作时间和工作场所内，因工作原因受到事故伤害的，应当认定工伤。这是工伤概念的最基本含义，即工伤是由工作直接或间接引起的伤害，具体包括以下几个方面的含义：

（1）这里的工作时间是指法律规定的或者用人单位按照相关法律规定要求职工工作的时间。

（2）合法的加班期间以及单位违法延长工时的期间也属于职工的工作时间，职工在此期间受到事故伤害，属于应当认定为工伤情形的，应按规定将其认定为工伤。

（3）工作场所是指覆盖职工因工作而需在场或前往，并在雇主直接或间接控制之下的一切地点。这里的“事故伤害”主要是指职工在工作过程中发生的人身伤害和急性中毒等事故伤害。

（4）在某些情况下，职工虽不身处工作岗位，但由于单位的设施或设备不完善、劳动条件或劳动环境不良、管理不善等原因造成职工伤害的也应当认定为工伤。例如，由于单位锅炉房的开水管安装不牢固，导致职工在打开水的过程中被开水烫伤，职工的这种伤害也应当认定为工伤。

（二）工作时间前后在工作场所内，从事与工作有关的预备性或者收尾性工作受到事故伤害的。

【导读】

工作时间前后在工作场所内，从事与工作有关的预备性或者收尾性工作受到事故伤害的，应当认定为工伤。这里的“与工作有关的预备性或收尾性工作”主要是指在法律规定的或者用人单位要求的工作时间开始之前的一段合理时间内，以及在法律规定的或者用人单位要求的工作时间结束之后的一段合理的时间内，职工在工作场所内从事本职工作或者与领导指派的其他工作有关的准备工作。例如，甲是一名机床操作工，下班后，从事清洗机床的收尾性工作，不慎被机床上掉下来的机器部件砸伤，按照此项规定，该职工被砸伤的情形，应该认定为工伤。

（三）在工作时间和工作场所内，因履行工作职责受到暴力等意外伤害的。

【导读】

在工作时间和工作场所内，因履行工作职责受到暴力等意外伤害的，应认定工伤。这里所称的“工作时间”是指法律规定的或者用人单位依法要求的职工应当工作的时间，以及在工作时间前后做的预备性或收尾性工作期间的时间。这里所称的“工作场所”，既包括本单位内的工作场所，也应包括因工作需要或者领导指派到本单位以外的工作场所。这里所称的“因履行工作职责受到暴力等意外伤害的”有两层含义：

（1）在工作时间和工作场所内职工因履行工作受到的暴力伤害。

（2）在工作时间和工作场所内职工履行工作期间，由于意外因素导致的人身伤害。

例如，在施工工地上因高处落物受到的伤害等。在这种情况下，无论是从法理的角度来讲还是从工伤保险的基本精神来讲，都应将其纳入工伤的范围。

对于职工在工作时间和工作场所内受到暴力等意外伤害，是否属于履行工作职责所致，应由社会保险行政部门根据具体情况作出判断。

（四）患职业病的。

【导读】

职工患职业病的，应当认定为工伤。《职业病防治法》对职业病所下的定义是：职业病是指企业、事业单位和个体经济组织的劳动者在职业活动中，因接触粉尘、放射性物质和其他有毒有害物质等因素而引起的疾病。就《条例》适用范围而言，职业病应该是在《条例》覆盖范围内的所有用人单位的职工在职业活动中所患的疾病。需要说明的是，如果某人患有国家职业病目录中规定的某种疾病，但不是由于职业活动引起的，而是由于其居住地周边生产单位污染物排放或者是其他情况引起的，其所受到的伤害，应通过司法等途径加以解决，而不能按工伤保险的有关规定执行。

（五）因工外出期间，由于工作原因受到伤害或者发生事故下落不明的。

【导读】

职工因工外出期间，由于工作原因受到伤害或者发生事故下落不明的，应当认定为工伤。在这里，“因工外出”是指职工由于工作需要到本单位以外从事与本职工作有关的工作，一般包括两种情况：一是到本单位以外，但是还在本地范围内；二是到本地区以外或境外。在第一种情况下，可以是受领导指派，也可以是因职责需要自行到本单位以外的情形。第二种情况下，则必须是受领导指派的情形。职工因工作外出期间受到的伤害，包括事故伤害、暴力伤害和其他形式的伤害。"发生事故下落不明的"，是指因遭受安全事故、意外事故或者自然灾害等各种形式的事故而失去任何联系的情形。在这种情形下，职工虽处于生死不确定的状态，但本着充分保护职工合法权益的基本精神，只要在因工外出期间发生事故，造成职工下落不明的，就应该认定为工伤。

（六）在上下班途中，受到非本人主要责任的交通事故或者城市轨道交通、客运轮渡、火车事故伤害的。

【导读】

为了减少道德风险，对上下班途中事故的工伤认定作了适当限定：一是交通事故是指《中华人民共和国道路交通安全法》所称的在道路上发生的车辆交通事故。二是发生事故后需要经交通管理部门作出"非本人主要责任"的认定。比如因无证驾驶、驾驶无证车辆、饮酒后驾驶车辆、闯红灯等交通违法行为造成自身伤害，交通管理部门出具属于本人主要责任证明的，就不能认定为工伤。三是对"上下班途中"包括职工按正常工作时间上下班的途中，以及职工加班加点后上下班的途中。例如，按规定职工上午八点上班，职工八点前来到单位的途中应属于上班途中。如果职工应该下午五点下班，但是由于用人单位安排加班，职工晚八点才从单位离开，那么职工在八点后从单位回到家的途中，则也应属于下班途中。

（七）法律、行政法规规定应当认定为工伤的其他情形。

【导读】

在现实生活中，职业伤害的情形是复杂多样的，随着社会和生产活动的发展，可能会出现新的应当认定为工伤的情形，而对于未来出现的情形不可能在《条例》中规范穷尽。这里"法律、行政法规规定应当认定为工伤的其他情形"主要是指《条例》的规定，进行工伤认定、劳动能力鉴定以及享受规定的工伤保险待遇等。

第十五条 职工有下列情形之一的，视同工伤：

（一）在工作时间和工作岗位，突发疾病死亡或者在48小时之内经抢救无效死亡的。

【导读】

这里所称的“工作时间”，是指法律规定的或者用人单位要求职工工作的时间，包括加班加点时间。这所称的“工作岗位”，是指职工日常所在的工作岗位和本单位领导指派所从事工作的岗位。例如，清洁工人负责的清洁区域范围即属于该工人的工作岗位。这里所称的“突发疾病”，是指上班期间突然发生的任何种类的疾病。这里所称的“48小时之内”，应从医疗机构的初次抢救时间开始计算。因为职工突发疾病是否死亡应以医疗机构出具的死亡诊断证明为依据。

（二）在抢险救灾等维护国家利益、公共利益活动中受到伤害的。

【导读】

职工参与抢险救灾等维护国家利益、公共利益活动的行为，虽然可能与本职工作没有直接的关系，但这种行为应该得到国家和社会的提倡与保护，职工由此受到的伤害应该得到相应的补偿。因此，本条规定，职工在抢险救灾等维护国家利益、公共利益活动中受到伤害的，视同工伤，并按照《条例》的有关规定享受工伤保险待遇。需要强调的是，在这种情况下，工伤认定不受工作时间、工作地点、工作原因等条件限制。

（三）职工原在军队服役，因战、因公负伤致残，已取得革命伤残军人证，到用人单位后旧伤复发的。

【导读】

职工原在军队服役，因战、因公负伤致残，已取得革命伤残军人证，到用人单位后旧伤复发的，视同工伤，并按照《条例》的有关规定享受除一次性伤残补助金以外的工伤保险待遇。“旧伤复发”的确认应由协议医疗机构出具相应的医疗诊断，并由具有认定权的社会保险行政部门进行确认。伤残军人享受除一次性伤残补助金以外的工伤保险待遇。这是因为，职工原在军队服役期间，因公负伤致残后，当时已经按照军队的有关规定享受了各项待遇，因此不再享受一次性伤残补助金。

第十六条 职工符合本条例第十四条、第十五条的规定，但是有下列情形之一的，不得认定为工伤或者视同工伤：

（一）故意犯罪的。

【导读】

职工故意犯罪造成自身伤亡，应由职工本人承担相应的法律后果。需要强调是，并不是所有因犯罪造成的伤亡都不是工伤，只有故意犯罪造成的伤亡才不认定为工伤。何为故意？《中华人民共和国刑法》第十四条规定："明知自己的行为会发生危害社会的结果，并且希望或者放任这种结果发生，因而构成犯罪的，是故意犯罪"。例如，某职工是一名汽车司机，在工作中因失误发生了交通事故造成了人员伤亡，自己也负了重伤，该职工被法院判决犯了交通肇事罪，交通肇事罪属于过失犯罪，并不是故意犯罪，因此该职工仍有权申请工伤认定。

（二）醉酒或者吸毒的。

【导读】

因醉酒导致的伤亡是指职工饮酒或饮用含有酒精的饮料达到醉酒的状态，在酒精作用期间从事工作受到事故伤害。职工在工作时间因醉酒导致行为失控而对自己造成的伤害，不认定为工伤。对于醉酒，应依据行为人体内酒精含量的检测结果作出认定。

吸毒在医学上多称为药物依赖和药物滥用。职工在工作时因吸毒导致行为失控而对自己造成的伤亡，不认定为工伤。

（三）自残或者自杀的。

【导读】

自残是指行为人伤害自己的身体并造成伤害结果的行为。例如，某职工为了获取工伤保险赔付或逃避劳动，在工作中故意用利器将自己扎伤，该职工的这种行为就属于自残。自杀是指行为人通过各种方法和手段结束自己的生命的行为。例如，某职工因个人私事想不开，从工作场所内的塔吊上纵身跳下，当场死亡，该职工的这种行为就属于自杀。自残或者自杀，其行为目的都不是为了工作，所以，因自残或者自杀而造成伤亡的，不认定为工伤。

第十七条 职工发生事故伤害或者按照职业病防治法规定被诊断、鉴定为职业病，所在单位应当自事故伤害发生之日或者被诊断、鉴定为职业病之日起30日内，向统筹地区社会保险行政部门提出工伤认定申请。遇有特殊情况，经报社会保险行政部门同意，申请时限可以适当延长。

用人单位未按前款规定提出工伤认定申请的，工伤职工或者其近亲属、工会组织在事故伤害发生之日或者被诊断、鉴定为职业病之日起1年内，可以直接向用人单位所在地统筹地区社会保险行政部门提出工伤认定申请。

按照本条第一款规定应当由省级社会保险行政部门进行工伤认定的事项，根据属地原则由用人单位所在地的设区的市级社会保险行政部门办理。

用人单位未在本条第一款规定的时限内提交工伤认定申请，在此期间发生符合本条例规定的工伤待遇等有关费用由该用人单位负担。

【导读】

根据本条规定，工伤保险的申请主体有两类：一是职工所在单位；二是工伤职工或者其近亲属，以及工伤职工所在单位的工会组织。所在单位的申报时间限定为事故伤害发生或者职业病被确诊后的30天内。只有在特殊情况下，经过社会保险行政部门的同意，才可以将申报时间延长。用人单位未按30天的规定申报工伤认定的，其在此期间发生的符合《条例》规定的工伤待遇费用由用人单位负担，申报工伤认定后符合《条例》规定的工伤待遇由工伤保险基金负担。为了充分保护职工的合法权益，本条规定，工伤职工或者近亲属申报工伤认定的时限为1年，远远长于所在单位的申请时限。此外，作为维护职工权益的专门性群众组织的工会，也有权申请进行工伤认定，申报时限为1年。

第十八条 提出工伤认定申请应当提交下列材料：

（一）工伤认定申请表。

（二）与用人单位存在劳动关系（包括事实劳动关系）的证明材料。

（三）医疗诊断证明或者职业病诊断证明书（或者职业病诊断鉴定书）。

工伤认定申请表应当包括事故发生的时间、地点、原因以及职工伤害程度等基本情况。

工伤认定申请人提供材料不完整的，社会保险行政部门应当一次性书面告知工伤认定申请人需要补正的全部材料。申请人按照书面告知要求补正材料后，社会保险行政部门应当受理。

【导读】

(1) 工伤认定主要实行书面审查，因此工伤职工所在单位、职工个人、工会组织申请工伤认定时，应当提交全面、真实的书面材料。属于下列情况应提供相关的证明材料：

1) 因履行工作职责受到暴力伤害的，应提交公安机关或者人民法院的判决书或其他有效证明。

2) 由于道路交通事故引起的伤亡提出工伤认定的，应提交公安交通管理部门的非本人主要责任认定书或其他有效证明。

3) 因工外出期间，由于工作原因受到伤害的，应由当地公安部门出具证明或其他有效证明。

4) 在工作时间和工作岗位，突发疾病死亡或者在48小时之内经抢救无效死亡的，提供医疗机构的抢救和死亡证明。

5) 在抢险救灾等维护国家利益、公共利益活动中受到伤害的，按照法律法规规定，提交设区的市级相应机构或有关行政部门出具的有效证明。

6) 属于因战、因公负伤致残的转业、复员军人，到用人单位旧伤复发的，提交革命伤残军人证及医疗机构对旧伤复发的诊断证明。对因特殊情况，无法提供相关证明材料的，应书面说明情况。

(2) 劳动关系证明材料是社会保险行政部门确定对象资格的凭证。劳动关系证明材料包括劳动合同和能够证明与用人单位存在事实劳动关系的材料。如果职工在没有与用人单位签订劳动合同的情况下，可以提供一些能够证明劳动关系存在的其他材料，如领取劳动报酬的证明、单位同事的证言证词等。

(3) 对于医疗机构出具的受伤后诊断证明书，或者职业病诊断机构（或者鉴定机构）出具的职业病诊断证明书（或者职业病诊断鉴定书），主要把握两点：

1) 出具诊断证明的医疗机构，一般情况下，应是与社会保险经办机构签订工伤保险服务协议的医疗服务机构；特殊情况下，也可以是非协议医疗机构（例如对受到事故伤害的职工实施急救的医疗机构）。

2) 出具职业病诊断证明的，应是由用人单位所在地或本人居住地的、经省级以上人民政府卫生行政部门批准的承担职业病诊断责任的医疗卫生机构；出具职业病诊断鉴定证明的，应是设区的市级职业病诊断鉴定委员会，或者是省、自治区、直辖市级职业病诊断鉴定委员会。

社会保险行政部门在审查工伤认定申请人提供的材料时，如果发现材料不完整，应当在15个工作日内，以书面形式一次性告知工伤认定申请人需要补正的全部材料。

第十九条 社会保险行政部门受理工伤认定申请后，根据审核需要可以对事故伤害进行调查核实，用人单位、职工、工会组织、医疗机构以及有关部门应当予以协助。职业病诊断和诊断争议的鉴定，依照职业病防治法的有关规定执行。对依法取得职业病诊断证明书或者职业病诊断鉴定书的，社会保险行政部门不再进行调查核实。

职工或者其近亲属认为是工伤，用人单位不认为是工伤的，由用人单位承担举证责任。

【导读】

(1) 社会保险行政部门负责工伤事故调查核实工作时，应注意以下三个方面：

1) 所进行的调查应当是必需的。

2) 调查核实应当合法，应由两名以上人员同时进行。

3) 要依法行使职权。社会保险行政部门工作人员进行工伤事故调查核实时，可以行使下列职权：

①根据工作需要，进入有关单位和事故现场。

②依法查阅与工伤认定有关的材料，询问有关人员并作出调查笔录。

③记录、录音、录像和复制与工伤认定有关的资料。

4) 必要时可以委托调查核实，如对职工因工外出期间受到的伤害进行调查，可以根据工作需要，委托其他统筹地区的社会保险行政部门或相关部门进行调查核实。

(2) 依法取得职业病诊断证明书或者职业病诊断鉴定书的，社会保险行政部门不再进行调查核实。在进行工伤认定时，依法取得的职业病诊断证明书或者职业病诊断鉴定书有效证明无须再进行事实认定，只需确认职工与用人单位是否存在劳动关系和工伤保险关系即可。

(3) 职工与用人单位的主张不一致的，由用人单位承担举证责任。

(4) 社会保险行政部门进行调查核实时，用人单位、职工、工会组织、医疗机构以及有关部门应予以协助。

第二十条 社会保险行政部门应当自受理工伤认定申请之日起60日内作

出工伤认定的决定，并书面通知申请工伤认定的职工或者其近亲属和该职工所在单位。

社会保险行政部门对受理的事实清楚、权利义务明确的工伤认定申请，应当在15日内作出工伤认定的决定。

作出工伤认定决定需要以司法机关或者有关行政主管部门的结论为依据的，在司法机关或者有关行政主管部门尚未作出结论期间，作出工伤认定决定的时限中止。

社会保险行政部门工作人员与工伤认定申请人有利害关系的，应当回避。

【导读】

对于这一条的规定，应该从以下几个方面把握：一是工伤认定的时限。工伤认定时限的起算时间为受理工伤认定申请之日，即申请人按规定完整地提交了申请材料之日。工伤认定申请人提交的材料不完整的，应从材料提交完整之日起开始计算。二是认定决定的送达方式。工伤认定决定是工伤职工能否享受工伤保险待遇的依据，也是当事人进行行政复议和行政诉讼申请的依据。因此工伤认定必须以书面方式送达。三是送达对象。工伤认定直接关系到工伤职工和用人单位的利益，因此应当同时送达工伤职工（或者其近亲属）和该职工所在单位，同时应当抄送社会保险经办机构。四是送达期限。《条例》规定了社会保险行政部门自工伤认定决定作出之日起20日内送达有关当事人。

如果工伤认定决定需要等待司法机关或者有关行政主管部门作出结论的情况，在这期间应当中止工伤认定。为了保证工伤认定工作公开、公正，社会保险行政部门从事直接相关工伤认定工作的人员，若与工伤认定申请人有亲戚、同事、同学等利害关系，可能影响公正作出工伤认定的，均需要回避。

第二十一条 职工发生工伤，经治疗伤情相对稳定后存在残疾、影响劳动能力的，应当进行劳动能力鉴定。

【导读】

工伤职工进行劳动能力鉴定应符合以下条件：一是经过治疗后，伤情处于相对稳定状态，这样便于劳动能力鉴定机构聘请的医疗专家对伤情进行鉴定；二是工伤职工经治疗后，确认已经造成职工身体上的残疾；三是工伤职工的残疾对以后的工作、生活将产生直接影响，并且伤残程度已经影响到职工本人的劳动能力。在上述情况下，工伤职工应当进行劳动能力鉴定。

第二十二条 劳动能力鉴定是指劳动功能障碍程度和生活自理障碍程度的等级鉴定。

劳动功能障碍分为十个伤残等级，最重的为一级，最轻的为十级。

生活自理障碍分为三个等级：生活完全不能自理、生活大部分不能自理和生活部分不能自理。

劳动能力鉴定标准由国务院社会保险行政部门会同国务院卫生行政部门等部门制定。

【导读】

劳动能力鉴定，是指劳动者因工负伤导致本人劳动与生活能力受到不同程序的影响，由劳动能力鉴定机构根据职工本人或者其近亲属的申请，组织劳动能力鉴定医学专家，根据国家制定的评残标准，按照工伤保险有关政策，运用医学科学技术的方法和手段，确定劳动者伤残程度和丧失劳动能力程度的一种综合评定制度。劳动能力鉴定是给予受到事故伤害或者患职业病的职工工伤保险待遇的基础和前提条件。

劳动能力鉴定结论是职工享受何种待遇的依据。通过劳动能力鉴定，能够准确评定职工伤残程度，有利于保障工伤伤残职工的合法权益，同时也为正确处理与此有关的争议提供了客观依据。

第二十三条 劳动能力鉴定由用人单位、工伤职工或者其近亲属向设区的市级劳动能力鉴定委员会提出申请，并提供工伤认定决定和职工工伤医疗的有关资料。

【导读】

能够提出劳动能力鉴定申请的主体有三类：

(1) 用人单位，即职工所在单位。

(2) 工伤职工，即因工受到事故伤害被认定为工伤的职工本人。职工如果认为工伤受到的伤害可能或已经影响其劳动能力的，可以申请劳动能力鉴定。

(3) 职工的近亲属。按照民事法律的规定，近亲属包括：配偶、子女、父母、兄弟姐妹、祖父母、外祖父母。

第二十四条　省、自治区、直辖市劳动能力鉴定委员会和设区的市级劳动能力鉴定委员会分别由省、自治区、直辖市和设区的市级社会保险行政部门、卫生行政部门、工会组织、经办机构代表以及用人单位代表组成。

劳动能力鉴定委员会建立医疗卫生专家库。

【导读】

我国的劳动能力鉴定委员会从其职能上分为两级，即设区的市级劳动能力鉴定委员会和省、自治区、直辖市劳动能力鉴定委员会。如果工伤职工对设区的市级劳动能力鉴定委员会作出的初次鉴定不服时，可以向上一级，也就是省、自治区、直辖市级劳动能力鉴定委员会申请再次鉴定。

第二十五条　设区的市级劳动能力鉴定委员会收到劳动能力鉴定申请后，应当从其建立的医疗卫生专家库中随机抽取 3 名或者 5 名相关专家组成专家组，由专家组提出鉴定意见。设区的市级劳动能力鉴定委员会根据专家组的鉴定意见作出工伤职工劳动能力鉴定结论；必要时，可以委托具备资格的医疗机构协助进行有关的诊断。

设区的市级劳动能力鉴定委员会应当自收到劳动能力鉴定申请之日起 60 日内作出劳动能力鉴定结论，必要时，作出劳动能力鉴定结论的期限可以延长 30 日。劳动能力鉴定结论应当及时送达申请鉴定的单位和个人。

【导读】

一般情况下，劳动能力鉴定结论应该在收到劳动能力鉴定申请之日起 60 日内作出。只有在工伤职工的病情复杂，或者遇到当事人不能遇见、不能避免且不能克服的不可抗力时，申请时限才可以适当延长，但延长期不得超过 30 日。此外，在劳动能力鉴定结论作出后，劳动能力鉴定委员会应当及时将鉴定结论送达申请鉴定的单位和个人。

第二十六条　申请鉴定的单位或者个人对设区的市级劳动能力鉴定委员会作出的鉴定结论不服的，可以在收到该鉴定结论之日起 15 日内向省、自治区、直辖市劳动能力鉴定委员会提出再次鉴定申请。省、自治区、直辖市劳动能力鉴定委员会做出的劳动能力鉴定结论为最终结论。

【导读】

如果申请人超过了 15 日才向上一级劳动能力鉴定委员会提出申请，上一级劳动能力鉴定委员会可以以超过时效为由不予受理。

第二十八条 自劳动能力鉴定结论作出之日起1年后，工伤职工或者其近亲属、所在单位或者经办机构认为伤残情况发生变化的，可以申请劳动能力复查鉴定。

【导读】

劳动能力复查鉴定，是指经劳动能力鉴定的工伤职工，在劳动能力鉴定结论作出1年后，工伤职工或者近亲属、所在单位或者经办机构认为残情发生变化，向劳动能力鉴定委员会提出复查鉴定申请，劳动能力鉴定委员会依据国家标准对其进行鉴定，作出新的劳动能力鉴定结论的鉴定。有权提出劳动能力复查鉴定的申请人包括：工伤职工或者其直系亲属；工伤职工所在单位；经办机构。

在一般情况下，劳动能力再次鉴定和复查鉴定结论的作出期限与首次申请劳动能力鉴定的一致。

第三十条 职工因工作遭受事故伤害或者患职业病进行治疗，享受工伤医疗待遇。

职工治疗工伤应当在签订服务协议的医疗机构就医，情况紧急时可以先到就近的医疗机构急救。

治疗工伤所需费用符合工伤保险诊疗项目目录、工伤保险药品目录、工伤保险住院服务标准的，从工伤保险基金支付。

职工住院治疗工伤的伙食补助费，以及经医疗机构出具证明，报经办机构同意，工伤职工到统筹地区以外就医所需的交通、食宿费用从工伤保险基金支付，基金支付的具体标准由统筹地区人民政府规定。

工伤职工治疗非工伤引发的疾病，不享受工伤医疗待遇，按照基本医疗保险办法处理。

工伤职工到签订服务协议的医疗机构进行工伤康复的费用，符合规定的，从工伤保险基金支付。

【导读】

工伤职工进行治疗，享受工伤医疗待遇，这是一项基本的工伤保险待遇。按照本条规定，工伤医疗待遇包括：

(1) 治疗工伤所需的挂号费、检查费、医疗费、药费等费用符合工伤保险诊疗项目目录、工伤保险药品目录、工伤住院服务标准的，从工伤保险基金中支付。

（2）工伤职工治疗工伤需要住院的，职工住院治疗工伤的伙食补助费，以及经医疗机构出具证明，报经办机构同意，工伤职工到统筹地区以外就医所需的交通、食宿费用从工伤保险基金中支付，基金支付的具体标准由统筹地区人民政府规定。

（3）工伤职工需要停止工作接受治疗的，享受停工留薪期待遇，停工留薪期满后，需要继续治疗的，继续享受第（1）项、第（2）项工伤医疗待遇。工伤职工治疗非工伤引发的疾病，不享受工伤医疗待遇，按照基本医疗保险办法处理。

工伤职工应当前往签订服务协议的医疗机构就医，情况紧急时可以先到就近的医疗机构急救。工伤职工确需跨统筹地区就医的，须由医疗机构出具证明，并经社会保险经办机构同意。据此，工伤职工就医应当注意：一是明确了解本统筹地区内哪家医疗机构是与社会保险经办机构签订服务协议的医疗机构。二是工伤职工应在与社会保险经办机构签订服务协议的医疗机构就医。三是考虑到工伤保险各统筹地区经济发展和医疗消费水平的差异，以及工伤保险制度管理方面的现实情况，为避免引发矛盾，工伤职工需要跨统筹区就医的，须由签订服务协议的医疗机构出具证明，并经社会保险经办机构同意。工伤职工跨统筹地区就医所发生的费用，可先由其所在单位垫付，经社会保险经办机构审核后，按本统筹地区有关规定结算。

工伤职工可以进行工伤康复，有关费用按照规定从工伤保险基金中支付。

第三十一条 社会保险行政部门作出认定为工伤的决定后发生行政复议、行政诉讼的，行政复议和行政诉讼期间不停止支付工伤职工治疗工伤的医疗费用。

【导读】

社会保险行政部门作出工伤认定决定后，用人单位或者工伤职工或其近亲属对认定决定不服的，可以申请行政复议和行政诉讼。行政复议和行政诉讼期间不停止支付工伤职工治疗工伤的医疗费用。

第三十二条 工伤职工因日常生活或者就业需要，经劳动能力鉴定委员会确认，可以安装假肢、矫形器、假眼、假牙和配置轮椅等辅助器具，所需费用按照国家规定的标准从工伤保险基金支付。

【导读】

工伤职工配置辅助器具应当经劳动能力鉴定委员会确认。社会保险经办机构对辅助器具配置机构以签订服务协议的方式进行管理，工伤职工应当在协议（定点）机构按劳动能力鉴定委员会确认的器具种类、标准配置。

第三十三条 职工因工作遭受事故伤害或者患职业病需要暂停工作接受工伤医疗的，在停工留薪期内，原工资福利待遇不变，由所在单位按月支付。

停工留薪期一般不超过12个月。伤情严重或者情况特殊，经设区的市级劳动能力鉴定委员会确认，可以适当延长，但延长不得超过12个月。工伤职工评定伤残等级后，停发原待遇，按照本章的有关规定享受伤残待遇。工伤职工在停工留薪期满后仍需治疗的，继续享受工伤医疗待遇。

生活不能自理的工伤职工在停工留薪期需要护理的，由所在单位负责。

【导读】

停工留薪期是指职工因工作遭受事故伤害或者患职业病需要暂停工作接受工伤医疗的期限。工伤停工留薪期应当根据伤情的具体状况来确定，一般不超过12个月。停工留薪期的时间，由已签订服务协议的治疗工伤的医疗机构提出意见，经劳动能力鉴定委员会确认并通知有关用人单位和工伤职工。伤情严重或者情况特殊需要延长治疗期限的，经设区的市级劳动能力鉴定委员会确认，可以适当延长，但最多只可延长12个月。如果该职工停工留薪期满后仍需治疗的，可以继续享受工伤医疗待遇。工伤职工在停工留薪期内需要生活护理的，应由所在单位负责，而不应由工伤职工本人负责，也不应由工伤保险基金负担费用。

第三十四条 工伤职工已经评定伤残等级并经劳动能力鉴定委员会确认需要生活护理的，从工伤保险基金按月支付生活护理费。

生活护理费按照生活完全不能自理、生活大部分不能自理或者生活部分不能自理3个不同等级支付，其标准分别为统筹地区上年度职工月平均工资的50%、40%或者30%。

【导读】

工伤职工已经评定伤残等级并经劳动能力鉴定委员会确认需要生活护理的，享受生活护理费待遇，生活护理费从工伤保险基金中按月支付。生活护理费的基数为统筹地区上年度职工月平均工资，而不是本人的月平均工资。如果伤残程度发生了变化，可申请劳动能力鉴定委员会重新评定伤残等级。例如，原来被评定为五级伤残，现在伤残程度加重了，被重新评定为二级伤残，那么劳动能力鉴定委员会就应当及时确定是否具有生活护理障碍，并确定护理等级。

第三十五条　职工因工致残被鉴定为一级至四级伤残的，保留劳动关系，退出工作岗位，享受以下待遇：

（一）从工伤保险基金按伤残等级支付一次性伤残补助金，标准为：一级伤残为27个月的本人工资，二级伤残为25个月的本人工资，三级伤残为23个月的本人工资，四级伤残为21个月的本人工资。

（二）从工伤保险基金按月支付伤残津贴，标准为：一级伤残为本人工资的90%，二级伤残为本人工资的85%，三级伤残为本人工资的80%，四级伤残为本人工资的75%。伤残津贴实际金额低于当地最低工资标准的，由工伤保险基金补足差额。

（三）工伤职工达到退休年龄并办理退休手续后，停发伤残津贴，按照国家有关规定享受基本养老保险待遇。基本养老保险待遇低于伤残津贴的，由工伤保险基金补足差额。

职工因工致残被鉴定为一级至四级伤残的，由用人单位和职工个人以伤残津贴为基数，缴纳基本医疗保险费。

【导读】

职工因工致残被评定为一级至四级伤残的，又称为完全丧失劳动能力。因这些工伤职工已完全丧失了劳动能力，故应退出工作岗位，且用人单位应当与其保留劳动关系。即除这些职工达到退休年龄办理了退休手续或者死亡外，用人单位不得与这些职工解除或终止劳动关系。这些工伤职工退休后享受的基本养老保险待遇低于伤残津贴的，由工伤保险基金补足差额。工伤职工退出工作岗位后，由用人单位和职工以伤残津贴为基数，缴纳基本医疗保险费。

第三十六条　职工因工致残被鉴定为五级、六级伤残的，享受以下待遇：

（一）从工伤保险基金按伤残等级支付一次性伤残补助金，标准为：五级伤残为18个月的本人工资，六级伤残为16个月的本人工资。

（二）保留与用人单位的劳动关系，由用人单位安排适当工作。难以安排工作的，由用人单位按月发给伤残津贴，标准为：五级伤残为本人工资的70%，六级伤残为本人工资的60%，并由用人单位按照规定为其缴纳应缴纳的各项社会保险费。伤残津贴实际金额低于当地最低工资标准的，由用人单位补足差额。

经工伤职工本人提出，该职工可以与用人单位解除或者终止劳动关系，由工伤保险基金支付一次性工伤医疗补助金，由用人单位支付一次性伤残就业补助金。一次性工伤医疗补助金和一次性伤残就业补助金的具体标准由省、自治区、直辖市人民政府规定。

【导读】

职工因工致残被鉴定为五级、六级伤残的，又称为大部分丧失劳动能力。对于大部分丧失劳动能力的工伤职工，用人单位应当与其保留劳动关系，安排适当工作。经工伤职工本人提出也可以与用人单位解除或者终止劳动关系，由工伤保险基金向其支付一次性工伤医疗补助金，由用人单位向其支付一次性伤残就业补助金。

第三十七条 职工因工致残被鉴定为七级至十级伤残的，享受以下待遇：

（一）从工伤保险基金按伤残等级支付一次性伤残补助金，标准为：七级伤残为13个月的本人工资，八级伤残为11个月的本人工资，九级伤残为9个月的本人工资，十级伤残为7个月的本人工资。

（二）劳动、聘用合同期满终止，或者职工本人提出解除劳动、聘用合同的，由工伤保险基金支付一次性工伤医疗补助金，由用人单位支付一次性伤残就业补助金。

【导读】

职工因工致残被鉴定为七级至十级伤残的，又称为部分丧失劳动能力。对于这部分工伤职工，《条例》规定的也是一次性待遇。同时，鉴于七级至十级伤残职工仍具有大部分劳动能力，用人单位应当与其继续履行原劳动合同，或者视客观情况依法与其变更劳动合同的部分内容，并按照劳动合同的规定支付相应的工资报酬。劳动合同期满或者工伤职工本人提出解除劳动合同的，可以终止或者解除劳动合同，由工伤保险基金向其支付一次性工伤医疗补助金，由用人单位向其支付一次性伤残就业补助金。

第三十八条 工伤职工工伤复发，确认需要治疗的，享受本条例第三十条、第三十二条和第三十三条规定的工伤待遇。

【导读】

职工因工伤事故受伤或者患职业病，经过医疗机构必要的诊断治疗，确定工伤职工伤（病）情痊愈，终结医疗，终止停工留薪期，经劳动能力鉴定委员会确定伤残等级后或者正处于劳动能力鉴定过程中，工伤职工原有病情不同程度地重新复发，确需重新经过诊断治疗的，可以享受工伤医疗待遇，需要暂停工作接受工伤医疗的，享受停工留薪待遇；需要配置辅助器具的，所需费用按照国家规定标准从工伤保险基金中支付。

第三十九条 职工因工死亡，其近亲属按照下列规定从工伤保险基金领取丧葬补助金、供养亲属抚恤金和一次性工亡补助金：

（一）丧葬补助金为6个月的统筹地区上年度职工月平均工资。

（二）供养亲属抚恤金按照职工本人工资的一定比例发给由因工死亡职工生前提供主要生活来源、无劳动能力的亲属。标准为：配偶每月40%，其他亲属每人每月30%，孤寡老人或者孤儿每人每月在上述标准的基础上增加10%。核定的各供养亲属的抚恤金之和不应高于因工死亡职工生前的工资。供养亲属的具体范围由国务院社会保险行政部门规定。

（三）一次性工亡补助金标准为上一年度全国城镇居民人均可支配收入的20倍。

伤残职工在停工留薪期内因工伤导致死亡的，其近亲属享受本条第一款规定的待遇。

一级至四级伤残职工在停工留薪期满后死亡的，其近亲属可以享受本条第一款第（一）项、第（二）项规定的待遇。

【导读】

（1）职工因工死亡，其近亲属可以从工伤保险基金中领取：丧葬补助金、供养亲属抚恤金和一次性工亡补助金三项待遇。按照民事法律的规定，近亲属包括配偶、父母、子女、兄弟姐妹、祖父母、外祖父母、孙子女、外孙子女。《社会保险法》第四十九条规定，个人死亡同时符合领取基本养老保险丧葬补助金、工伤保险丧葬补助金和失业保险丧葬补助金条件的，其遗属只能选择领取其中的一项。

（2）供养亲属，是指完全或者大部分依靠工亡职工生前提供主要生活来源，无劳动能力的亲属，既包括血亲也包括姻亲，既包括近亲也包括旁系亲属，既包括生理血亲也包括拟制血亲（如继父母与继子女，养父母与养子女等）。供养亲属抚恤金按照工亡职工本人生前工资的一定比例计发，并按照供养亲属抚恤金抚养的人数和一定比例发放。在初次核定时，各供养亲属的抚恤金之和不得高于工亡职工生前的工资。供养亲属抚恤金是一项长期待遇，供养亲属具备或恢复劳动能力，或者供养亲属死亡时，该项待遇停止发放。供养亲属抚恤金标准，由统筹地区社会保险行政部门根据本地区职工平均工资和生活费用变化等情况适时调整。

(3) 由于一次性工亡补助金与一级至四级伤残职工一次性伤残补助金相类似，都是一次性待遇，其计发标准也相似，所以对于一级至四级伤残职工在停工留薪期后死亡的，《条例》规定其近亲属可以按照规定享受丧葬补助金和供养亲属抚恤金，而没有规定可以享受一次性工亡补助金。

第四十条 伤残津贴、供养亲属抚恤金、生活护理费由统筹地区社会保险行政部门根据职工平均工资和生活费用变化等情况适时调整。调整办法由省、自治区、直辖市人民政府规定。

【导读】

伤残津贴、供养亲属抚恤金、生活护理费非一次性待遇，而是长期或者一定时期的待遇。伤残津贴、供养亲属抚恤金、生活护理费待遇调整与物价变动是挂钩的。为了保障工伤职工非一次性待遇不受物价波动的影响，视物价上升幅度适时予以调整是必要的。

工伤保险实行属地管理，按全国统一的标准来调整，无法适应各地区的情况，所以《条例》授权省、自治区、直辖市人民政府规定调整办法。

第四十一条 职工因工外出期间发生事故或者在抢险救灾中下落不明的，从事故发生当月起3个月内照发工资，从第4个月起停发工资，由工伤保险基金向其供养亲属按月支付供养亲属抚恤金。生活有困难的，可以预支一次性工亡补助金的50%。职工被人民法院宣告死亡的，按照本条例第三十九条职工因工死亡的规定处理。

【导读】

下落不明是指离开最后居住地没有音讯的状况。虽然我国公民有下落不明两年有关利害关系人可以向人民法院申请宣告其失踪的法律规定，但职工外出期间发生事故或者在抢险救灾中下落不明的，供养亲属享受相关待遇并不以是否经过宣告失踪为程序要件，而是从事故发生、职工音讯消失当月起即按规定发放有关待遇。

宣告死亡是指职工因事故下落不明，从事故发生之日起一定时间后，其配偶、父母、子女等利害关系人可以申请人民法院宣告他（她）死亡。从职工被宣告死亡之日起，该职工的供养亲属便可以按照《条例》的规定领取丧葬补助金、供养亲属抚恤金和一次性工亡补助金。当被宣告死亡的职工重新出现或者明确其没有死亡时，经本人或者利害关系人申请，人民法院应当撤销对他的宣告死亡。按照《中华人民共和国民法通则》和有关法律规定，公民或者职工被撤销宣告死亡后，与其有关的权利义务关系能恢复的应该恢复到原来的状态。根据这个规定，被撤销宣告死亡职工的供养亲属不能再领取有关待遇。

第四十二条 工伤职工有下列情形之一的，停止享受工伤保险待遇：

（一）丧失享受待遇条件的。

（二）拒不接受劳动能力鉴定的。

（三）拒绝治疗的。

【导读】

（1）工伤保险制度保护的对象是特定人群，这一特定人群就是工伤职工。工伤保险制度旨在保障工伤职工遭受事故伤害、患职业病，丧失或部分丧失劳动能力时的医疗救治和经济补偿权益。如果劳动能力得以完全恢复而不再需要工伤保险制度提供保障时，就应当停发工伤保险待遇。

（2）劳动能力鉴定结论是确定不同程度的补偿、合理调换工作岗位或恢复工作、解决工伤问题的科学依据。如果工伤职工没有正当理由拒不接受劳动能力鉴定，一方面工伤保险待遇无法确定，另一方面也表明工伤职工并不愿意接受工伤保险制度提供的帮助，有鉴于此，就不应当再享受工伤保险待遇。

（3）提供医疗救治，帮助工伤职工恢复劳动能力，重返社会，是实行工伤保险制度的重要目的之一。如果无正当理由拒绝治疗，则有悖于《条例》的立法宗旨。规定拒绝治疗的不得再继续享受工伤保险待遇，就是为促使工伤职工积极配合治疗，尽可能地恢复劳动能力，提高自己的生活质量，而不是一味消极地依靠社会救助。

第四十五条 再次发生工伤，根据规定应当享受伤残津贴的，按照新认定的伤残等级享受伤残津贴待遇。

【导读】

工伤职工再次发生工伤，与工伤职工工伤复发不同，它是指工伤职工遭受两次或两次以上的事故伤害或患职业病，前次工伤事故造成的病情经治疗并经劳动能力鉴定确认伤残等级后，再次遭受工伤事故或患职业病，加剧了工伤职工的病情。这类人群在治疗后，经劳动能力鉴定委员会重新评定伤残等级。如果被重新确定了伤残等级，根据规定应当享受工伤伤残待遇的，就要按照新认定的伤残等级享受相应的伤残津贴待遇。例如，某职工过去被鉴定为八级伤残，不享受伤残津贴，但其再次遭受工伤事故，经重新鉴定为四级，那么他就可以享受伤残津贴。

第五十四条 职工与用人单位发生工伤待遇方面的争议，按照处理劳动争议的有关规定处理。

【导读】

职工与用人单位发生工伤待遇方面的争议，主要是指：

(1) 已参加工伤保险的用人单位未按照《条例》规定的待遇项目和标准为工伤职工提供相关待遇而产生的争议，包括由用人单位支付的医疗、护理、工资福利以及工作安排、安置待遇等。

(2) 应当参加工伤保险而未参加的用人单位，未按《条例》规定的待遇项目和标准为工伤职工支付全部费用和提供相关待遇而产生的争议。

(3) 工伤职工与用人单位就应该执行《条例》规定的哪项待遇和标准因认识不同而产生的争议。就法律性质而言，这类争议属于劳动争议的范畴。

根据《劳动法》和《中华人民共和国劳动争议调解仲裁法》的规定，职工与用人单位发生工伤待遇方面争议的可以通过以下四种途径解决：

一是当事人协商。法律提倡协商解决争议，但是当事人自行协商不是处理劳动争议的必经程序，双方当事人可以自愿进行协商，但是任何一方或者他人都不能强迫协商。

二是调解。当事人不愿意协商或者协商不成的，可以向用人单位的劳动争议调解委员会、依法设立的基层人民调解组织或在乡镇、街道设立的具有劳动争议调解职能的组织申请调解，当事人双方经调解达成协议靠当事人自我约束来履行，不能强制执行。调解不是解决劳动争议的必经程序，当事人可以不向调解有关组织申请调解，而直接申请劳动争议仲裁。当事人对调解协议反悔的，也可以申请劳动争议仲裁。

三是劳动争议仲裁委员会仲裁。由劳动争议委员会进行调解和裁决，是具有国家强制力的劳动争议处理方式。职工与用人单位发生工伤待遇方面的争议后，当事人应当自争议发生之日起1年时间内向劳动争议仲裁委员会提出书面申请，劳动争议仲裁委员会收到仲裁申请之日起5日内，认为符合受理条件的，应当受理，并通知申请人。当事人不服裁决的，可以向人民法院起诉。劳动争议仲裁是当事人向人民法院提起诉讼解决劳动争议前的一个必经程序，只有经过仲裁方可向人民法院起诉。

四是诉讼。当事人对劳动争议仲裁委员会的裁决不服的，自收到裁决书之日起15日内可以向人民法院提起诉讼。人民法院的审理包括一审、二审及再审程序，最终生效判决标志着这一劳动争议案件的最终解决。

第六节　《工伤预防费使用管理暂行办法》相关规定

为更好地保障职工的生命安全和健康，促进用人单位做好工伤预防工作，降低工伤事故伤害和职业病的发生率，规范工伤预防费的使用和管理，根据《社会保险法》《工伤保险条例》及相关规定，《工伤预防费使用管理暂行办法》（人社部规〔2017〕13号）由人力资源社会保障部会同财政部、卫生计生委、安全监管总局于2017年8月17日印发，自2017年9月1日起实施。

第三条　工伤预防费使用管理工作由统筹地区人力资源社会保障行政部门会同财政、卫生计生、安全监管行政部门按照各自职责做好相关工作。

【导读】

本条内容有两层含义，一是工伤预防费用使用和管理由人力资源和社会保障部门牵头负责；二是工伤预防是一项社会工作，相关的4个部门各有责任，应相互协调共同做好。2018年国务院机构改革之后，卫生计生委改为国家卫生健康委，安全监管行政职能改由应急管理部承担。

第四条　工伤预防费用于下列项目的支出：

（一）工伤事故和职业病预防宣传。

（二）工伤事故和职业病预防培训。

【导读】

工伤预防、安全生产和职业病防治涉及面很广，需要费用较大，把按规定提取的工伤预防费无目标地投入，很难发挥其应有的效果。工伤预防费必须投到“关键点”上，起到“画龙点睛”的效果。依据《安全生产法》《职业病防治法》的规定，用人单位应当按安全生产和职业病防治的需要投入资金，用于改进生产工艺，减少生产过程中产生的危害；改善工作环境，使其符合法律规定；完善防护装置、设备、器材，降低生产设备对劳动者的伤害；按规定配置劳动防护用品，筑牢个人防护的最后防线；加强对劳动者安全生产和职业病防治的宣传、培训等。《工伤预防费使用管理暂行办法》规定工伤预防费只能用于工伤事故和职业病预防宣传和培训，一是“量力而行”，把工伤预防费用于提高劳动者的工伤预防理念、知识和技能是智慧的决策；二是用人单位按规定提取的安全生产和职业病防治费用不能涵盖工伤预防的全部需要。

第五条 在保证工伤保险待遇支付能力和储备金留存的前提下，工伤预防费的使用原则上不得超过统筹地区上年度工伤保险基金征缴收入的3%。因工伤预防工作需要，经省级人力资源社会保障部门和财政部门同意，可以适当提高工伤预防费的使用比例。

【导读】

储备金占基金总额的具体比例和储备金的使用办法，由省、自治区、直辖市人民政府规定。

第六条 工伤预防费使用实行预算管理。统筹地区社会保险经办机构按照上年度预算执行情况，根据工伤预防工作需要，将工伤预防费列入下一年度工伤保险基金支出预算。具体预算编制按照预算法和社会保险基金预算有关规定执行。

【导读】

本条给统筹地区社会保险经办机构提出新职责要求，做好工伤预防费的预算不是单纯的“会计”工作，必须掌握新的知识。

第七条 统筹地区人力资源社会保障部门应会同财政、卫生计生、安全监管部门以及本辖区内负有安全生产监督管理职责的部门，根据工伤事故伤害、职业病高发的行业、企业、工种、岗位等情况，统筹确定工伤预防的重点领域，并通过适当方式告知社会。

【导读】

确定工伤预防的重点领域是一项综合性很强的工作，由人力资源和社会保障部门牵头，协调相关部门，结合统筹地区实际确定。“告知社会”一是可汲取社会智慧，使“重点领域”更准确；二是体现“透明”，全社会关注“重点领域”。

第八条　统筹地区行业协会和大中型企业等社会组织根据本地区确定的工伤预防重点领域，于每年工伤保险基金预算编制前提出下一年拟开展的工伤预防项目，编制项目实施方案和绩效目标，向统筹地区的人力资源社会保障行政部门申报。

【导读】

绩效目标一是需要性，即确定目标的原因；二是“可及性”，即实事求是，所确定的目标能够实现；三是“可验性”，即目标应尽量“量化”，便于验收检验。

第九条　统筹地区人力资源社会保障部门会同财政、卫生计生、安全监管等部门，根据项目申报情况，结合本地区工伤预防重点领域和工伤保险等工作重点，以及下一年工伤预防费预算编制情况，统筹考虑工伤预防项目的轻重缓急，于每年 10 月底前确定纳入下一年度的工伤预防项目并向社会公开。

列入计划的工伤预防项目实施周期最长不超过 2 年。

【导读】

确定项目的相关单位是人力资源和社会保障会同财政、卫生健康、应急管理等部门（必要时可邀请工会参加），建立相应工作机制。确定项目的“三要素”，即项目申报情况、工伤预防重点领域、工伤保险重点工作。确定的项目要向社会公布，接受监督。

第十条　纳入年度计划的工伤预防实施项目，原则上由提出项目的行业协会和大中型企业等社会组织负责组织实施。

行业协会和大中型企业等社会组织根据项目实际情况，可直接实施或委托第三方机构实施。直接实施的，应当与社会保险经办机构签订服务协议。委托第三方机构实施的，应当参照政府采购法和招投标法规定的程序，选择具备相应条件的社会、经济组织以及医疗卫生机构提供工伤预防服务，并与其签订服务合同，明确双方的权利义务。服务协议、服务合同应报统筹地区人力资源社会保障部门备案。

面向社会和中小微企业的工伤预防项目，可由人力资源社会保障、卫生计生、安全监管部门参照政府采购法等相关规定，从具备相应条件的社会、经济组织以及医疗卫生机构中选择提供工伤预防服务的机构，推动组织项目实施。

参照政府采购法实施的工伤预防项目，其费用低于采购限额标准的，可协议确定服务机构。具体办法由人力资源社会保障部门会同有关部门确定。

【导读】

纳入年度计划的工伤预防实施项目，原则上由提出项目的行业协会和大中型企业等社会组织负责组织实施，一是体现了政府对行业协会和大中型企业的信任，因此这些单位要认真担负起这个责任；二是体现了政府职能的转变，只是减少了事务工作，并没有放松政府部门监管的责任。

行业协会和大中型企业等社会组织负责组织实施的项目，可由行业协会和大中型企业等社会组织直接实施，直接实施的应当与社会保险经办机构签订服务协议。这里要注意政府采购法和招投标法规定的程序，因为这仍属于政府购买服务的范畴。

面向社会和中小微企业的工伤预防项目，可由人力资源社会保障、卫生健康、应急管理行政部门确定。

面向社会的工伤预防项目侧重于解决工伤预防的共性问题，主要目标是整体提升各用人单位工伤预防能力。

中小微企业的工伤预防项目侧重于解决各个用人单位特殊性的工伤预防问题，提高各单位的工伤预防水平。

第十一条 提供工伤预防服务的机构应遵守社会保险法、《工伤保险条例》以及相关法律法规的规定，并具备以下基本条件：

（一）具备相应条件，且从事相关宣传、培训业务二年以上并具有良好市场信誉。

（二）具备相应的实施工伤预防项目的专业人员。

（三）有相应的硬件设施和技术手段。

（四）依法应具备的其他条件。

【导读】

这里提供工伤预防服务的机构应该包括直接实施项目的行业协会和大中型企业。

第十二条　对确定实施的工伤预防项目，统筹地区社会保险经办机构可以根据服务协议或者服务合同的约定，向具体实施工伤预防项目的组织支付30%~70%预付款。

项目实施过程中，提出项目的单位应及时跟踪项目实施进展情况，保证项目有效进行。

对于行业协会和大中型企业等社会组织直接实施的项目，由人力资源社会保障部门组织第三方中介机构或聘请相关专家对项目实施情况和绩效目标实现情况进行评估验收，形成评估验收报告；对于委托第三方机构实施的，由提出项目的单位或部门通过适当方式组织评估验收，评估验收报告报人力资源社会保障部门备案。评估验收报告作为开展下一年度项目重要依据。

评估验收合格后，由社会保险经办机构支付余款。具体程序按社会保险基金财务制度、工伤保险业务经办管理等规定执行。

【导读】

这是为保证项目按要求完成的基本管理措施和程序，应该结合实际制定更完善的规定确保项目按质、按量、按时完成。

第十四条　工伤预防费按本办法规定使用，违反本办法规定使用的，对相关责任人参照《社会保险法》《工伤保险条例》等法律法规的规定处理。

【导读】

《工伤保险条例》第五十六条规定：单位或者个人违反本条例第十二条规定挪用工伤保险基金，构成犯罪的，依法追究刑事责任；尚不构成犯罪的，依法给予处分或者纪律处分。被挪用的基金由社会保险行政部门追回，并入工伤保险基金；没收的违法所得依法上缴国库。

根据法律法规的规定，不按规定使用工伤预防资金的后果是严重的。

第十五条 工伤预防服务机构提供的服务不符合法律和合同规定、服务质量不高的，三年内不得从事工伤预防项目。

工伤预防服务机构存在欺诈、骗取工伤保险基金行为的，按照有关法律法规等规定进行处理。

【导读】

工伤预防服务机构必须按“协议”做好服务，否则就可能被清理退出工伤预防服务行列。

第十八条 企业规模的划分标准按照工业和信息化部、国家统计局、国家发展改革委员会、财政部《关于印发中小企业划型标准规定的通知》（工信部联企业〔2011〕300号）执行。

【导读】

根据《国家统计局关于印发〈统计上大中小微型企业划分办法（2017）〉的通知》（国统字〔2017〕213号），对《关于印发中小企业划型标准规定的通知》（工信部联企业〔2011〕300号）进行了修订，统计上大中小微型企业划分标准见表2—2。

表2—2 统计上大中小微型企业划分标准

行业名称	指标名称	计量单位	大型	中型	小型	微型
农、林、牧、渔业	营业收入（Y）	万元	Y≥20 000	500≤Y<20 000	50≤Y<500	Y<50
工业*	从业人员（X）	人	X≥1 000	300≤X<1 000	20≤X<300	X<20
	营业收入（Y）	万元	Y≥40 000	2 000≤Y<40 000	100≤Y<2 000	Y<100
建筑业	营业收入（Y）	万元	Y≥80 000	6 000≤Y<80 000	300≤Y<6 000	Y<300
	资产总额（Z）	万元	Z≥80 000	5 000≤Z<80 000	300≤Z<5 000	Z<300
批发业	从业人员（X）	人	X≥200	20≤X<200	5≤X<20	X<5
	营业收入（Y）	万元	Y≥40 000	5 000≤Y<40 000	1 000≤Y<5 000	Y<1 000
零售业	从业人员（X）	人	X≥300	50≤X<300	10≤X<50	X<10
	营业收入（Y）	万元	Y≥20 000	500≤Y<20 000	100≤Y<500	Y<100

续表

行业名称	指标名称	计量单位	大型	中型	小型	微型
交通运输业*	从业人员（X）	人	X≥1 000	300≤X<1 000	20≤X<300	X<20
	营业收入（Y）	万元	Y≥30 000	3 000≤Y<30 000	200≤Y<3 000	Y<200
仓储业	从业人员（X）	人	X≥200	100≤X<200	20≤X<100	X<20
	营业收入（Y）	万元	Y≥30 000	1 000≤Y<30 000	100≤Y<1 000	Y<100
邮政业	从业人员（X）	人	X≥1 000	300≤X<1 000	20≤X<300	X<20
	营业收入（Y）	万元	Y≥30 000	2 000≤Y<30 000	100≤Y<2 000	Y<100
住宿业	从业人员（X）	人	X≥300	100≤X<300	10≤X<100	X<10
	营业收入（Y）	万元	Y≥10 000	2 000≤Y<10 000	100≤Y<2 000	Y<100
餐饮业	从业人员（X）	人	X≥300	100≤X<300	10≤X<100	X<10
	营业收入（Y）	万元	Y≥10 000	2 000≤Y<10 000	100≤Y<2 000	Y<100
信息传输业*	从业人员（X）	人	X≥2 000	100≤X<2 000	10≤X<100	X<10
	营业收入（Y）	万元	Y≥100 000	1 000≤Y<100 000	100≤Y<1 000	Y<100
软件和信息技术服务业	从业人员（X）	人	X≥300	100≤X<300	10≤X<100	X<10
	营业收入（Y）	万元	Y≥10 000	1 000≤Y<10 000	50≤Y<1 000	Y<50
房地产开发经营	营业收入（Y）	万元	Y≥200 000	1 000≤Y<200 000	100≤Y<1 000	Y<100
	资产总额（Z）	万元	Z≥10 000	5 000≤Z<10 000	2 000≤Z<5 000	Z<2 000
物业管理	从业人员（X）	人	X≥1 000	300≤X<1 000	100≤X<300	X<100
	营业收入（Y）	万元	Y≥5 000	1 000≤Y<5 000	500≤Y<1 000	Y<500
租赁和商务服务业	从业人员（X）	人	X≥300	100≤X<300	10≤X<100	X<10
	资产总额（Z）	万元	Z≥120 000	8 000≤Z<120 000	100≤Z<8 000	Z<100
其他未列明行业*	从业人员（X）	人	X≥300	100≤X<300	10≤X<100	X<10

说明：

（1）大型、中型和小型企业须同时满足所列指标的下限，否则下划一档；微型企业只需满足所列指标中的一项即可。

（2）附表中各行业的范围以《国民经济行业分类》（GB/T 4754—2017）为准。带*的项为行业组合类别，其中，工业包括采矿业，制造业，电力、热力、燃气及水生产和供应业；交通运输业包括道路运输业，水上运输业，航空运输业，管道运输业，装卸搬运和运输代理业，不包括铁路运输业；信息传输业包括电信、广播电视和卫星传输服务，互联网和相关服务；其他未列明行业包括科学研究和技术服务业，水利、环境和公共设施管理业，居民服务、修理和其他服务业，社会工作，文化、体育和娱乐业，以及房地产中介服务，其他房地产业等，不包括自有房地产经营活动。

（3）企业划分指标以现行统计制度为准。

1）从业人员，是指期末从业人员数，没有期末从业人员数的，采用全年平均人员数代替。

2）营业收入，工业、建筑业、限额以上批发和零售业、限额以上住宿和餐饮业以及其他设置主营业务收入指标的行业，采用主营业务收入；限额以下批发与零售业企业采用商品销售额代替；限额以下住宿与餐饮业企业采用营业额代替；农、林、牧、渔业企业采用营业总收入代替；其他未设置主营业务收入的行业，采用营业收入指标。

3）资产总额，采用资产总计代替。

第七节 《关于办理危害生产安全刑事案件适用法律若干问题的解释》相关规定

为了依法惩治危害生产安全犯罪，根据刑法有关规定，最高人民法院、最高人民检察院就办理此类刑事案件适用法律的若干问题作出解释，《最高人民法院、最高人民检察院关于办理危害生产安全刑事案件适用法律若干问题的解释》（法释〔2015〕22号）经2015年11月9日最高人民法院审判委员会第1665次会议、2015年12月9日最高人民检察院第十二届检察委员会第44次会议通过，自2015年12月16日起施行。本解释施行后，《最高人民法院、最高人民检察院关于办理危害矿山生产安全刑事案件具体应用法律若干问题的解释》（法释〔2007〕5号）同时废止。最高人民法院、最高人民检察院此前发布的司法解释和规范性文件与本解释不一致的，以本解释为准。以下为本解释的主要内容：

第一条 刑法第一百三十四条第一款规定的犯罪主体，包括对生产、作业负有组织、指挥或者管理职责的负责人、管理人员、实际控制人、投资人等人员，以及直接从事生产、作业的人员。

第二条 刑法第一百三十四条第二款规定的犯罪主体，包括对生产、作业负有组织、指挥或者管理职责的负责人、管理人员、实际控制人、投资人等人员。

第三条 刑法第一百三十五条规定的“直接负责的主管人员和其他直接责任人员”，是指对安全生产设施或者安全生产条件不符合国家规定负有直接责任的生产经营单位负责人、管理人员、实际控制人、投资人，以及其他对安全生产设施或者安全生产条件负有管理、维护职责的人员。

第四条 刑法第一百三十九条之一规定的“负有报告职责的人员”，是指负有组织、指挥或者管理职责的负责人、管理人员、实际控制人、投资人，以及其他负有报告职责的人员。

第五条 明知存在事故隐患、继续作业存在危险，仍然违反有关安全管理的规定，实施下列行为之一的，应当认定为刑法第一百三十四条第二款规定的“强令他人违章冒险作业”：

（一）利用组织、指挥、管理职权，强制他人违章作业的；

（二）采取威逼、胁迫、恐吓等手段，强制他人违章作业的；

（三）故意掩盖事故隐患，组织他人违章作业的；

（四）其他强令他人违章作业的行为。

第六条　实施刑法第一百三十二条、第一百三十四条第一款、第一百三十五条、第一百三十五条之一、第一百三十六条、第一百三十九条规定的行为，因而发生安全事故，具有下列情形之一的，应当认定为“造成严重后果”或者“发生重大伤亡事故或者造成其他严重后果”，对相关责任人员，处三年以下有期徒刑或者拘役：

（一）造成死亡一人以上，或者重伤三人以上的；

（二）造成直接经济损失一百万元以上的；

（三）其他造成严重后果或者重大安全事故的情形。

实施刑法第一百三十四条第二款规定的行为，因而发生安全事故，具有本条第一款规定情形的，应当认定为“发生重大伤亡事故或者造成其他严重后果”，对相关责任人员，处五年以下有期徒刑或者拘役。

实施刑法第一百三十七条规定的行为，因而发生安全事故，具有本条第一款规定情形的，应当认定为“造成重大安全事故”，对直接责任人员，处五年以下有期徒刑或者拘役，并处罚金。

实施刑法第一百三十八条规定的行为，因而发生安全事故，具有本条第一款第一项规定情形的，应当认定为“发生重大伤亡事故”，对直接责任人员，处三年以下有期徒刑或者拘役。

第七条　实施刑法第一百三十二条、第一百三十四条第一款、第一百三十五条、第一百三十五条之一、第一百三十六条、第一百三十九条规定的行为，因而发生安全事故，具有下列情形之一的，对相关责任人员，处三年以上七年以下有期徒刑：

（一）造成死亡三人以上或者重伤十人以上，负事故主要责任的；

（二）造成直接经济损失五百万元以上，负事故主要责任的；

（三）其他造成特别严重后果、情节特别恶劣或者后果特别严重的情形。

实施刑法第一百三十四条第二款规定的行为，因而发生安全事故，具有本条第一款规定情形的，对相关责任人员，处五年以上有期徒刑。

实施刑法第一百三十七条规定的行为，因而发生安全事故，具有本条第一款规定情形的，对直接责任人员，处五年以上十年以下有期徒刑，并处罚金。

实施刑法第一百三十八条规定的行为，因而发生安全事故，具有下列情形之一的，对直接责任人员，处三年以上七年以下有期徒刑：

（一）造成死亡三人以上或者重伤十人以上，负事故主要责任的；

（二）具有本解释第六条第一款第一项规定情形，同时造成直接经济损失五百万元以上并负事故主要责任的，或者同时造成恶劣社会影响的。

第八条　在安全事故发生后，负有报告职责的人员不报或者谎报事故情况，贻误事故抢救，具有下列情形之一的，应当认定为刑法第一百三十九条之一规定的"情节严重"：

（一）导致事故后果扩大，增加死亡一人以上，或者增加重伤三人以上，或者增加直接经济损失一百万元以上的。

（二）实施下列行为之一，致使不能及时有效开展事故抢救的：

1. 决定不报、迟报、谎报事故情况或者指使、串通有关人员不报、迟报、谎报事故情况的；

2. 在事故抢救期间擅离职守或者逃匿的；

3. 伪造、破坏事故现场，或者转移、藏匿、毁灭遇难人员尸体，或者转移、藏匿受伤人员的；

4. 毁灭、伪造、隐匿与事故有关的图纸、记录、计算机数据等资料以及其他证据的。

（三）其他情节严重的情形。

具有下列情形之一的，应当认定为刑法第一百三十九条之一规定的"情节特别严重"：

（一）导致事故后果扩大，增加死亡三人以上，或者增加重伤十人以上，或者增加直接经济损失五百万元以上的；

（二）采用暴力、胁迫、命令等方式阻止他人报告事故情况，导致事故后果扩大的；

（三）其他情节特别严重的情形。

第九条　在安全事故发生后，与负有报告职责的人员串通，不报或者谎报事故情况，贻误事故抢救，情节严重的，依照刑法第一百三十九条之一的规定，以共犯论处。

第十条　在安全事故发生后，直接负责的主管人员和其他直接责任人员故意阻挠开展抢救，导致人员死亡或者重伤，或者为了逃避法律追究，对被害人进行隐藏、遗弃，致使被害人因无法得到救助而死亡或者重度残疾的，分别依照刑法第二百三十二条、第二百三十四条的规定，以故意杀人罪或者故意伤害罪定罪处罚。

第十一条 生产不符合保障人身、财产安全的国家标准、行业标准的安全设备，或者明知安全设备不符合保障人身、财产安全的国家标准、行业标准而进行销售，致使发生安全事故，造成严重后果的，依照刑法第一百四十六条的规定，以生产、销售不符合安全标准的产品罪定罪处罚。

第十二条 实施刑法第一百三十二条、第一百三十四条至第一百三十九条之一规定的犯罪行为，具有下列情形之一的，从重处罚：

（一）未依法取得安全许可证件或者安全许可证件过期、被暂扣、吊销、注销后从事生产经营活动的；

（二）关闭、破坏必要的安全监控和报警设备的；

（三）已经发现事故隐患，经有关部门或者个人提出后，仍不采取措施的；

（四）一年内曾因危害生产安全违法犯罪活动受过行政处罚或者刑事处罚的；

（五）采取弄虚作假、行贿等手段，故意逃避、阻挠负有安全监督管理职责的部门实施监督检查的；

（六）安全事故发生后转移财产意图逃避承担责任的；

（七）其他从重处罚的情形。

实施前款第五项规定的行为，同时构成刑法第三百八十九条规定的犯罪的，依照数罪并罚的规定处罚。

第十三条 实施刑法第一百三十二条、第一百三十四条至第一百三十九条之一规定的犯罪行为，在安全事故发生后积极组织、参与事故抢救，或者积极配合调查、主动赔偿损失的，可以酌情从轻处罚。

第十四条 国家工作人员违反规定投资入股生产经营，构成本解释规定的有关犯罪的，或者国家工作人员的贪污、受贿犯罪行为与安全事故发生存在关联性的，从重处罚；同时构成贪污、受贿犯罪和危害生产安全犯罪的，依照数罪并罚的规定处罚。

第十五条 国家机关工作人员在履行安全监督管理职责时滥用职权、玩忽职守，致使公共财产、国家和人民利益遭受重大损失的，或者徇私舞弊，对发现的刑事案件依法应当移交司法机关追究刑事责任而不移交，情节严重的，分别依照刑法第三百九十七条、第四百零二条的规定，以滥用职权罪、玩忽职守罪或者徇私舞弊不移交刑事案件罪定罪处罚。

公司、企业、事业单位的工作人员在依法或者受委托行使安全监督管理职责时滥用职权或者玩忽职守，构成犯罪的，应当依照《全国人民代表大会常务委员会关于〈中华人民共和国刑法〉第九章渎职罪主体适用问题的解释》的规定，适用渎职罪的规定追究刑事责任。

第十六条 对于实施危害生产安全犯罪适用缓刑的犯罪分子，可以根据犯罪情况，禁止其在缓刑考验期限内从事与安全生产相关联的特定活动；对于被判处刑罚的犯罪分子，可以根据犯罪情况和预防再犯罪的需要，禁止其自刑罚执行完毕之日或者假释之日起三年至五年内从事与安全生产相关的职业。

第八节 《江西省实施〈工伤保险条例〉办法》相关规定

为结合实际切实贯彻《工伤保险条例》，各省都出台了本省实施《工伤保险条例》办法。以下用《江西省实施〈工伤保险条例〉办法》的主要条款为例进行说明。《江西省实施〈工伤保险条例〉办法》经2013年4月24日第三次省政府常务会议审议通过，自2013年7月1日起实施。

第四条 工伤保险工作应当与事故预防和职业康复工作相结合。

用人单位和职工应当遵守有关安全生产和职业病防治的法律法规，执行安全卫生规程和标准，预防工伤事故发生，避免和减少职业病危害。

社会保险行政部门和经办机构应当建立健全工伤预防制度，通过评估参保单位工伤风险程度，采用调整费率等措施，激励参保单位做好工伤预防工作，降低工伤事故和职业病发生率。

【导读】

“通过评估参保单位工伤风险程度，采用调整费率等措施，激励参保单位做好工伤预防工作，降低工伤事故和职业病发生率”是江西省落实《工伤保险条例》的一大特色。

本条进一步强调用人单位必须重视工伤预防工作；社会保险行政部门和经办机构要采取相应措施，对参保单位进行工伤风险程度评估，并以评估情况作为工伤保险费率浮动的依据之一，促进用人单位做好工伤预防工作，降低其工伤风险程度。

第八条　工伤保险基金用于支付下列项目：

（一）治疗工伤的医疗费用和康复费用。

（二）住院伙食补助费。

（三）到统筹地区以外就医的交通食宿费。

（四）经劳动能力鉴定委员会确认需安装配置伤残辅助器具的费用。

（五）生活不能自理的，经劳动能力鉴定委员会确认的生活护理费。

（六）一次性伤残补助金和一级至四级工伤职工按月领取的伤残津贴。

（七）终止或者解除劳动合同时，应当享受的一次性工伤医疗补助金。

（八）因工死亡职工的抢救医疗费、丧葬补助金、供养亲属抚恤金、一次性工亡补助金。

（九）劳动能力鉴定费。

（十）工伤认定调查费。

（十一）工伤预防费。

（十二）职业康复费。

任何单位或者个人不得将工伤保险基金用于投资运营、兴建或者改建办公场所、发放奖金，或者挪作其他用途。

【导读】

工伤保险基金支付必须在规定的范围之内，不得用于其他项目。同时对住院伙食补助费、到统筹地区以外就医的交通食宿费等作出了具体规定。

第十一条　用人单位注册登记地和生产经营地不在同一统筹地区的职工发生工伤，已参加工伤保险的，向参保地社会保险行政部门提出工伤认定申请；未参加工伤保险的，向用人单位生产经营地社会保险行政部门提出工伤认定申请。职工被派遣出境工作，其国内工伤保险关系未中止的，发生工伤后，按照《工伤保险条例》和本办法的规定申请工伤认定。

【导读】

本条明确了已参加工伤保险的用人单位注册登记地和生产经营地不在同一统筹地区的，发生工伤向参保地社会保险行政部门提出申请；未参加工伤保险的用人单位职工发生工伤向生产经营地社会保险行政部门提出申请认定。被派遣出境工作且未终止国内工伤保险关系的，按国内相关规定办理。

第十三条　工伤认定申请人在本办法规定时限内提出工伤认定申请，并且提供的申请材料完整的，社会保险行政部门应当自收到工伤认定申请之日起5个工作日内发出受理通知书。不符合受理条件的，社会保险行政部门不予受理，并书面告知工伤认定申请人。

工伤认定申请人在本办法规定时限内提出工伤认定申请，但提供材料不完整的，社会保险行政部门应当自收到工伤认定申请之日起5个工作日内，一次性书面告知工伤认定申请人需要补正的全部材料。工伤认定申请人在30日内按照要求补正材料的，社会保险行政部门应当受理。

【导读】

工伤认定申请人在规定的时限内提出工伤认定申请，提供材料不完整的，社会保险行政部门应当自收到工伤认定申请之日起5个工作日内，一次性书面告知工伤认定申请人需要补正的全部材料，工伤认定申请人必须在30日内按照要求补正材料，超过时效社会保险行政部门可能作出不予受理的决定。

第十四条 社会保险行政部门受理工伤认定申请后，根据审核需要可以对事故伤害进行调查核实，用人单位、从业人员、工会组织、医疗机构以及有关部门应当予以协助。对依法取得职业病诊断证明书或者职业病诊断鉴定书的，社会保险行政部门不再进行调查核实。

社会保险行政部门进行工伤认定时，从业人员或者其直系亲属认为是工伤，用人单位不认为是工伤的，由用人单位承担举证责任。

社会保险行政部门应当自受理工伤认定申请之日起60日内作出工伤认定的决定，并书面通知申请工伤认定的职工或者其直系亲属和该职工所在单位。凡认定为工伤或者视同工伤的，应当向工伤职工颁发《工伤认定证》。

社会保险行政部门对受理的事实清楚、权利义务明确的工伤认定申请，应当在15日内作出工伤认定的决定。

【导读】

对依法取得职业病诊断证明书或者职业病诊断鉴定书的，社会保险行政部门作为有效证明，不再进行调查核实。社会保险行政部门进行工伤认定时，从业人员或者其直系亲属认为是工伤，用人单位不认为是工伤的，由用人单位承担举证责任。社会保险行政部门受理认定工伤的时效为60日，对受理的事实清楚、权利义务明确的工伤认定申请，应当在15日内作出工伤认定的决定。

第十五条 职工发生工伤，经治疗伤情相对稳定后存在残疾、影响劳动能力的，应当进行劳动能力鉴定。

用人单位、工伤职工或者其直系亲属申请劳动能力鉴定，应当向设区的市劳动能力鉴定委员会提供下列材料：

（一）劳动能力鉴定申请表。

（二）工伤认定决定。

（三）医疗机构出具的出院小结、医疗诊断证明或者职业病诊断证明书（职业病诊断鉴定书）、工伤病历和医学影像检查资料等。

（四）其他相关证明材料。

劳动能力鉴定申请人提供材料不完整的，劳动能力鉴定委员会应当一次性书面告知申请人需要补正的全部材料。申请人按照书面告知要求补正材料后，劳动能力鉴定委员会应当受理。

设区的市劳动能力鉴定委员会应当自收到劳动能力鉴定申请之日起 60 日内作出劳动能力鉴定结论，必要时，作出劳动能力鉴定结论的期限可以延长 30 日。劳动能力鉴定结论应当及时送达申请鉴定的单位和个人。达到伤残等级的，还应当向工伤职工颁发《因工伤残证》。

【导读】

职工发生工伤，经治疗伤情相对稳定后存在残疾、影响劳动能力的，应当进行劳动能力鉴定，并按规定提供相关材料。劳动能力鉴定申请人提供材料不完整的，要及时补正。设区的市级劳动能力鉴定委员会作出劳动能力鉴定结论最长时限为60日，必要时，可以延长 30 日。劳动能力鉴定结论分别送达申请鉴定的单位和个人。

第十七条 省和设区的市社会保险行政部门规划、选择、论证并公布工伤定点医疗机构、康复机构和辅助器具配置机构。

各统筹地区经办机构负责与工伤定点医疗机构、康复机构和辅助器具配置机构签订书面协议等工作。

【导读】

本条强调省和设区的市社会保险行政部门，必须认真规划、选择、认证工伤定点医疗机构、康复机构和辅助器具配置机构，并与其签订书面协议。

第十八条 职工治疗工伤应当在签订服务协议的工伤定点医疗机构就医，

情况紧急时可以先到就近的医疗机构急救，并由用人单位在两个工作日内报告社会保险经办机构。工伤职工伤情相对稳定后，由经办机构视伤情确定是否转入签订服务协议的工伤定点医疗机构继续治疗。

工伤职工治疗非工伤引发的疾病，不享受工伤医疗待遇，按照基本医疗保险办法处理。

【导读】

职工治疗工伤应当在签订服务协议的工伤定点医疗机构就医，情况紧急时可以先到就近的医疗机构急救，工伤职工伤情相对稳定后，由经办机构视伤情确定是否转入签订服务协议的工伤定点医疗机构继续治疗。未经批准不能自行到非协议医疗机构就医。工伤职工治疗非工伤引发的疾病，不享受工伤医疗待遇。

第十九条 工伤职工因日常生活或者就业需要安装配置辅助器具的，由本人提出申请，经劳动能力鉴定委员会确定后，到签订服务协议的辅助器具配置机构安装配置，所需费用按照国家规定的标准从工伤保险基金支付。

【导读】

工伤职工需要安装配置辅助器具的，可以提出申请，劳动能力鉴定委员会确定后可以到安装配置辅助器具的协议机构配置，费用按照国家规定的标准从工伤保险基金支付。

第二十条 生活不能自理的工伤职工在停工留薪期内需要护理的，经收治的医疗机构出具证明，由所在单位负责派人护理。所在单位未派人护理的，由所在单位按照统筹地区上年度职工月平均工资的70%的标准向工伤职工支付护理费。

【导读】

本条规定了生活不能自理的工伤职工在医疗机构治疗期间，需要护理的由所在单位派人护理，未派人护理的，可以由亲属护理，所在单位要按照统筹地区上年度职工月平均工资的70%的标准向工伤职工支付护理费。

第二十一条 职工因工致残被鉴定为一级至四级伤残的，由用人单位和工伤职工以伤残津贴为基数，缴纳基本养老保险费、基本医疗保险费到法定退休年龄。

工伤职工伤残津贴低于职工基本养老保险、基本医疗保险缴费基数的，缴费基数按照职工基本养老保险、基本医疗保险相关规定执行。

工伤职工伤残津贴扣除本人基本养老保险、基本医疗保险缴费部分后，实际领取额低于统筹地区最低工资标准的，由工伤保险基金补足差额。

【导读】

被鉴定为一级至四级伤残的工伤职工，用人单位和工伤职工要以伤残津贴为基数，缴纳养老保险费和医疗保险费到法定退休年龄。工伤职工缴费后，实际领取的伤残津贴低于统筹地区最低工资标准的，由工伤保险基金补足差额。之所以这样规定，主要是为了解决一级至四级工伤伤残职工到达法定退休年龄办理退休后，由于缴费年限太短、养老金过低的问题。

第二十二条 五级至六级工伤职工本人提出与用人单位解除或者终止劳动关系，七级至十级伤残职工劳动、聘用合同期满终止或者职工本人提出解除劳动、聘用合同的，由工伤保险基金支付一次性工伤医疗补助金，由用人单位支付一次性伤残就业补助金。

一次性工伤医疗补助金和一次性伤残就业补助金以解除或者终止劳动关系时本人工资为基数，其中一次性工伤医疗补助金标准为：五级 20 个月、六级 17 个月、七级 13 个月、八级 10 个月、九级 7 个月、十级 4 个月的本人工资。一次性伤残就业补助金标准为：五级 32 个月、六级 28 个月、七级 25 个月、八级 21 个月、九级 17 个月、十级 13 个月的本人工资。

患职业病的工伤职工，一次性工伤医疗补助金在上述标准的基础上增发 30%。

五级至十级工伤职工距法定退休年龄不足 5 年的，一次性伤残就业补助金每差一年扣减 10%；不足一年的按照一年计算。

【导读】

用人单位与五级至六级工伤职工解除或者终止劳动关系，必须由工伤职工本人提出，否则用人单位不能与其解除或者终止劳动关系。用人单位与七级至十级工伤伤残职工终止、解除劳动合同或聘用合同，工伤职工劳动合同、聘用合同期满或者本人提出，可以与其终止、解除劳动合同或聘用合同。工伤职工与用人单位终止、解除劳动合同或聘用合同的，由工伤保险基金按本条规定支付一次性工伤医疗补助金；由用人单位按本条规定支付一次性伤残就业补助金。

第二十三条 用人单位、工伤职工或者其直系亲属向经办机构提出工伤保险待遇申请，应当填写工伤保险待遇申请表并提交下列材料：

（一）工伤认定决定。

（二）劳动能力鉴定结论。

（三）经办机构要求提供的其他材料。

申请因工死亡职工直系亲属的工伤保险待遇，需提供前款第（一）、（三）项规定的材料，以及供养亲属的有关证明材料。

经办机构对于申报材料不齐全的，应当一次性告知申请人补充有关的申报材料；对于材料齐全、符合发放条件的，应当在受理之日起10个工作日内发放工伤保险待遇。

【导读】

工伤认定决定书和劳动能力鉴定结论是工伤职工享受工伤保险待遇的主要书面依据，工伤职工或者其直系亲属向经办机构申请工伤保险待遇时，必须提供以上材料。

第二十四条 伤残津贴、供养亲属抚恤金、生活护理费，由省社会保险行政部门会同省财政部门根据全省职工平均工资和生活费用变化等情况，适时提出调整方案，报省人民政府批准后执行。

【导读】

江西省连续十多年调整了养老金待遇，伤残津贴、供养亲属抚恤金、生活护理费也同时进行了调整。

第二十五条 用人单位解散、破产、关闭、改制的，应当优先安排解决包括工伤保险所需费用在内的社会保险费。有关工伤保险待遇支付按照下列规定处理：

（一）一级至四级的工伤职工，用人单位已参加工伤保险的，工伤保险待遇继续由经办机构支付；未参加工伤保险的，由用人单位按照统筹地区上年度工伤保险待遇人均实际支出标准计算到75周岁，在资产清算时一次性向经办机构缴纳；自一次性缴足次月起，工伤保险待遇由经办机构支付。

（二）五级至十级的工伤职工，用人单位已参加工伤保险的，由工伤保险基金按照本办法支付一次性工伤医疗补助金，由用人单位按照本办法支付一次性伤残就业补助金，同时终止工伤保险关系；未参加工伤保险的，由用人单位按照本办法支付一次性工伤医疗补助金和一次性伤残就业补助金，同时终止工伤保险关系。

（三）因工死亡职工，用人单位已参加工伤保险的，其供养亲属抚恤金继续由经办机构支付；未参加工伤保险的，由用人单位按照《工伤保险条例》规定的标准，一次性支付给供养亲属，或者一次性向经办机构缴纳，由经办机构定期继续支付。计算时间为：因工死亡职工供养的配偶和父母计算到75周岁；未成年人计算到18周岁。

【导读】

用人单位解散、破产、关闭、改制的，必须确保工伤职工的工伤保险待遇：

(1) 确保一级至四级工伤职工的工伤保险待遇不变。如果用人单位参加了工伤保险，工伤保险待遇由工伤保险基金支付；如果用人单位未参加工伤保险，要优先安排资金，一次性向社会保险经办机构缴费至75周岁，工伤职工之后的待遇，由工伤保险基金支付。

(2) 确保五级至十级工伤职工工伤保险待遇的支付。如果用人单位参加了工伤保险，由工伤保险基金按照本办法支付一次性工伤医疗补助金，由用人单位按照本办法支付一次性伤残就业补助金，同时终止工伤保险关系；如果用人单位未参加工伤保险，由用人单位按照本办法支付一次性工伤医疗补助金和一次性伤残就业补助金，同时终止工伤保险关系。

(3) 确保供养亲属抚恤金的支付。如果用人单位已参加了工伤保险，供养亲属抚恤金继续由工伤保险基金支付；如果用人单位未参加工伤保险，由用人单位按照《工伤保险条例》规定的标准，一次性支付给供养亲属，或者一次性向社会保险经办机构缴纳，由经办机构定期继续支付。计算时间为：因工死亡职工供养的配偶和父母计算到75周岁；未成年人计算到18周岁。

第二十六条 用人单位对从事接触职业病危害作业的职工，在建立、终止、解除劳动关系或者办理退休手续前，应当进行职业健康检查，被确诊在用人单位患有职业病的，按照《工伤保险条例》规定的程序办理工伤认定。

职工离岗后被确诊患有职业病的，职工或者其近亲属在被诊断为职业病之日起一年内提出工伤认定申请，社会保险行政部门应当受理。

【导读】

用人单位必须坚持做到对于从事接触职业病危害因素作业的职工，在建立、终止、解除劳动关系或者办理退休手续前进行职业健康检查，否则相关职工在今后发现患有职业病，很可能承担相应责任。

第二十七条 工伤职工办理退休手续后被确诊患有职业病并认定为工伤的，依法享受工伤保险有关待遇，但不享受一次性伤残就业补助金和一次性工伤医疗补助金。工伤保险相关待遇由劳动关系终止、解除前或者办理退休手续前的用人单位承担。工伤职工劳动关系终止、解除前或者办理退休手续前在多个用人单位工作过的，工伤保险相关待遇由导致职工患职业病的用人单位承担。

【导读】

本条明确了职工在退休后被确诊患有职业病并认定为工伤的相关待遇，即除不享受一次性待遇外，可以享受相关工伤保险待遇，费用由劳动关系终止、解除、办理退休手续前或者导致患职业病的用人单位承担。

第九节 《江西省工伤预防费使用管理暂行办法》相关规定

按四部委《工伤预防费使用管理暂行办法》（人社部规〔2017〕13号）的要求，各省都出台了本省的工伤预防费使用管理暂行办法，以下以《江西省工伤预防费使用管理暂行办法》（赣人社发〔2018〕1号）有关条款为例进行说明。

第七条 统筹地区人力资源社会保障部门应会同财政、卫生计生、安全监管部门以及本辖区内负有安全生产监督管理职责的部门，根据工伤事故伤害、职业病高发的行业、企业、工种、岗位等情况，在首次开展工伤预防年度的6月底前确定工伤预防的重点领域，并通过适当方式告知社会，重点领域确定后可根据本地实际情况适时调整。

【导读】

重点领域是可调整的，社会对统筹地区确定重点领域的意见和建议可向相关部门提出。

第八条　结合省本级工伤保险参保单位情况，省直统筹地区确定铁路、电力为工伤预防重点行业领域，其他领域如需在省本级开展工伤预防项目的，由省人力资源社会保障部门会同财政、卫生计生、安全监管部门另行确定。

【导读】

铁路、电力是在省本级参保的重要行业，列为省本级重点领域至少有以下两个原因：一是这两个行业直接涉及国计民生，做好安全生产和工伤预防十分重要；二是这两个行业都是工伤易发行业，都很重视安全生产，进一步加强工伤预防并取得实效，有较好的样板作用。

第九条　统筹地区行业协会和大中型企业等社会组织根据本地区确定的工伤预防重点领域，于每年工伤保险基金预算编制前提出下一年拟开展的工伤预防项目，编制项目工伤风险评估报告、实施方案和绩效目标，填写《江西省工伤预防项目申报书》，向统筹地区的人力资源社会保障行政部门申报。

【导读】

结合实际设计了《江西省工伤预防项目申报书》（见附件1），便于相关单位提出工伤预防项目。

第十二条　省直统筹地区原则上只接受行业协会和大中型企业直接实施的工伤预防项目，其他统筹地区可根据自身实际，除接受行业协会和大中型企业直接实施的工伤预防项目外，也可接受行业协会和大中型企业委托实施的项目、面向社会和中小微企业的项目等。其中参照政府采购法和招投标法规定的程序实施的工伤预防项目，具体办法由各统筹地区人力资源社会保障部门会同有关部门另行制定。

【导读】

省直统筹地区原则上只接受行业协会和大中型企业直接实施的工伤预防项目，这是省本级加大自己责任的举措，按《工伤预费使用管理暂行办法》（人社部规〔2017〕13号）规定“直接实施的，应当与社会保险经办机构签订服务协议”，加大的责任：一是省本级经办机构要自己审核“协议”的合理性、准确性、完善性，需要做好“智力”准备；二是省本级经办机构要自己直接全程监管、督促项目的实施，需要有“能力”和“时间”的准备；三是省本级经办机构要自己组织验收，需要“组织”准备。

第十四条 对确定实施的工伤预防项目，统筹地区社会保险经办机构可以根据服务协议或者服务合同的约定，向具体实施工伤预防项目的组织支付50%预付款。

项目实施过程中，提出项目的单位应及时跟踪项目实施进展情况，保证项目有效进行。

对于行业协会和大中型企业等社会组织直接实施的项目，在项目结束前，应向统筹地区人力资源社会保障部门提交《江西省工伤预防项目验收申请书》。统筹地区人力资源社会保障部门在收到《江西省工伤预防项目验收申请书》后，应及时组织第三方中介机构或聘请相关专家对项目实施情况和绩效目标实现情况进行评估验收，由第三方中介机构或相关专家在《江西省工伤预防项目验收申请书》上签署意见，形成评估验收报告；统筹地区人力资源社会保障部门根据评估验收报告确认是否验收合格。对于委托第三方机构实施的，由提出项目的单位或部门通过适当方式组织评估验收，评估验收报告报统筹地区人力资源社会保障部门备案。评估验收报告作为开展下一年度项目重要依据。

评估验收合格后，由社会保险经办机构支付余款。具体程序按社会保险基金财务制度、工伤保险业务经办管理等规定执行。

【导读】

在实际工作中，确定需要考虑项目未按“协议”要求全面完成的处理措施，因此给出全省统一的《江西省工伤预防项目验收申请书》（见附件2），有利于加强验收管理。

附件 1

江西省工伤预防项目申报书

项目名称：

申报单位：（盖章）

通信地址：

邮政编码：

单位电话：

申报日期：

江西省人力资源和社会保障厅制

本申报表一式六份

一、项目基本情况简表

<table>
<tr><td rowspan="2">基本情况</td><td colspan="2">项目名称</td><td colspan="3"></td><td colspan="2">项目类别</td><td colspan="2">1. 宣传；2. 培训</td></tr>
<tr><td colspan="2">开展地点</td><td colspan="2"></td><td colspan="2">开展周期</td><td colspan="3">年　月至　年　月</td></tr>
<tr><td rowspan="5">第一负责人</td><td colspan="2">姓　名</td><td colspan="2"></td><td>性别</td><td>1. 男　2. 女</td><td>出生年月</td><td colspan="2">年　月</td></tr>
<tr><td colspan="2">技术职称或行政职务</td><td colspan="3"></td><td>所在单位和部门</td><td colspan="3"></td></tr>
<tr><td colspan="2">现从事的工作</td><td colspan="3"></td><td colspan="2">联系电话</td><td colspan="2"></td></tr>
<tr><td colspan="2">电子邮箱</td><td colspan="7"></td></tr>
<tr><td colspan="9"></td></tr>
<tr><td rowspan="16">主要人员情况（含第一负责人）</td><td>序号</td><td>姓名</td><td>性别</td><td>年龄</td><td>职务、职称</td><td>从事专业</td><td>单 位</td><td>项目分工</td><td>签字</td></tr>
<tr><td>1</td><td></td><td></td><td></td><td></td><td></td><td></td><td></td><td></td></tr>
<tr><td>2</td><td></td><td></td><td></td><td></td><td></td><td></td><td></td><td></td></tr>
<tr><td>3</td><td></td><td></td><td></td><td></td><td></td><td></td><td></td><td></td></tr>
<tr><td>4</td><td></td><td></td><td></td><td></td><td></td><td></td><td></td><td></td></tr>
<tr><td>5</td><td></td><td></td><td></td><td></td><td></td><td></td><td></td><td></td></tr>
<tr><td>6</td><td></td><td></td><td></td><td></td><td></td><td></td><td></td><td></td></tr>
<tr><td>7</td><td></td><td></td><td></td><td></td><td></td><td></td><td></td><td></td></tr>
<tr><td>8</td><td></td><td></td><td></td><td></td><td></td><td></td><td></td><td></td></tr>
<tr><td>9</td><td></td><td></td><td></td><td></td><td></td><td></td><td></td><td></td></tr>
<tr><td>10</td><td></td><td></td><td></td><td></td><td></td><td></td><td></td><td></td></tr>
<tr><td>11</td><td></td><td></td><td></td><td></td><td></td><td></td><td></td><td></td></tr>
<tr><td>12</td><td></td><td></td><td></td><td></td><td></td><td></td><td></td><td></td></tr>
<tr><td>13</td><td></td><td></td><td></td><td></td><td></td><td></td><td></td><td></td></tr>
<tr><td>14</td><td></td><td></td><td></td><td></td><td></td><td></td><td></td><td></td></tr>
<tr><td>15</td><td></td><td></td><td></td><td></td><td></td><td></td><td></td><td></td></tr>
</table>

二、项目实施的意义和内容

[（一）立项可行性、必要性和工伤风险程度评估报告。

（二）开展内容（从工伤事故和职业病预防宣传和培训两大方面进行描述。具体到宣传和培训的对象、时间、场地、内容、频次、方式、效果等进行全面阐述）。

（三）进度安排（详细说明各阶段工作内容起始时间）。]

三、项目绩效目标

[（一）预期达到指标效果和考核指标，包括工伤和职业病事故的发生率（工伤和职业病事故人（次）数/职工人数）、工伤死亡发生率（死亡人数/职工人数）、工伤保险基金支缴率（工伤保险基金支出/工伤保险缴费）等。

（二）预期社会效益和经济效益。]

四、申请经费预算表

<table>
<tr><td>申请经费总额（万元）</td><td colspan="2">其中（　　）年（　　　）万元；
（　　）年（　　　）万元</td></tr>
<tr><td>其他经费来源及金额</td><td colspan="2"></td></tr>
<tr><td>支出项目</td><td>金额（万元）</td><td>计算根据及理由</td></tr>
<tr><td>宣传材料购置费</td><td></td><td></td></tr>
<tr><td>宣传差旅费</td><td></td><td></td></tr>
<tr><td>宣传会务费</td><td></td><td></td></tr>
<tr><td>宣传工作出版、文献、信息传播、知识产权费</td><td></td><td></td></tr>
<tr><td>宣传场租费</td><td></td><td></td></tr>
<tr><td>培训会务费</td><td></td><td></td></tr>
<tr><td>培训材料购置费</td><td></td><td></td></tr>
<tr><td>培训差旅费</td><td></td><td></td></tr>
<tr><td>培训场租费</td><td></td><td></td></tr>
<tr><td>培训工作出版、文献、信息传播、知识产权费</td><td></td><td></td></tr>
<tr><td>劳务费</td><td></td><td></td></tr>
<tr><td>专家咨询费</td><td></td><td></td></tr>
<tr><td>其他支出</td><td></td><td></td></tr>
<tr><td>总　　计</td><td></td><td></td></tr>
</table>

五、申报单位意见

<table><tr><td>（对项目意义、实施方案可行性、负责人和主要工作人员的素质与水平及本单位支持措施签署具体意见。）

年　　月　　日（盖章）</td></tr></table>

六、审批意见

（同意立项，请持该项目申报书到经办机构签订协议。） （公章） 年　　月　　日	（不同意该项目。） （公章） 年　　月　　日

附件2

江西省工伤预防项目验收申请书

（______年）

项目名称：

申报单位：

项目类别：

项目负责人：

开展周期：

填报日期：

江西省人力资源和社会保障厅制

说　　明

1. 项目完成后填写本验收申请书。

2. 本验收申请书是完成工作后向验收部门提出的申请，在提交本申请的同时应另附工作报告（对照项目申请书提出的项目目标、时间进度、取得的效果等进行详细阐述）和相关材料的佐证。

3. 本验收申请书一式三份，项目组留存一份，单位留存一份，报人力资源和社会保障部门一份。

一、项目完成情况

<table>
<tr><td colspan="4">开展内容完成情况（打√）</td></tr>
<tr><td>A. 全部完成</td><td>B. 大部分完成</td><td>C. 小部分完成</td><td>D. 尚未开始</td></tr>
<tr><td colspan="4">开展目标实现情况（打√）</td></tr>
<tr><td>A. 全部达到</td><td>B. 大部分达到</td><td>C. 小部分达到</td><td>D. 未达到</td></tr>
<tr><td colspan="4">开展效果自我评价（打√）</td></tr>
<tr><td>A. 非常满意</td><td>B. 满意</td><td>C. 基本满意</td><td>D. 不满意</td></tr>
</table>

二、经费决算

<table>
<tr><td>拨款（万元）</td><td>年</td><td>年</td><td>年</td><td>年</td><td>年</td><td>合 计</td></tr>
<tr><td></td><td></td><td></td><td></td><td></td><td></td><td></td></tr>
<tr><td>其他途径（万元）</td><td>年</td><td>年</td><td>年</td><td>年</td><td>年</td><td>合 计</td></tr>
<tr><td></td><td></td><td></td><td></td><td></td><td></td><td></td></tr>
<tr><td colspan="2">主要支出项目</td><td>金额
（万元）</td><td colspan="4">用 途</td></tr>
<tr><td colspan="2"></td><td></td><td colspan="4"></td></tr>
<tr><td colspan="2"></td><td></td><td colspan="4"></td></tr>
<tr><td colspan="2"></td><td></td><td colspan="4"></td></tr>
<tr><td colspan="2"></td><td></td><td colspan="4"></td></tr>
<tr><td colspan="2"></td><td></td><td colspan="4"></td></tr>
<tr><td colspan="2"></td><td></td><td colspan="4"></td></tr>
<tr><td colspan="2"></td><td></td><td colspan="4"></td></tr>
<tr><td colspan="2">合 计</td><td></td><td colspan="4"></td></tr>
<tr><td colspan="2">结 余</td><td></td><td colspan="3">单位财会人员签字盖章</td><td></td></tr>
</table>

三、单位审查意见

年　　月　　日（公章）

四、评估组验收意见

（实施人员对项目的责任心、态度，项目完成与否的判断、实施质量水平的评价、经费使用是否合理及同意验收与否的意见等。） 验收组人员签字： 年　　月　　日

五、统筹地区人力资源和社会保障部门确认意见

年　　月　　日（公章）

第三章

行政主管部门工伤预防管理

人力资源和社会保障部门是社会保险行政主管部门，推进工伤预防工作是其法定职责，必须按《工伤保险条例》和《人力资源社会保障部　财政部　国家卫生计生委　国家安全监管局关于印发〈工伤预防费使用管理暂行办法〉的通知》（人社部规〔2017〕13号，以下简称《工伤预防费使用管理暂行办法》）的要求做好工伤预防工作，落实好各省、市的实施工伤预防工作方案，制定好工伤预防工作目标，保证有限的工伤预防经费收到更好的预防效果。

第一节　确定工伤预防实施项目

《工伤预防费使用管理暂行办法》明确规定了确定工伤预防实施项目的两个步骤：一是根据工伤事故伤害、职业病高发的行业、企业、工种、岗位等情况，统筹确定工伤预防的重点工作领域；二是统筹地区行业协会和大中型企业等社会组织根据本地区确定的工伤预防重点工作领域，向统筹地区的人力资源和社会保障行政部门申报项目。

一、确定工伤预防重点领域

确定工伤预防重点领域就是确定工伤预防的重点工作范围，先在这个范围实施工伤预防项目，能更大幅度地降低统筹地区工伤事故发生率，取得更明显的社会效益；能更大幅度地降低基金的支付金额，取得更明显的经济效益；能取得推进工伤预防工作的经验，以便全面推进工伤预防工作。

1. 工伤预防工作重点领域确定方法

确定工伤预防重点领域最直接的办法有以下两种：

（1）根据用人单位既往1~3年工伤职工获得的工伤保险基金赔付金总额与该单位工伤保险缴费金额之比确定，原则上比例数超过1的单位都是列入重点领域的可选对象，而后结合提取工伤预防资金的情况、相关部门的意见及相关单位的实际情况确定重点领域。此办法的优点是操作简单明了，缺点是“以成败论英雄”，若某单位职工人数不多，工伤风险很小，预防也做得不错，一旦发生突发疾病工亡或上下班途中交通事故工亡，基金赔付与其缴费之比可能很大而产生偏差。

（2）根据用人单位既往1~3年工伤职工人（次）数与单位参保总人数之比和统筹地区既往1~3年（同期、同年数）工伤职工人（次）数与统筹地区参保总人数之比确定。原则上比例数超过1的单位都是列入重点领域的可选对象（因为该单位发生工伤的人数已超过统筹地区的平均水平），而后结合提取的工伤预防资金情况、相关部门的意见及相关单位的实际情况确定重点领域。此办法能更准确地确定实施工伤预防项目的紧迫性。

2. 工伤预防重点领域的形式

（1）重点领域可以是行业。按上述方法，以统计统筹地区内各行业分别获得工伤保险基金赔付总额及其缴纳的保险费总额，计算确定统计统筹地区内各行业分别发生的工伤人（次）数与该行业参保总人数之比，以确定重点领域。重点领域确定之后，视提取的工伤预防资金量，可以在全行业实施预防项目，也可以该行业部分企业实施预防项目。例如，江西省在南昌市安义县的工伤预防试点就是采用行业为重点领域。该县是著名的铝合金生产地，全县有61家铝合金生产企业，该行业以金属碾压加工为主，另有金属熔炼作业，极易发生机械伤害等工伤事故，是该县工伤保险基金年年赤字的主要原因。该县确定在铝合金行业进行工伤预防试点工作，受提取工伤预防资金量的限制，仅选了4家具有代表性的企业实施工伤预防试点工作项目。试点工作取得了较好的效果：一是4家试点企业工伤发生人（次）数均下降。二是其中3家试点企业用于工伤职工的保险赔付金额较大幅度下降，赔付金额由开展工伤预防工作试点前的大于企业缴纳的保险费变为小于企业缴纳的保险费。只有其中一家赔付金额上升，其原因是一名职工在工作岗位工作时突发疾病死亡，被认定为视同工伤，因而赔付金额较大，直接影响了试点工作期间的数据。三是企业领导、中层负责人及其他职工工伤预防意识大大提高，基本上了解为什么要进行工伤预防工作及如何预防。四是便于横向比较，促进用人单位间互相学习。五是积累了在安义县铝合金制造业开展工伤预防工作的经验，放大了有限的预防费用取得的预防效果。

（2）重点领域可以是企业。这就需要把工伤风险程度较高的企业一家一家单独地列入重点领域，这样做可能比以行业列入更为准确。例如，江西省的机械行业是机械伤害工伤高发行业，而该省在工伤预防试点工作中有一家机械制造企业由于工伤预防工作做得较好，其工伤发生率低于统筹地区平均水平。将企业作为重点领域列入的依据可以工伤发生率或工伤赔付情况为主。例如，江西省南昌市、赣州市、九江市的工伤预防试点工作就是采用这种方式，南昌市选择了5家机械制造业、2家食品加工企业、1家超市、2家汽车客运企业、1家卷烟企业；赣州市选择了1家家具企业、1家冶金企业、1家机械制造企业；九江市选择了1家采矿企业、1家陶瓷企业、1家化工企业。这些试点工作企业在统筹地区有一定的代表性，从这些企业得到的预防经验具有普遍意义，经过3年的试点工作，取得了良好的预防效果。

(3) 重点领域可以是工种或岗位。把某些工种或岗位列为重点领域，只适合于某些特殊情况，因为在通常情况下对工种或岗位实施工伤预防项目存在不便于管理的问题。

综上所述，重点领域以列出一个一个用人单位（企业）为好，一是便于用人单位申请和实施预防项目；二是便于相关部门对项目进行监管；三是便于实施项目单位纵向比较，检验预防效果。考虑到事物的多样性，可以列出单位为基础，按《工伤预防费使用管理暂行办法》的规定形成“组合式”重点领域。

二、确定工伤预防项目

根据《工伤预防费使用管理暂行办法》规定，工伤预防项目分为大中型企业项目、面向社会项目和中小微企业项目三类。

大中型企业项目由统筹地区行业协会和大中型企业等社会组织根据本地区确定的工伤预防重点领域，提出下一年拟开展的工伤预防项目，编制项目实施方案和绩效目标，向统筹地区的人力资源和社会保障行政部门申报。由统筹地区人力资源和社会保障部门会同财政、卫生健康、应急管理等部门，根据项目申报情况，统筹考虑经费预算情况和工伤预防项目的轻重缓急，确定纳入下一年度的工伤预防项目。这里的关键是项目实施方案、绩效目标和经费。申报单位应根据经费情况确定绩效目标，再根据绩效目标确定项目实施方案，确定实施方案后再核验经费。

1. 项目的绩效目标

工伤预防项目绩效目标应包括：

(1) 增强用人单位工伤预防意识，完善工伤预防制度，形成企业工伤预防文化氛围，全员参与、全程预防，全体职工密切配合共同促进工伤预防。

（2）降低工伤事故发生率，减轻职工受伤害的程度，减少工伤保险基金的支出。

（3）建立起科学、规范的工伤预防工作模式，项目成果易于推广且可持续发展，为用人单位促进工伤预防工作积累经验。

例如，江西省在工伤预防试点工作中确定了明确的绩效目标，取得显著的预防效果（详见第四章第四节内容），其中降低“工伤人（次）数及伤残程度风险”就是减少工伤人（次）数和职工受到伤害的程度，降低“工伤补偿风险”就是减少保险基金的赔付金额。并在服务协议中明确预防效果评价结束后，根据评价结果支付余款：“无效果”，支付范围为余款的 0~20%；“有效果”，支付范围为余款的 20%~40%；“效果明显”，支付范围为余款的 40%~70%；“效果好”，支付全部余款。工伤预防效果评价表及评价方法见第六章工作实践相关内容。

2. 项目的实施方案

（1）工伤预防项目实施方案具体内容。项目的具体内容应包括：实施项目的组织形式、人员组成及责任；达成项目目标的相应措施；实施项目的进度安排；各分项目的费用预算等。第六章工作实践内容列出了江西省南昌市工伤预防试点项目的实施方案供参考。

工伤预防项目旨在解决用人单位普遍存在的工伤事故问题，通过宣传、培训提高相关人员工伤预防理念、主动积极参与工伤预防工作。具体项目可以是通过适当媒体，对职工进行普遍的工伤预防宣传、培训，也可以是对职工中的某些人员进行有针对性的宣传、培训，例如，集中对部分参保用人单位相应人员进行宣传、培训（包括单位相关负责人的集中培训、单位负责工伤预防人员的集中培训等）。具体项目由人力资源社会保障、卫生健康、应急管理部门根据工伤预防工作的需要确定并按政府采购法规定，从具备相应条件的社会、经济组织以及医疗卫生机构中选择提供工伤预防服务的机构，推动组织项目实施。

工伤预防项目通过大面积培训用人单位的工伤预防工作人员，让他们成为单位推进工伤预防工作的骨干，其主要职责：一是成为相关行政管理部门和用人单位工伤预防联系的桥梁，为相关行政管理部门推进工伤预防提供信息，为建立工伤预防大数据提供数据；二是按相关行政管理部门的要求，联系用人单位的实际，推动本单位工伤预防工作。上述项目培训周期一般为 1 年半左右，可分四阶段完成，实施要点具体可安排如下：

第一阶段为集中培训。每期宜控制 100 人左右（每个用人单位一般 2

人)，集中进行工伤预防系统培训，提高对工伤预防的认识、掌握工伤预防基本知识和推进工伤预防工作的方法。培训时间尽量安排为 1 天（用人单位生产任务都很繁忙，抽出 1 天时间专门接受培训，才较容易安排）。培训方式可以专家讲授为主。

第二阶段为自学拓展和工伤风险评估。自学拓展是消化系统培训的内容、自学教材其他内容以拓展工伤预防知识；评估实习是对本单位工伤风险进行评估，找出本单位工伤预防工作缺陷、提出消除缺陷的相应预防措施。时间一般为 3 个月左右（在完成单位其他工作的前提下抽时间进行），由专家辅导自学、指导评估。

第三阶段为实施预防措施。在用人单位领导及相关部门的支持和帮助下，主持实施消除工伤预防缺陷的宣传、培训及其他措施。时间一般为 1 年左右，由专家给予指导。

第四阶段为培训总结。总结培训收获、实施预防措施取得的效果等（由专家给予指导）。

(2) 项目预算，以下数据依据本书编写组成员长期实践经验，仅供参考，实际工作中由于各方面的原因，可能需要适当调整。

1) 集中培训。对 50 个用人单位工伤预防人员集中进行工伤预防系统培训，每期 50 人，培训 1 天（6 课时）。费用预算：教材费（30 元/本×100 本）3 000 元、场租费 1 000 元、自助餐费（80 元/人×100 人）8 000 元、讲课费（6 人讲课，300 元/人×6 人）1 800 元、讲课人员交通费（100 元/人×6 人）600 元、其他（20%）2 880 元。小计 17 280 元。

2) 工伤风险评估。对本单位工伤风险进行评估，找出本单位工伤预防缺陷、提出解决措施，5 名专家指导，90 天内完成。编写工伤风险评估报告稿费（每个单位 1 篇，共 50 篇，每篇 2 000 元）100 000 元、专家劳务费（每单位去 1 次，共 50 次，每次 300 元）15 000 元、下现场交通费（100 元/次，共 50 次）5 000 元、其他（20%）24 000 元。小计 144 000 元。

3) 项目总结。各单位工作预防工作人员按培训要求在本单位实施工伤预防，1 年后进行预防效果检验并总结。专家现场调研费（每单位 1 次，共 50 次，每次 300 元）15 000 元、专家交通费（每次 100 元，共 50 次）5 000 元、编写总结材料稿费（500 元/份，共 50 份）25 000 元、专家审核总结劳务费（300 元 1 份，共 50 份）15 000 元、其他（20%）12 000 元。小计 72 000 元。

培训 50 家用人单位预防工作人员并推动单位开展工伤预防工作总计费用 233 280 元，平均每单位约 5 000 元（本预算不包括各单位完善预防措施的费用）。

本方案的特点是费用低，效果好。

（3）中小微企业的工伤预防项目。中小微企业基本上是民营企业，国家采取了多种措施帮助其发展，这些企业更迫切需要工伤预防为其保驾护航，人力资源和社会保障、卫生健康、应急管理部门应根据统筹地区中小微企业的工伤预防工作实际情况，优先确定一些预防项目并按政府采购法规定，从具备相应条件的社会、经济组织以及医疗卫生机构中选择提供工伤预防服务的机构，促进中小微企业工伤预防工作。

三、确定提供工伤预防服务的单位

根据《工伤预防费使用管理暂行办法》，提供工伤预防服务的单位可以是提出项目的行业协会、大中型企业或其委托的第三方机构。提供工伤预防服务的机构的基本条件：一是具备相应条件，且从事相关宣传、培训业务二年以上并具有良好的市场信誉；二是具备相应的实施工伤预防项目的专业人员；三是有相应的硬件设施和技术手段；四是依法应具备的其他条件。按这四条要求，结合工伤预防工作过程中遇到的实际情况，对实施项目单位的条件总结应主要包括以下内容。

1. 提供工伤预防服务的行业协会、大中型企业和第三方机构的条件要求

根据《工伤预防费使用管理暂行办法》规定，“第三方机构”是指“具备相应条件的社会、经济组织以及医疗卫生机构”。

（1）服务单位应“具备相应条件，且从事相关宣传、培训业务二年以上并具有良好的市场信誉”。

1）相应条件至少应该包括：一是具有独立承担民事责任的能力。二是具有完成服务项目的财力，项目费用实行分期付款，其财力起码应具有完成项目的支付能力、具有必要的储备及未发生拖欠职工工资等。三是经营状况良好。濒临破产的机构承担项目，将对完成工伤预防宣传、培训工作和工伤预防费造成风险。四是管理组织和综合服务能力适合完成服务项目。工伤预防宣传、培训不仅专业性、技术性很强，而且针对性很强，仅有几个培训师资是远远不够的，必须有一个综合服务能力很强的团队和相应的装备。

2）从事相关宣传、培训业务二年以上应包括以下两类社会组织（单位）：一是按《人力资源社会保障部关于进一步做好工伤预防试点工作的通知》（人社部发〔2013〕32 号）的要求，在全国有关省市开始进行工伤预防试点工作。各地按文件要求，根据政府采购规定，选定了一批工伤预防试点

项目服务单位，这批服务单位中经过效果评估合格的应该是符合本要求的。二是符合本要求的服务单位还应该包括在两年前已经开始从事安全生产宣传、培训工作至今未间断的社会组织。

3）具有良好的市场信誉至少应包括：一是遵守国家法律法规，依法经营、照章纳税、有健全的财务会计制度等；二是诚信经营，参加政府采购活动前3年内，在经营活动中没有重大违法记录、无债务拖欠、法人代表无不诚信记录、政府相关机构有过诚信评价等；三是有良好的社会反映，服务对象有过被书面正面评价、有过被政府相关部门书面表彰等。

（2）服务单位应“具备相应的实施工伤预防项目的专业人员”。工伤预防宣传培训专业性、技术性和针对性都很强，对专业人员（工伤预防宣传、培训专业团队）应有以下基本要求：一是掌握预防工伤事故或职业病的理论知识和实际操作的技能，能发现问题并提出预防措施；二是掌握《工伤保险条例》对开展工伤预防宣传、培训工作的要求，并能将预防工伤事故和职业病融入其中，对职工进行宣传、培训；三是有较强的写作能力，能结合实施项目的用人单位工伤预防的需要编撰质量较好的宣传资料和培训教材；四是有较强的宣传媒体设计能力，能根据实施项目的用人单位工伤预防宣传的需要，设计效果较好的宣传媒体；五是有较强的表达能力，能“扣人心弦”地收到较好的培训效果。

（3）服务单位应“有相应的硬件设施和技术手段”。硬件设施至少应备有场地、办公设施、投影设备、交通工具等；技术手段至少应能根据服务对象的实际制作生动、形象的各类形式的宣传、培训产品。

（4）这类机构应具有“依法应具备的其他条件”。其他条件中主要是指机构的市场运作能力，例如，至少应该包括是独立的法人单位、具有开展培训工作的资质、有收费许可并能开具符合社会保险基金支付的收费收据等。

2. 工伤预防服务项目的提出

提出项目申请的行业协会或大中型企业等社会组织负责具体组织工作，应在项目申请书中说明提供工伤预防服务的单位及理由。采购金额超过统筹地区政府采购限额标准以上的，由统筹地区人力资源和社会保障部门会同相关部门推荐提供工伤预防服务的单位，再按政府采购程序确定。采购金额未超过统筹地区政府采购限额标准的，由统筹地区人力资源和社会保障部门会同相关部门确定提供工伤预防服务的单位。

根据《工伤预防费使用管理暂行办法》，行业协会和大中型企业等社会组织根据项目实际情况，可直接实施或委托第三方机构实施。在实际中工作中，提供工伤预防服务以第三方机构为主，这是因为第三方机构提供工伤预防服务具有明显的优势：一是市场机制会推动第三方机构做好服务，因为市场竞争环境下，他们会努力把工伤预防服务工作更好、更专业，以期长期承担服务工作，使为工伤预防项目服务成为自己的主要业务；二是更便于监管，因为第三方机构服务不仅要接受政府相关部门的监管，更是要直接接受项目用人单位的监管，这种监管更直接、更全面、更专业，政府部门难以做到对每个项目进行直接全程监管；三是利于预防资金真实地用于确定的工伤预防项目，因为工伤预防项目的主要内容是工伤预防宣传、培训，很容易和安全生产宣传、培训（安全生产宣传、培训资金应由用人单位列入生产成本）等其他宣传、培训混淆，而独立承担项目的第三方机构并没有混淆的动机；四是行业协会、大中型企业自己承担工伤预防项目服务，很容易把完成项目看成额外负担，特别是大中型企业本身生产任务安排非常繁重，相关人员不可能在“兼顾”的情况下完成项目；五是行业协会、大中型企业自己承担项目服务，一般都是“一次性的”，很难做到和第三方机构一样专业。

《中华人民共和国政府采购法》第二条第二款规定“本法所称政府采购，是指各级国家机关、事业单位和团体组织，使用财政性资金采购依法制定的集中采购目录以内的或者采购限额标准以上的货物、工程和服务的行为”。因此，大中型企业及中小微企业的工伤预防项目费用只要超过限额标准的，无论是行业协会、大中型企业自己提供工伤预防服务还是委托第三方机构（其他社会组织）提供工伤预防服务，都要通过招标采购，因为都是用工伤保险基金购买服务。对需要招标的项目，为节省招标费用，最好由统筹地区公共资源交易服务中心代理招标，因为招标公司招标要收取一定的代理费。

第二节　促进和监管工伤预防项目的实施

在用人单位实施工伤预防项目对于行政主管部门来说经验较少，为确保项目顺利实施，人力资源和社会保障部门必须大力促进项目的实施，帮助承担项目服务的单位解决在服务过程中遇到的“服务协议”未详的事项和意外困难，并在实施项目全过程认真督促和监管承担项目服务的单位保时、保质、保量完成项目。

一、签订服务协议

按照《工伤预防费使用管理暂行办法》的要求，行业协会和大中型企业等社会组织根据项目实际情况，可直接实施或委托第三方机构实施。直接实施的，应当与社会保险经办机构签订服务协议。委托第三方机构实施的，实施项目的大中型企业应当与提供工伤预防服务的第三方机构签订服务合同，明确双方的权利义务。服务协议、服务合同应报统筹地区人力资源和社会保障部门备案。

服务协议（合同）是甲乙双方对工伤预防项目的义务、责任和权利的文字表述，是双方在完成工伤预防项目的工作中的依据和规范，也是人力资源和社会保障部门促进和监督项目实施的依据。因此，服务协议（合同）必须实事求是，尽量全面、准确，便于操作和执行。它至少应包括：服务范围、服务目标（项目达到的效果）、服务内容、进度安排、验收办法、费用预算、付款方式、服务内容以及服务内容未完成时应承担的责任等。

二、促进工伤预防项目的实施

用人单位申请工伤预防项目，表明该单位对工伤预防有较好的认识，但申请获准进入实施阶段后，由于多种原因会给项目实施造成困难。例如，江西省在工伤预防项目实施中遇到过一些实际问题：一是对工伤预防工作的重要性认识不够，比如南昌市某用人单位开始同意开展工伤预防工作，而真正开始工作后，相关部门人员表示：“我们单位安全生产工作做得很好，工伤预防还有什么好做的？我们就不搞啦！”后经市人力资源和社会保障局工伤保险处协调，工作才得以继续。二是遇到具体情况后，实施预防措施就体现出一定的困难，比如工伤预防培训，要对用人单位法人代表及单位相关领导进行培训，实施中很难实现。还有对全体职工进行培训，也很难完全落实。因此，人力资源和社会保障部门的相关人员决不能认为签订了服务协议就可以高枕无忧了，而需要着力促进预防项目的实施。具体可以从以下几个方面着手：

（1）人力资源和社会保障部门在实施项目开始时，带领项目服务单位进入实施项目的用人单位，进行动员并对双方提出要求，协同完成预防项目启动工作。

（2）项目实施过程中帮助项目服务单位解决一些协议未详尽列出，而他们又难以解决的困难。

（3）建立促进用人单位实施工伤预防项目的激励机制，把费率浮动和工伤预防工作的开展情况适当挂钩，同时采用荣誉激励，表扬工伤预防工作做得好的，通报做得较差的。

三、全程监管工伤预防项目的实施

在用人单位实施工伤预防项目是一项全新的工作，为收到好的预防效果，必须对实施的全过程进行监管。同时，工伤预防项目是以宣传、培训为主，而宣传、培训一是容易“走过场”，提供项目服务的单位不按协议要求按质、按量完成，而到项目验收时又很难取证证实，或为时已晚难以弥补；二是很容易与安全生产相关活动混淆，甚至“取而代之”降低项目运行的效果；三是项目费用标准有一定的自由度，资金容易被套取。因此，建议采取以下措施以实现对工伤预防项目实行全程监管。

（1）对每个项目实行按进度报告监管。提供项目服务的单位按协议进度要求，在完成一阶段任务的时间节点后向人力资源和社会保障部门提供阶段性报告（应包括费用使用情况）。也可向甲方报告，由甲方再向项目行政管理部门转报。人力资源和社会保障部门应认真阅读审查报告，发现问题应要求相关单位立即整改。

（2）不定期到项目实施的用人单位检查监管。检查监管可以是审查阶段性报告后带着问题检查，也可通过巡查发现问题。要力争在检查过程中解决问题。

四、提高促进和监管工伤预防项目的能力

为有效地促进和监管好工伤预防项目，人力资源和社会保障部门相关人员必须在实际工作中不断提高做好工伤预防工作的能力。

1. 提高对工伤预防工作重要性的认识

（1）工伤预防是工伤保险三大功能之一，工伤补偿、工伤康复已收到很好的社会效果，保障了工伤职工及其家庭的生活和工伤职工的社会活动所需，促进了社会和谐。但从某个角度来看，这两个功能都是“治标之策”，工伤预防是直接保护职工生命安全和身体健康，是“治本之策”。随着工伤保险事业的发展，工伤预防将成为第一要务。加强工伤预防工作，确实能降低用人单位工伤风险程度、降低工伤事故发生率、降低工伤保险基金赔付金额。当前，全国各开展工伤预防工作的地区，特别是以前被列为试点的城市的用人单位实施工伤预防工作前后的数据，能够非常有力地证明工伤预防工作的

实际效果。

（2）正确认识工伤预防和安全生产的关系。“工伤预防不就是安全生产吗？”当推进工伤预防工作时，常遇到有些人提出这样的问题。这是因为人们对安全生产很熟悉了，对工伤预防工作相对陌生的缘故。两者有密切的联系，更有各自的特点：一是工伤预防覆盖面大于安全生产。工伤事故风险存在于上下班途中、生产区域的生产前的准备工作及生产后的收尾工作等相关活动、生产全过程、生产中的相关活动、单位组织的集体活动及因公外出等。二是工伤预防是全程预防，即从离家上班到下班到家全过程都有工伤事故风险。三是工伤预防是以保护人为基本宗旨，在物质财产和生命安全发生冲突时，后者为重，通常情况下不能以生命安全换取物质财产。四是工伤预防包含着安全生产的内容，但各有侧重。工伤预防重在提高用人单位职工预防理念，重在保护“人”。安全生产重在管理和技术措施，重在预防生产事故的发生。安全生产加工伤预防能收到叠加效果，进一步减少工伤事故的发生，但两者不能互相替代。因此，安全生产工作做得再好，仍然需要加强工伤预防工作。

2. 提高做好工伤预防工作的责任感

工伤保险管理和经办人员推进工伤预防工作确实面临较大的困难。一是从实践的角度来看，工伤预防工作内容无经验参考，要做好工伤预防工作需要从“零”开始学习相关政策、工作方法等；二是由于现设置的工伤保险管理和经办人员很少，完成现有工作就已处于超负荷状态，而增加了工伤预防工作，人员却不会增加，势必工作负担更重。因此，要做好工伤预防工作必须要有高度的责任感，可采取两个办法克服困难：一是合理安排人员和时间；二是在工作过程中正确借用外脑和外力。

3. 提高工伤预防工作的知识和技能

工伤预防是技术性较强的工作，仅靠原有的行政知识和经验很难做好，工伤保险行政部门的领导及负责工伤预防工作的相关人员必须进一步学习上级部门相关政策文件、认真研究工伤预防工作试点的经验教训，以及安全生产及预防意外伤害的相关知识和技能。

4. 合理借用外力

为更好地促进工伤预防工作，可成立统筹地区工伤预防协调小组，请财政、应急管理、卫生健康、工会等部门共同出谋划策（外脑）、共同促进和监管项目（外力），这样可收到事半功倍的效果。

第三节 工伤预防项目评估验收

工伤预防项目评估验收是保证项目按质、按量完成的最后环节，务必着力做好。

按《工伤预防费使用管理暂行办法》要求，“评估验收报告作为开展下一年度项目重要依据”。为确保评估验收专业、准确，同时也为了人力资源和社会保障部门相关人员能更高效地进行管理工作，实际评估验收可以成立验收专家组或委托第三方中介机构负责相关工作，评估验收成本最好能列入财政预算，也可与财政部门协调列入工伤预防费。

一、评估验收组织

1. 成立统筹地区工伤预防工作评估验收专家组

评估验收专家组人数一般可 3~5 人较为合适（其中 1 名财会专业人员），专家组成员的基本条件：

（1）熟悉《工伤保险条例》，明白如何按法律法规要求促进工伤预防工作。

（2）从事过劳动保护或安全生产（研究、管理或专业技术）工作，最好是有安全工程专业学历。有时间、精力和能力完成评估验收工作。

（3）为人公正，工作认真。

（4）实施项目的行业协会成员或大中型企业的职工，不得担任本协会或本企业自身完成的项目的评估验收专家组成员。

2. 选择工伤预防工作评估验收第三方中介机构

在实施工伤预防项目初期，由省级人力资源和社会保障部门选择数家适当的社会组织，作为承担工伤预防项目评估验收资格的第三方中介机构，供统筹地区工伤预防工作评估验收时选择使用。

承担工伤预防工作评估验收的第三方中介机构的基本条件：

（1）独立法人且具有独立承担民事责任的能力。

（2）具有良好的市场信誉，包括：遵守国家法律法规、依法经营、照章纳税、在经营活动中没有重大违法记录、法人代表无不诚信记录、有良好的社会反映等。

（3）有从事过劳动保护或安全生产（研究、管理或专业技术）工作的专业技术人员至少 5 人以上及财会人员 1 人以上。这些人员应掌握《工伤保险条例》，以及相关法律法规、文件对开展工伤预防宣传、培训的要求；掌握预防工伤事故或职业病的理论知识和实际操作的技能，能发现问题并提出预防措施；有较强的写作能力，能编写质量较好的评估验收报告等。

（4）单位组织管理、综合服务能力适应完成评估验收工作的需要，并掌握评估验收的方法。

（5）有完成评估验收所需要的硬件、软件设施和技术手段。

二、评估验收程序

（1）对于行业协会和大中型企业等社会组织直接实施的项目及中小微企业的项目，由统筹地区人力资源和社会保障部门通过签订服务协议的方式，委托第三方中介机构或专家组对项目进行评估验收；对于行业协会和大中型企业委托第三方机构实施的项目，由提出项目的单位委托第三方中介机构或专家组对项目进行评估验收。

由于《工伤预防费使用管理暂行办法》实施时间不长，我国开展工伤预防工作时间不长，实施项目、评估验收项目经验显得相对不足，故建议近年以委托专家组评估验收为宜。

（2）审核项目服务单位提交的《×××公司工伤预防项目完成报告》（以下简称《完成报告》）及《×××公司工伤预防项目费用情况报告》（以下简称《费用情况报告》）。

《完成报告》主要审核完成项目的数量、质量、时间进度是否和签订的服务协议符合，若有偏离，原因何在？效果是否达到协议要求？评估效果的方法是否正确等。必要时可请项目完成人答辩说明。

《费用情况报告》主要审核单项价格、劳务费用、利润率等是否合理。必要时可请项目完成人答辩说明。

（3）到实施项目的用人单位进行实地考察，考察内容：一是对实施项目时完成的有形的宣传媒体，对其宣传内容、设置地点、现有及潜在效果进行评估；二是对培训情况进行考察，可通过向项目的实施单位相关人员了解情况、与被培训人交谈、到培训地点查看等获取培训完成情况及效果信息。

（4）审阅项目实施单位提出的项目完成情况的意见，包括项目完成的数量、质量、效果、不足之处及意见建议等。

（5）形成评估验收报告。评估验收报告主要内容应包括：完成的量是否达到所签订的服务协议的规定？有没有子项目“替代”情况？哪些子项未完成？未完成的原因？有没有做超出协议规定的工作？若有，说明原因；完成的质量是否符合协议的要求，具体说明哪些子项没有达到要求，哪些子项达到了协议要求；对未完成的子项的处理方法；对未达质量要求的子项的整改方案；项目的效益（社会效益：提高职工工伤预防理念、减少工伤事故发生率、降低职工受到伤害的程度等。经济效益：减少了工伤保险基金的赔付金额等）；有哪些值得推广的经验；哪些问题在今后的项目中要加以纠正；项目经费预算是否恰当；经费的使用是否合理；对经费预算和使用的建议等。

（6）填写《工伤预防项目评估验收申请书》。

第四节　工伤预防项目管理实施流程

为便于工伤预防项目管理实施，将本章第一节至第三节的内容归纳为表3—1。

表3—1　工伤预防项目管理实施流程

步骤	名称	主要内容	备注
一	确定工伤预防重点领域	（1）上年度支缴比（工伤保险基金支付给用人单位的保险补偿金额与该单位缴纳的保险费之比）大于1的参保单位。 （2）上年度工伤人（次）数与用人单位参保总人数之比和统筹地区同期工伤人（次）数与统筹地区参保总人数之比超过1的参保单位和地区。 （3）根据统筹地区实际情况确定。	重点领域可以是行业、某些企业、某些工种或岗位。
二	确定工伤预防实施项目	（1）大中型企业项目由统筹地区行业协会和大中型企业等社会组织向统筹地区的人力资源和社会保障行政部门申报，由统筹地区人力资源和社会保障部门会同财政、卫生健康、应急管理等部门确定。 （2）面向社会的工伤预防项目由统筹地区人力资源和社会保障部门会同财政、卫生健康、应急管理等部门确定。 （3）中小微企业的工伤预防项目由统筹地区人力资源和社会保障部门会同财政、卫生健康、应急管理等部门确定。	确定项目的依据： （1）工伤预防工作需要。 （2）项目的实施方案。 （3）项目的绩效目标。

续表

步骤	名称	主要内容	备注
三	确定提供工伤预防服务的单位	（1）提供服务的第三方机构应具备的条件： 1）具备相应条件，且从事相关宣传、培训业务二年以上并具有良好的市场信誉。 2）具备相应的实施工伤预防项目的专业人员。 3）有相应的硬件设施和技术手段。 4）依法应具备的其他条件。 （2）提供服务的行业协会应具备的条件： 1）有完成项目需要的工作队伍。 2）有相应的硬件设施和技术手段。 3）是独立的法人单位、具有开展培训工作的资质、有收费许可。 （3）大中型企业自己完成项目应具备的条件： 1）能根据项目的需要组织专门的工作队伍。 2）有相应的硬件设施和技术手段。 3）能开具符合社会保险基金支付的收费收据。 按《中华人民共和国政府采购法》相关规定，大中型企业项目、面向社会项目及中小微企业的项目，项目费用只要超过政府采购限额标准的，无论是行业协会、大中型企业提供工伤预防服务还是第三方（其他社会组织）提供工伤预防服务，都要通过招标采购。	提供工伤预防服务以第三方机构为好，主要原因： （1）市场竞争机制会推动第三方机构做好服务。 （2）更便于监管，不仅要接受政府相关部门的监管，且直接接受项目单位的监管。 （3）利于预防资金真实地用于确定的工伤预防项目。 （4）第三方机构服务，从工伤预防技术角度来说更为专业。
四	签订服务协议	（1）行业协会或大中型企业直接实施的，社会保险经办机构应当与其签订服务协议。 （2）第三方机构实施的，实施项目的大中型企业应当与提供工伤预防服务的第三方机构签订服务协议并报统筹地区人力资源和社会保障部门备案。	签订的服务协议应包括：服务范围、服务目标（项目达到的效果）、服务内容、进度安排、验收办法、费用预算、付款方式、服务内容未完成的责任等。
五	促进工伤预防项目的实施	（1）人力资源和社会保障部门在实施项目开始时，带领项目服务单位进入实施项目的用人单位，进行动员并对双方提出要求，协同完成预防项目的启动。 （2）项目实施过程中帮助项目服务单位解决一些协议未详尽列出、而他们又难以解决的困难。 （3）建立促进用人单位实施工伤预防项目的激励机制，把费率浮动和工伤预防工作的实施情况适当挂钩。	人力资源和社会保障部门的促进对项目顺利完成十分重要。

续表

步骤	名称	主要内容	备注
六	全程监管预防项目的实施	（1）对每个项目实行按进度报告监管。 （2）不定期到项目单位检查监管。	行业协会及大中型企业自己实施项目的，只由人力资源和社会保障部门监管；由第三方机构实施项目的，由用人单位直接监管和人力资源和社会保障部门间接监管。
七	确定评估验收组织	（1）成立统筹地区工伤预防评估验收专家组。3~5人较为合适（其中1名财会人员），专家组成员的基本条件： 1）掌握如何按工伤保险相关法律法规、文件要求促进工伤预防工作的要领。 2）从事过劳动保护或安全生产研究、管理或专业技术工作。 3）为人公正，工作认真。 4）实施项目的行业协会成员或大中型企业的职工，不得担任本协会或本企业自己完成的项目的评估验收专家组成员。 （2）第三方中介机构承担工伤预防评估验收。其基本条件： 1）独立法人且具有独立承担民事责任的能力。 2）具有良好的市场信誉。 3）有从事过劳动保护或安全生产研究、管理或专业技术工作的专业技术人员5人以上及财会人员1人以上。这些人员应掌握工伤保险相关法律法规、文件对开展工伤预防宣传、培训的要求；掌握预防工伤事故或职业病的理论知识和实际操作的技能，能发现问题并提出预防措施；有较强的写作能力，能编写质量较好的评估验收报告。 4）单位组织管理、综合服务能力适应完成评估验收工作的需要，并掌握验收方法。 5）有完成评估验收所需要的硬件设施和技术手段。	—

续表

步骤	名称	主要内容	备注
八	评估验收程序	(1) 审核项目服务单位提交的《×××公司工伤预防项目完成报告》及《×××公司工伤预防项目费用情况报告》。 (2) 到实施项目的单位进行实地考察，考察内容：一是对实施项目时完成的有形的宣传媒体，对其宣传内容、设置地点、现有及潜在效果进行评估；二是对培训情况进行考察，可通过向项目单位相关人员了解情况、与被培训人交谈、到培训地点查看等获取培训完成情况及效果信息。 (3) 审阅项目单位提出的项目完成情况的意见，包括项目完成的数量、质量、效果、不足之处及意见建议等。 (4) 形成评估验收报告。 (5) 填写《工伤预防项目评估验收申请书》。	对于行业协会和大中型企业等社会组织直接实施的项目及中小微企业的项目，由统筹地区人力资源和社会保障部门委托第三方中介机构或专家组对项目进行评估验收；对于行业协会和大中型企业委托第三方机构实施的项目，由提出项目的用人单位委托第三方中介机构或专家组对项目进行评估验收。

第五节　全面加强推进工伤预防工作

按照《工伤预防费使用管理暂行办法》，只有部分符合条件的用人单位能获得工伤预防资金用于实施工伤预防项目，而《工伤保险条例》的要求是对所有的用人单位都要开展工伤预防工作。因此，人力资源和社会保障部门不仅要积极推进部分用人单位实施工伤预防项目，同时要促进所有用人单位开展工伤预防工作。以下就如何全面推进用人单位开展工伤预防工作提出几个方面的建议。

一、对所有参加了工伤保险的用人单位进行工伤风险程度评估

根据有关法律法规的要求，社会保险行政部门和经办机构应当建立健全工伤预防制度，通过评估用人单位工伤风险程度，采用调整费率等措施，激励参保单位做好工伤预防工作，降低工伤事故和职业病发生率。据此，可按轻重缓急逐步对所有参保单位进行工伤风险程度评估，一是可为人力资源和社会保障部门全面推进工伤预防工作提供基础数据；二是可为下一步建立工伤预防智能系统提供基础数据。对所有参保单位进行工伤风险程度评估可采取以下三种方法：

（1）凡获得签订工伤预防项目的用人单位都应进行工伤风险程度评估。

（2）采取切实可行的办法，在统筹地区实行工伤预防补充经费，从该费用中提出一定比例的资金用于工伤风险程度评估。

（3）促进用人单位自己出资进行工伤风险程度评估。

二、对参保单位按工伤风险程度级别实行工伤预防分级管理

对参保单位按工伤风险程度级别实行工伤预防分级管理，一是使人力资源和社会保障部门和参保单位明确工伤预防工作的着力方向；二是人力资源和社会保障部门可集中力量重点抓工伤风险较高的参保单位的工伤预防工作，以收到更好的效果。以下工伤风险分级为本书编写组在实际工作中所应用，实践证明效果较好，供参考。

（1）工伤风险一级单位：工伤风险低。能达到一级，一是该类用人单位职工基本上以脑力劳动为主；二是该类用人单位的工伤预防宣传、培训、管理制度都做得较好；三是几乎不会发生生产性工伤事故。因而一级单位主要是工作过程中（特别是因公外出或单位组织的相关活动）的意外伤害、突发疾病、上下班交通事故等造成的“视同工伤”。其预防工作原则上为自我管理，可要求用人单位自行按工伤风险程度评估标准有针对性地完善预防工作。

（2）工伤风险二级单位：风险较低，被认定为“工伤”和“视同工伤”的可能性同在。可要求该类用人单位安排适当人员兼任工伤预防相关工作，负责工伤预防宣传、培训，让每个职工明白自己工作岗位的工伤风险及预防措施，完善工伤预防管理办法并督促执行，提醒职工注意预防工伤。

（3）工伤风险三级单位：风险中等，被认定为“工伤”的比例可能超过“视同工伤”。这类用人单位应当安排适当人员兼任工伤预防相关工作，其职责：一是负责工伤预防宣传、培训，让每个职工明白自己工作岗位的工伤风险及预防措施，明白自己工作岗位周围的工伤风险，能消除的一定要消除，目前难以消除的要保持高度的警惕；二是每半年进行一次工伤预防检查，特别要注意预防既往工伤重复发生；三是适时（气候变化、节假日前后、单位有重要活动等）对较高工伤风险岗位的职工进行工伤预防提示，预防工伤及视同工伤；四是建立工伤预防巡查制度，定期巡查工伤事故隐患。必要时可列入工伤预防重点领域，有重点、有针对性地进行工伤预防宣传、培训。

（4）工伤风险四级单位：工伤风险较高，在高风险岗位工作的职工人数较多，被认定为“工伤”的比例一般会超过“视同工伤”。这类用人单位应当安排专业技术人员（一般为安全生产管理人员）兼任工伤预防工作，其职

责：一是负责工伤预防宣传、培训，让每个职工明白自己工作岗位的工伤风险及预防措施，明白自己工作岗位周围的工伤风险，能消除的一定要消除，目前难以消除的要保持高度的警惕；二是每季度进行一次工伤预防检查，特别要注意预防既往工伤重复发生；三是适时（气候变化、节假日前后、单位有重要活动等）对职工（特别是高风险岗位工作的职工）进行工伤预防提示，预防工伤及视同工伤；四是建立工伤预防巡查制度，定期巡查工伤隐患。该级用人单位是重点管理的对象，要及时列入工伤预防重点领域，有重点、有针对性地进行工伤预防宣传、培训。

(5) 工伤风险五级单位：工伤风险高，在高风险岗位工作的职工人数占多数，被认定为“工伤”的比例超过“视同工伤”。单位应当安排专业技术人员（一般为安全生产管理人员）兼任工伤预防工作，其职责：一是负责工伤预防宣传、培训，让每个职工明白自己工作岗位的工伤风险及预防措施，明白自己工作岗位周围的工伤风险，能消除的一定要消除，目前难以消除的要保持高度的警惕；二是每1~2个月进行一次工伤预防检查，特别要注意预防既往工伤重复发生；三是适时（气候变化、节假日前后、单位有重要活动等）对职工（特别是高风险岗位工作的职工）进行工伤预防提示，预防工伤及视同工伤；四是建立工伤预防巡查制度，定期巡查工伤隐患。该级用人单位是特别的重点管理的对象，要首先列入工伤预防重点领域，有重点、有针对性地进行工伤预防宣传、培训。

三、完善统筹地区工伤预防宏观管理体系

(1) 建立、健全统筹地区工伤预防领导组织架构，形成以人力资源和社会保障部门为主，多部门、多层次齐抓共管工伤预防工作的组织形式。

(2) 建立相关部门工伤预防工作责任制，使统筹地区工伤预防工作进入可持续发展状态。

第四章 用人单位工伤风险程度及工伤预防工作评估

用人单位是工伤预防工作的主体，单位全员要深刻认识工伤预防工作的重要性，长期坚持、积极主动地推进工伤预防工作，必定能收到良好的效果。在工伤预防试点及其当前的工作中，江西省有关部门采取了“精准预防”的方法，取得了良好的预防效果，积累了较为丰富的经验。本章内容基于江西省实施工伤预防工作的实践与方法，以充分说明用人单位如何有效地推进工伤预防工作评估，特别是做好工伤风险程度评估工作。

第一节 工伤风险程度评估标准

“评估参保单位工伤风险程度”是《江西省实施〈工伤保险条例〉办法》对该省开展工伤预防工作的重点要求，是提高工伤预防效果、降低预防成本的有效技术手段。对用人单位进行工伤风险程度评估，可以达到如下目的：一是厘清各用人单位工伤风险程度，对不同风险程度的用人单位工伤预防工作实行差别管理；二是厘清用人单位主要工伤风险点，有针对性地采取工伤预防措施；三是为工伤保险经办机构更准确地确定各用人单位的工伤保险浮动费率（用人单位通过采取预防措施，使工伤风险程度下降，则降低费率，反之则提高费率），进而促进用人单位的工伤预防工作；四是便于用人单位进行纵向和横向比较，取长补短，促进工伤预防工作。因此，用人单位进行工伤风险程度评估是做好工伤预防工作的有效方法。为提高评估的科学性、准确性，江西省人力资源和社会保障学会研究制定了全国首个工伤风险评估标准《江西省工伤风险程度评估标准（试行）》，并在该省工伤预防试点过程中应用，收到了预期效果，也发现了一些不足。为适应全面推进工伤预防工作的需要，已经对该标准进行了修订，现将该标准和相关资料收入本书供读者在工伤预防工作中参考使用。

工伤风险程度评估是通过适当的指标，对工伤保险统筹地区或用人单位发生工伤事故风险概率的高低进行预测。工伤风险程度越高，评估对象发生工伤事故的概率就越高，职工受工伤的伤害程度可能越严重。

一、评估对象

工伤风险程度评估对象主要包括用人单位、行政区划县（市、区）、市级统筹地区。

二、评估级别和项目

工伤风险程度级别：工伤风险程度以综合风险指数（F）表示，指数大，工伤风险高，按指数由小到大分为五级，一级风险最低，五级风险最高，详见表 4—1。

表 4—1　工伤综合风险指数及其级别

综合风险指数（F）	$F<75$	$75\leq F<150$	$150\leq F<225$	$225\leq F<300$	$F\geq 300$
综合风险级别	一级	二级	三级	四级	五级

工伤风险评估项目：从理念类风险指数（F_1、F_2）、固有类风险指数（F_3）、预防类风险指数（F_4、F_5、F_6、F_7、F_8）、既往类风险指数（F_9、F_{10}）4 个方面，共 10 个指标评估工伤风险程度。

1. 工伤预防理念风险指数（F_1）

因人对工伤预防认知程度而潜在的风险，详见表 4—2。

表 4—2　工伤预防理念风险指数及其级别

工伤预防理念风险指数（F_1）	$F_1<15$	$15\leq F_1<30$	$30\leq F_1<45$	$45\leq F_1<60$	$F_1\geq 60$
工伤预防理念风险级别	一级	二级	三级	四级	五级

2. 参加工伤保险风险指数（F_2）

因未能全员参加工伤保险而潜在的风险，详见表 4—3。

表 4—3　参加工伤保险风险指数及其级别

参加工伤保险风险指数（F_2）	$F_2<5$	$5\leq F_2<10$	$10\leq F_2<15$	$15\leq F_2<20$	$F_2\geq 20$
参加工伤保险风险级别	一级	二级	三级	四级	五级

3. 与工作相关的意外伤害风险指数（F_3）

因在工作区域内进行与工作相关活动、单位集体活动和因公外出时，由于管理缺陷而发生意外伤害的风险，详见表 4—4。

表 4—4　意外伤害风险指数及其级别

意外伤害风险指数（F_3）	$F_3<5$	$5\leq F_3<10$	$10\leq F_3<15$	$15\leq F_3<20$	$F_3\geq 20$
意外伤害风险级别	一级	二级	三级	四级	五级

4. 岗位风险指数（F_4）

因作业方式、工作环境等职业特征而存在的固有风险，详见表 4—5。

表 4—5　岗位风险指数及其级别

岗位风险指数（F_4）	$F_4<5$	$5\leq F_4<10$	$10\leq F_4<15$	$15\leq F_4<20$	$F_4\geq 20$
岗位风险级别	一级	二级	三级	四级	五级

5. 生产技术条件风险指数（F_5）

因生产（工作）工艺、设备、原料等原因而存在的固有风险，详见表 4—6。

表 4—6　生产技术条件风险指数及其级别

生产技术条件风险指数（F_5）	$F_5<4$	$4\leq F_5<8$	$8\leq F_5<12$	$12\leq F_5<15$	$F_5\geq 15$
生产技术条件风险级别	一级	二级	三级	四级	五级

6. 预防工伤的管理办法风险指数（F_6）

因生产、工作岗位（工种）预防工伤发生所需要的管理办法（操作规程）的缺陷而潜在的风险，详见表 4—7。

表 4—7　预防管理办法风险指数及其级别

预防工伤的管理办法风险指数（F_6）	$F_6<4$	$4\leq F_6<8$	$8\leq F_6<12$	$12\leq F_6<15$	$F_6\geq 15$
预防工伤的管理办法风险级别	一级	二级	三级	四级	五级

7. 预防工伤的防护装置风险指数（F_7）

因生产、工作岗位预防工伤发生所需要的防护装置的缺陷而潜在的风险，详见表 4—8。

表 4—8　预防工伤的防护装置风险指数及其级别

预防工伤的防护装置风险指数（F_7）	$F_7<4$	$4\leq F_7<8$	$8\leq F_7<12$	$12\leq F_7<15$	$F_7\geq 15$
预防工伤的防护装置风险级别	一级	二级	三级	四级	五级

8. 个体防护措施风险指数（F_8）

因岗位预防工伤所需的劳动防护用品缺陷而潜在的风险，详见表4—9。

表4—9　　个体防护措施风险指数及其级别

个体防护措施风险指数（F_8）	$F_8<4$	$4\leq F_8<8$	$8\leq F_8<12$	$12\leq F_8<15$	$F_8\geq 15$
个体防护措施风险级别	一级	二级	三级	四级	五级

9. 工伤人（次）数和残疾程度风险指数（F_9）

从既往发生的工伤人（次）和残疾程度预估潜在的风险，详见表4—10。

表4—10　　工伤人（次）数和残疾程度风险指数及其级别

工伤人（次）数和残疾程度风险指数（F_9）	$F_9<15$	$15\leq F_9<30$	$30\leq F_9<45$	$45\leq F_9<60$	$F_9\geq 60$
工伤人（次）数和残疾程度风险级别	一级	二级	三级	四级	五级

10. 工伤补偿风险指数（F_{10}）

从既往工伤补偿金赔付额预估潜在的风险，详见表4—11。

表4—11　　工伤补偿风险指数及其级别

工伤补偿风险指数（F_{10}）	$F_{10}<15$	$15\leq F_{10}<30$	$30\leq F_{10}<45$	$45\leq F_{10}<60$	$F_{10}\geq 60$
工伤补偿风险级别	一级	二级	三级	四级	五级

三、风险指数的确定方法

1. 工伤预防理念风险指数（F_1，最高60）

根据用人单位的职工对工伤预防工作的认知程度确定其风险指数，由4个二级指标构成。

（1）工伤预防宣传风险指数（F_{1-1}，最高15，由3个三级指标构成）

1）用人单位提高全体职工工伤预防意识的主题宣传风险指数（F_{1-1-1}）。在本用人单位范围内适当位置设有宣传牌、彩喷宣传板、电子宣传板等永久性的宣传媒体。

有宣传媒体2处以上　　指数 $F_{1-1-1}=0$

有宣传媒体1处　　指数 $F_{1-1-1}=2$

无宣传媒体　　指数 $F_{1-1-1}=4$

2）车间（分厂、分公司）提高职工工伤预防意识的局部宣传风险指数

（F_{1-1-2}）。在车间（分厂、分公司）设有定期更换的宣传媒体，针对本车间（分厂、分公司）的实际工作岗位宣传工伤预防，用式（4—1）计算。

$$F_{1-1-2} = 5(1 - X_s/X) \quad (4—1)$$

式中：X_s——设有宣传媒体的车间（分厂、分公司）个数；

X——单位实有车间（分厂、分公司）个数。

3）对职工个体进行工伤预防宣传风险指数（F_{1-1-3}）。采用语音、短信、网络、印刷品等方式（1种以上），针对个人进行工伤预防宣传，用式（4—2）计算。

$$F_{1-1-3} = 6(1 - M_j/M) \quad (4—2)$$

式中：M_j——接受过工伤预防宣传的职工数；

M——单位职工总数。

（2）工伤预防知识和技能培训风险指数（F_{1-2}）（最高15，由4个三级指标构成）

1）培训资料或教材风险指数（F_{1-2-1}）。分别有对用人单位领导、中层负责人、全体员工的工伤预防培训资料或教材，按相关内容评估。

有以上3种及以上	指数 $F_{1-2-1}=0$
有以上3种中的2种	指数 $F_{1-2-1}=1$
有以上3种中的1种	指数 $F_{1-2-1}=2$
无培训资料或教材	指数 $F_{1-2-1}=3$

2）用人单位领导接受工伤预防培训风险指数（F_{1-2-2}）。用人单位领导上年接受过1次以上工伤预防培训评估，用式（4—3）计算。

$$F_{1-2-2} = 4(1 - M_p/M_l) \quad (4—3)$$

式中：M_p——接受过培训的单位领导人数；

M_l——单位领导人总数。

3）中层负责人接受工伤预防培训风险指数（F_{1-2-3}）。单位中层负责人上年接受过1次以上工伤预防培训评估，用式（4—4）计算。

$$F_{1-2-3} = 4(1 - M_f/M_z) \quad (4—4)$$

式中：M_f——接受过培训的中层负责人人数；

M_z——中层负责人总数。

4）其余职工接受预防工伤预防培训风险指数（F_{1-2-4}）。用人单位其余职工上年接受过1次以上工伤预防培训评估，用式（4—5）计算。

$$F_{1-2-4} = 4(1 - M_o/M_n) \quad (4—5)$$

式中：M_o——接受过培训的其余职工人数；

M_n——其余职工总数。

(3) 工伤预防管理体系风险指数(F_{1-3})(最高15，由3个三级指标构成)

1) 用人单位最高级(全单位)工伤预防管理机构风险指数(F_{1-3-1}):

有单位最高级工伤预防管理机构　　　　指数 $F_{1-3-1}=0$

无单位最高级工伤预防管理机构　　　　指数 $F_{1-3-1}=5$

2) 用人单位中级(车间、分厂、分公司)工伤预防管理机构风险指数(F_{1-3-2}):

有单位中级工伤预防管理机构　　　　指数 $F_{1-3-2}=0$

无单位中级工伤预防管理机构　　　　指数 $F_{1-3-2}=5$

3) 用人单位基层(班、组)工伤预防管理机构风险指数(F_{1-3-3}):

有单位基层工伤预防管理机构　　　　指数 $F_{1-3-3}=0$

无单位基层工伤预防管理机构　　　　指数 $F_{1-3-3}=5$

(4) 工伤预防责任制风险(F_{1-4})(最高15，由5个三级指标构成)

1) 用人单位法人代表工伤预防责任制风险指数(F_{1-4-1}):

有单位法人代表工伤预防责任制(按完善程度)　指数 $F_{1-4-1}=(0\sim2)$

无单位法人代表工伤预防责任制　　　　指数 $F_{1-4-1}=3$

2) 用人单位各副职领导工伤预防责任制风险指数(F_{1-4-2}):

有单位各副职领导工伤预防责任制(按完善程度)指数 $F_{1-4-2}=(0\sim2)$

无单位各副职领导工伤预防责任制　　　　指数 $F_{1-4-2}=3$

3) 用人单位中层(车间、部门、分厂、分公司)负责人工伤预防责任制风险指数(F_{1-4-3}):

有单位中层负责人工伤预防责任制(按完善程度)指数 $F_{1-4-3}=(0\sim2)$

无单位中层负责人工伤预防责任制　　　　指数 $F_{1-4-3}=3$

4) 用人单位基层(班组)负责人工伤预防责任制风险指数(F_{1-4-4}):

有单位基层负责人工伤预防责任制(按完善程度)指数 $F_{1-4-4}=(0\sim2)$

无单位基层负责人工伤预防责任制　　　　指数 $F_{1-4-4}=3$

5) 用人单位职工个人工伤预防责任制风险指数(F_{1-4-5}):

有单位职工个人工伤预防责任制(按完善程度)　指数 $F_{1-4-5}=(0\sim2)$

无单位职工个人工伤预防责任制　　　　指数 $F_{1-4-5}=3$

2. 参加工伤保险风险指数(F_2，最高20)

参加工伤保险风险指数用式(4—6)计算。

$$F_2 = 20(1 - M_c/M_y) \qquad (4—6)$$

式中：M_c——已参加工伤保险人数；

M_y——应参加工伤保险人数。

3. 与工作相关的意外伤害风险指数（F_3，最高 20，由 4 个二级指标构成）

（1）上下班交通以步行、自行车、电动车方式（距单位大门 500 m 以上）的风险指数（F_{3-1}，最高 5），用式（4—7）计算。

$$F_{3-1} = 5M_b/M \tag{4—7}$$

式中：M_b——上下班交通以步行、自行车、电动车方式的人数；

M——单位职工总数。

（2）生产区域内活动意外伤害风险指数（F_{3-2}，最高 5），按照是否制定了单位职工在生产区域内活动防止意外伤害守则确定：

已制定防止意外伤害守则（按完善程度）　　指数 F_{3-2}=（0~4）

未制定防止意外伤害守则　　指数 F_{3-2}=5

（3）用人单位集体活动意外伤害风险指数（F_{3-3}，最高 5），按照是否制定了单位集体活动防止意外伤害守则确定：

制定了防止意外伤害守则（按完善程度）　　指数 F_{3-3}=（0~4）

未制定防止意外伤害守则　　指数 F_{3-3}=5

（4）因公外出意外伤害风险指数（F_{3-4}，最高 5），按照是否制定了单位职工因公外出防止意外伤害守则确定：

制定了防止意外伤害守则（按完善程度）　　指数 F_{3-4}=（0~4）

未制定防止意外伤害守则　　指数 F_{3-4}=5

4. 岗位风险指数（F_4，最高 20）

将被评估的工作岗位按《江西省工伤风险程度评估岗位风险类别表（试行）》（详见表 6—1）分为六类，一类至六类岗位人员风险系数分别为 1、4、8、12、16、20。按式（4—8）计算岗位风险指数。

$$F_4 = (M_1 + 4M_2 + 8M_3 + 12M_4 + 16M_5 + 20M_6) / (M_1 + M_2 + M_3 + M_4 + M_5 + M_6) \tag{4—8}$$

式中：M_1、M_2、M_3、M_4、M_5、M_6分别为用人单位工作在一类、二类、三类、四类、五类、六类岗位的职工数。

5. 生产技术条件风险指数（F_5，最高 15）

从安全生产的角度对工作环境、工艺、设备、原料等存在的风险进行评估，由 3 个二级指标构成，参照安全生产相关技术标准以及同行业工艺、设备、原料的实际情况，从评估对象整体状况进行评估。

（1）特种设备风险指数（F_{5-1}，最高 5）。电梯、厂内运输车辆、起重设备等被安全生产行政主管部门、行业监管部门要求安全年检的生产设备，按式（4—9）计算风险指数。

$$F_{5-1} = 5(1 - T_j/T_y) \qquad (4—9)$$

式中：T_j——年检合格的特种设备台数；

T_y——应年检的特种设备台数。

（2）电工、焊工、压力容器操作工（锅炉工）、起重设备操作工、场内运输车辆操作工、易燃易爆操作工等被安全生产行政主管部门、行业监管部门要求具有特种作业操作证的作业人员，按式（4—10）计算风险指数。

$$F_{5-2} = 5(1 - M_x/M_c) \qquad (4—10)$$

式中：M_x——持有特种作业操作证的职工数；

M_c——应持有特种作业操作证的职工数。

（3）技术条件风险（F_{5-3}，最高 5）。由 3 个三级指标并列构成，选风险最高的作为技术条件风险指数。

1）工作场所风险指数（F_{5-3-1}）。空气中有毒有害、易燃易爆气体或固态、液态悬浮物，异常气温，辐射，噪声，有伤害风险的水、电、气等，按式（4—11）计算风险指数。

$$F_{5-3-1} = 5(C/C_0 - 1) \qquad (4—11)$$

式中：C——工作场所空气中毒害物实测浓度（以法定检测机构测定为准）；

C_0——工作场所空气中毒害物允许浓度。

以毒害物最严重的工作场所为考核对象；空气存在国家未规定允许浓度的毒害物时，以行业、企业等相应标准评估；无任何标准时，可根据职工的实际感受，由评估专家组确定风险指数。

2）加工原料性质存在的风险（F_{5-3-2}）。易燃易爆、有毒有害、刺激性、腐蚀性及物理特性等易对人体造成伤害的风险确定。

无风险　　指数 $F_{5-3-2} = 0$

风险小　　指数 $F_{5-3-2} =$（1~2）

风险大　　指数 $F_{5-3-2} =$（3~4）

风险很大　　指数 $F_{5-3-2} = 5$

以原料风险最大的为评估对象；有国家、行业、企业相应标准的，按标准评估；无任何标准时，可根据职工的实际感受，由评估专家组确定风险指数。

3）生产工艺存在的风险（F_{5-3-3}）。以切削、冲击、碾压、高热、极冷、爆炸、辐射、不良工作姿势、劳动强度过大、紧张程度高等对人体造成伤害的风险确定。

无风险　　指数 $F_{5-3-3}=0$

风险小　　指数 $F_{5-3-3}=$（1~2）

风险大　　指数 $F_{5-3-3}=$（3~4）

风险很大　　指数 $F_{5-3-3}=5$

以生产工艺风险最高的为评估对象；有国家、行业、企业相应标准的，按标准评估；无任何标准时，可根据职工的实际感受，由评估专家组确定风险指数。

6. 预防工伤的管理办法风险指数（F_6，最高 15，由 2 个二级指标构成）

根据生产、工作岗位（工种）预防工伤的需要，对预防工伤的管理办法（操作规程）进行评估。

（1）管理办法的齐全程度风险指数（F_{6-1}，最高 10），按式（4—12）计算。

$$F_{6-1} = 10(1 - G_y/G) \quad (4—12)$$

式中：G_y——已有预防工伤管理办法的岗位（工种）个数；

G——单位岗位（工种）总数（文职岗位除外）。

（2）管理办法完善程度风险指数（F_{6-2}，最高 5），按式（4—13）计算。

$$F_{6-2} = 5(1 - G_w/G_y) \quad (4—13)$$

式中：G_w——管理办法完善的岗位（工种）个数；

G_y——已有预防工伤管理办法的岗位（工种）个数。

7. 预防工伤的防护装置风险指数（F_7，最高 15）

根据生产、工作岗位预防工伤的需要，对预防工伤的防护装置进行评估，由 2 个二级指标构成。

（1）防护装置的齐全程度风险指数（F_{7-1}，最高 10），按式（4—14）计算。

$$F_{7-1} = 10(1 - Z_y/Z) \quad (4—14)$$

式中：Z_y——已有预防工伤防护装置的岗位个数；

Z——应设预防工伤防护装置的岗位个数。

（2）预防工伤防护装置完善程度（F_{7-2}，最高 5），按式（4—15）计算。

$$F_{7-2} = 5(1 - H_w/H_y) \quad (4—15)$$

式中：H_w——预防工伤防护装置完善的岗位个数；

H_y——已设预防工伤防护装置的岗位个数。

有国家、行业、企业相应标准（规定）的，按标准（规定）评估；无标准时，可根据实际需要，由评估专家组确定。

8. 个体防护措施风险指数（F_8，最高15）

按防止工作岗位危害因素对个体造成危害的配备规定，对劳动防护用品的品种、质量和职工使用情况进行评估，由3个二级指标构成。

（1）劳动防护用品品种风险指数（F_{8-1}，最高5），按式（4—16）计算。

$$F_{8-1} = 5(1 - Y_y/Y) \tag{4—16}$$

式中：Y_y——已配备的劳动防护用品品种个数；

Y——应配备的劳动防护用品品种个数。

有国家、行业、企业相应标准（规定）的，按标准（规定）评估；无标准（规定）的，可根据实际需要，由评估专家组确定。

（2）劳动防护用品质量风险（F_{8-2}，最高5），按式（4—17）计算。

$$F_{8-2} = 5(1 - Y_f/Y_p) \tag{4—17}$$

式中：Y_f——符合要求的劳动防护用品品种个数；

Y_p——已配备的劳动防护用品品种个数。

有国家、行业、企业相应标准（规定）的，按标准（规定）评估；无标准（规定）的，可根据实际情况，由评估专家组确定。

（3）职工使用劳动防护用品风险（F_{8-3}，最高5），按使用情况确定：

所有应使用劳动防护用品的岗位，在岗职工都已使用　　指数 $F_{8-3}=0$

所有应使用劳动防护用品的岗位，有1个职工未使用　　指数 $F_{8-3}=5$

9. 工伤人（次）数和伤残程度风险指数（F_9，最高80）

以工伤人次为频度，伤残程度为权，分别计算评估对象人均工伤次数与伤残程度的加权数、全省人均工伤次数与伤残程度的加权数，用前者与后者的比值评估工伤风险程度。通常采用评估年度上一年的工伤数据计算（也可采用前2年或3年数据的平均值），按式（4—18）计算风险指数。

$$F_9 = 30N_p/N_s \tag{4—18}$$

式中：F_9——工伤人（次）数及残疾程度风险指数，小于、等于80时取计算值，大于80后取80；

N_p——评估对象上年度工伤人（次）数及残疾程度加权数，

$$N_p = (12P_0 + 10P_1 + 9P_2 + 8P_3 + 7P_4 + 6P_5 + 5P_6 + 4P_7 + 3P_8 + 2P_9 + P_{10} + 0.5P_{11})/P$$

其中，P_0、$P_1 \sim P_{11}$分别为评估对象工亡、一级至十级伤残和不够伤残等级的工伤人数，P为评估对象参加工伤保险总人数；

N_s——全省（全市、全县）上年度工伤人（次）数及残疾程度加权数，

$$N_s = (12S_0 + 10S_1 + 9S_1 + 8S_2 + 7S_3 + 6S_4 + 5S_5 + 4S_6 + 3S_7 + 2S_8 + S_9 + 0.5S_{10})/S$$

其中，S_0、$S_1 \sim S_{10}$分别为全省（全市、全县）工亡、一级至十级伤残和不够伤残等级的工伤人数，S 为统筹地区参加工伤保险总人数。

10. 工伤补偿风险指数（F_{10}，最高 90）

以评估年度上年（也可采用前 2 年或 3 年数据的平均值）工伤保险基金支付给评估对象所有工伤职工的工伤保险待遇总额占保费收入总额（评估对象缴纳的工伤保险费总额）的比例评估工伤风险程度，按式（4—19）计算风险指数。

$$F_{10} = 45B_d/B_j \qquad (4—19)$$

式中：F_{10}——工伤补偿金风险指数，小于、等于 90 时取计算值，大于 90 后取 90；

B_d——统筹地区工伤保险基金上年度支付给用人单位所有工伤人员的工伤保险待遇资金总额；

B_j——用人单位上年度缴纳的工伤保险费总额。

第二节　工伤风险程度评估组织与程序

工伤风险程度评估是依照工伤风险程度评估标准，对工伤保险统筹地区或用人单位发生工伤风险的高低进行预测。该评估可以是人力资源和社会保障部门组织，也可用人单位主动自我评估。为促进本单位工伤预防工作，降低工伤事故的发生率，用人单位应主动自我评估。用人单位自我评估可按本章相关方法，由单位技术人员自我评估，也可委托有能力的社会组织评估。

一、工伤风险程度评估的组织与参与单位及其相应的职责

1. 设区市人力资源和社会保障局承担工伤保险行政管理职能的科（处）

其职责是：全市工伤风险程度评估领导机构。按省厅工伤保险处的要求，结合本市实际情况，监督、指导、协调本市各参加评估工作的机构完成各自的任务；检查评估结果，督促评估结果用于本市促进工伤预防工作中等。

2. 设区市社会保险经办机构

其职责是：全市工伤风险程度评估管理机构及承担市本级评估相应工作。按相关规定及市相关部门的要求，管理全市工伤风险程度评估实施过程中的相关工作，如统筹安排全市各县（区）评估计划，督促各参加评估工作的单位执行评估计划，对全市评估结果进行横向对比分析，完成市本级评估的相应工作等。

3. 县（区）社会保险经办机构

其职责是：全县（区）工伤风险程度评估管理机构及承担县（区）评估相应工作。按相关规定及省、市相关部门的要求，管理全县工伤风险程度评估实施过程中的相关工作，如统筹安排全县各参保单位的评估计划，督促评估机构和被评估单位执行评估计划，对全县评估结果进行横向对比分析，提供全县工伤保险基金筹集与支付总额等数据，提供各参保单位工伤保险费缴纳总额与获赔总额等数据。

4. 用人单位

用人单位是接受工伤风险程度评估的主体。其主要责任：一是指派合适的人员负责本单位的评估工作；二是按要求准备好评估所需的相关资料和数据；三是按评估标准进行自评，包括评定工伤风险程度等级、找出工伤风险主要因素、提出降低工伤风险程度的措施；四是按评估机构作出的评估结果实施降低工伤风险程度的措施等。

5. 承担评估任务的社会组织

承担评估任务的社会组织是完成评估服务的主体。其主要责任：一是根据相关单位下达的评估任务，安排评估工作计划；二是培训用人单位负责评估的工作人员，指导其准备相关材料及自我评估；三是审阅参保单位提供的相关资料和数据，评审用人单位的自评报告；四是对工伤风险程度较高的或自评质量较差的用人单位进行复评；五是对接受评估的用人单位提出正式评估报告。

二、工伤风险程度评估程序

1. 下达评估任务

(1) 设区市级评估。由市人力资源和社会保障局下达评估任务。

可对全设区市整体评估、对市本级整体评估、对县（区）整体评估，以确定：全市整体风险级别、市本级及各县（区）整体风险级别；全市、市本级、各县（区）宏观风险分布及成因；全市、市本级、各县（区）降低风险程度宏观措施等。

可对用人单位直接评估（有特别需要时安排）。

（2）县（区）级评估。由县（区）人力资源和社会保障局下达评估任务。

可对本县（区）整体评估，主要是用人单位评估。

（3）用人单位主动自我评估。

2. 确定承担评估服务的社会组织

工伤风险程度评估是专业性很强的技术工作，需要在评估的过程中处理多种技术问题，因此有必要委托有相应能力的社会组织承担。

承担评估任务的社会机构的基本条件：

（1）具有法人资格，能承担法律责任。

（2）具有完成评估任务所需要的办公场所和相应的设备。

（3）具有从事过劳动保护或安全生产管理工作的专业技术人员。

（4）具有协调、组织、指挥能力和资历的技术负责人。

确定承担评估任务的社会机构的基本程序按政府采购相关规定办理。

3. 评估

（1）用人单位自我评估：

1）按工伤风险程度评估标准评估出本单位的10个单项风险程度及综合风险程度。

2）找出产生工伤风险的各种因素。

3）提出降低工伤风险程度的措施。

（2）承担评估任务的社会组织复核用人单位自评结果：

1）复核用人单位自我评估结果。

2）对风险程度四级以上单位（含）进行复核评估。

3）抽选部分风险程度三级以上用人单位进行复核评估。

4）对统筹地区进行整体评估，提出统筹地区各用人单位的评估报告，指出统筹地区存在的主要风险及降低风险的措施。

5）向下达评估任务的单位报送评估报告。

第三节　用人单位工伤风险程度自我评估

用人单位进行工伤风险程度自我评估，主要是为了提高用人单位工伤预防工作能力，促进工伤预防工作。通过自我评估：一是让本单位相关人员更系统、全面地掌握本单位工伤预防工作的基本情况和数据；二是相关人员和领导能较准确地了解本单位工伤预防方面的薄弱环节，利于采取更有效的宣传、培训措施，使工伤预防宣传、培训工作收到更好的效果；三是可为申请统筹地区工伤预防项目提供准确依据，有助于项目获得批准，获得工伤预防费，促进本单位工伤预防工作。自我评估的主要工作内容如下。

一、组成工伤风险程度评估工作组

用人单位工伤风险程度评估工作组应由人力资源管理人员、工伤预防（安全生产）管理人员、生产管理人员组成，工作组长应由承担工伤预防工作的人员承担。

二、自我评估的工作内容

1. 调查填写工伤风险程度基本情况表

（1）基本情况表（详见表4—12）

表4—12　　基本情况表　　填表人

评估任务来源	
单位名称	
单位性质、所属行业	
评估日期	
法人代表	
单位地址	
主要产品	
上年度保险费缴纳总额	
负责评估的工作人员的姓名及联络方式	

注：单位性质指行政、事业、企业、国有、股份、民营、个体等；所属行业按《江西省工伤风险程度评估岗位风险类别表（试行）》填写（详见表6—1）；单位主要产品指工农业产品或服务项目等；联络方式包括电话、邮箱、网址等。

（2）用人单位岗位人员分布情况（详见表4—13）

表 4—13　　岗位人员分布统计表　　填报人

序号	岗位（工种）名称	岗位工作人数	岗位风险类别

注：岗位风险类别按《江西省工伤风险程度评估岗位风险类别表（试行）》（详见表 6—1）填写。

（3）工伤预防宣传、培训情况（按评估年度情况填写，详见表 4—14）

表 4—14　　工伤预防宣传、培训情况统计表　　填报人

项目	情况说明	风险指数
工伤预防主题宣传	宣传媒体形式（宣传牌、板）和数量	
工伤预防局部宣传	有宣传媒体的车间（分厂、分公司）数量及用人单位车间（分厂、分公司）总数	
工伤预防个体宣传	接受过工伤预防宣传的职工数及用人单位职工总数	
培训资料或教材	是否分别有对单位领导、中层负责人、全体职工的工伤预防培训资料或教材	
领导工伤预防培训	接受过工伤预防培训的领导人数及用人单位领导总数	
中层负责人预防培训	接受过培训的中层负责人人数及用人单位中层负责人总数	
其余职工预防培训	接受过培训的其余职工人数及其余职工总数	
工伤预防管理体系	有无单位最高级（全单位）工伤预防管理机构、单位中级（车间、分厂、分公司）工伤预防管理机构、单位基层（班、组）工伤预防管理机构	

（4）参保情况（按评估年度情况填写，详见表 4—15）

表 4—15　　参保情况统计表　　填报人

应参保人数	参保人数	参保人数占比	风险指数

（5）上下班方式情况（按评估年度情况填写，详见表4—16）

表4—16　上下班方式情况统计表　填报人

职工总人数	步行+自行车+电动车上班人数	步行+自行车+电动车上班人数占比	风险指数

（6）工伤预防责任制情况（按评估年度情况填写，详见表4—17）

表4—17　工伤预防责任制情况表　填报人

项目	情况说明	风险指数
法人代表责任制	有或无	
各副职领导责任制	有或无	
中层（车间、部门、分厂、分公司）负责人责任制	有或无	
基层（班组）负责人责任制	有或无	
职工个人责任制	有或无	

（7）防止意外伤害守则制定情况（详见表4—18）

表4—18　防止意外伤害守则制定情况表　填报人

项目	制定与否及完善情况	风险指数
生产区域内活动意外伤害守则		
单位集体活动意外伤害守则		
因公外出意外伤害守则		

（8）特种设备年检情况（按评估年度情况填写，详见表4—19）

表4—19　特种设备年检情况统计表　填报人

序号	特种设备种类	台数	检验合格台数	风险指数
特种设备总台数				

（9）特种作业人员情况（按评估年度情况填写，详见表4—20）

表 4—20　　特种作业人员情况统计表　　填报人

序号	工种名称	人数	有操作证人数	发证部门	风险指数
	特种作业人数				

注：特种作业（特殊工种）是指电工、电焊工、压力容器操作工（锅炉工）、起重设备（电梯）操作工、场内运输车辆操作工、易燃易爆操作工等被安全生产行政主管部门、行业监管部门要求具有特种作业操作证的工种。

（10）工作场所风险因素情况（按评估年度情况填写，详见表 4—21）

表 4—21　　工作场所风险因素统计表　　填报人

序号	岗位地点、名称（编号）	空气中有害物质名称	允许浓度	实际浓度	风险指数

注：1）工作场所风险因素是指工作场所空气中有毒有害、易燃易爆气体或固态、液态（粉尘、酸雾等）悬浮物，异常气温，辐射，噪声，有伤害风险的水、电、气等对人体有害的因素。所有因素均需列出，并标明国家标准中的规定（无国家规定标准的，按行业、企业标准或按实际情况评估指数）的允许浓度和实际浓度（以法定检测机构测定的浓度为准）。

2）每个岗位的风险因素逐一填写，注明岗位地点、名称（编号）。

（11）加工原材料风险情况（按评估年度情况填写，详见表 4—22）

表 4—22　　加工原材料风险统计表　　填报人

序号	岗位地点、名称（编号）	有风险原材料名称	有害性质和状况描述	风险指数

注：1）加工原材料风险是指生产过程中使用的原材料存在的易燃易爆、有毒有害、刺激腐蚀等化学性危害及物理危害因素，易对人造成伤害。所有因素均需列出，并对有害性质和状况进行描述，有国家、行业或企业标准的按标准评估，无标准的按实际情况评估指数。

2）每个岗位的风险因素逐一填写，注明岗位地点、名称（编号），并从理论和实际两方面描述危害情况。

（12）生产工艺风险情况（按评估年度情况填写，详见表4—23）

表4—23 **生产工艺风险统计表** 填报人

序号	岗位地点、名称（编号）	有风险工艺名称	危害状况描述	风险指数

注：1）生产工艺风险是指加工过程中存在的风险，如切削、冲击、碾压、高热、极冷、爆炸、辐射、不良工作姿势、高劳动强度等对人体产生的伤害因素。所有因素均需列出，并对危害状况进行描述，有国家、行业或企业标准的按标准评估，无标准的按实际情况评估指数。

2）每个岗位的风险因素逐一填写，注明岗位地点、名称（编号）。

（13）预防工伤的管理办法情况（按评估年度情况填写，详见表4—24）

表4—24 **预防工伤的管理办法统计表** 填报人

序号	需设管理办法的岗位	是否有管理办法及完善程度	风险指数

注：1）报表的同时附各岗位预防工伤管理办法详细内容。

2）每个岗位逐一填写，注明岗位地点、名称（编号）。

（14）预防工伤的防护装置情况（按评估年度情况填写，详见表4—25）

表4—25 **预防工伤的防护装置统计表** 填报人

序号	需设防护装置的岗位	防护名称	是否有防护装置及完善程度	风险指数

注：岗位应逐个填写（岗位地点、名称或按编号等），每个岗位需要的防护装置种类都应填入。

（15）个体防护用品品种情况（按评估年度情况填写，详见表4—26）

表 4—26　　劳动防护用品品种统计表　　填报人

序号	需使用劳动防护用品的工种	劳动防护用品品种	该品种有否	风险指数

注：每个工种需要的防护用品种类都应填入。

（16）劳动防护用品质量情况（按评估年度情况填写，详见表 4—27）

表 4—27　　劳动防护用品质量统计表　　填报人

序号	已使用劳动防护用品的工种	对劳动防护用品的质量要求	是否符合要求	风险指数

注：每个工种需要的劳动防护用品质量都应填入。

（17）工伤发生情况（按评估年度上年情况填写，详见表 4—28）

表 4—28　　工伤发生情况统计表　　填报人

参保人数	工伤人数											
	工亡	一级	二级	三级	四级	五级	六级	七级	八级	九级	十级	不够级

（18）获工伤赔付情况（按评估年度上年情况填写，详见表 4—29）

表 4—29　　获工伤赔付情况统计表　　填报人

用人单位获赔总金额	
用人单位缴费总金额	

(19) 本统筹地区工伤发生情况（按评估年度上年情况填写，资料可向所在统筹地区工伤保险经办机构索取，详见表4—30）

表4—30　×××统筹地区工伤发生情况统计表　填报人

统筹地区总参保人数	工伤人数											
	工亡	一级	二级	三级	四级	五级	六级	七级	八级	九级	十级	不够级

填完上述表格，就能较完整地掌握了被评估用人单位工伤风险的基本情况，为做好该单位的工伤预防工作奠定了基础。

2. 形成《×××公司工伤风险程度评估报告》

评估报告是对被评估用人单位工伤预防信息的梳理，使这些信息由感性认识上升到理性认识，由定性分析上升到定量分析，成为促进工伤预防工作的重要依据，便于用人单位间的横向比较，更利于用人单位采取预防措施后的自我比较。同时，前述10项评估指标以数字体现，为工伤预防智能化提供了基础。工伤风险程度评估报告的编写详见第六章工作实践相关内容。

第四节　实施工伤预防措施的效果

江西省从2015年开始进行工伤预防工作试点，在21家试点用人单位采用“评估试点单位工伤风险程度、找出风险点及产生风险的原因、提出预防措施、实施预防措施”的“精准预防”模式，已收到明显的效果，实现了“三个下降”：试点用人单位工伤风险程度下降、发生工伤事故的人数下降、工伤保险基金支付给工伤职工的补偿金金额下降。

一、工伤风险程度下降

按各用人单位工伤风险程度评估报告提出的降低工伤风险措施，经过2016年、2017年两年实施这些措施，2018年对这21家用人单位进行了第二次评估，各单位工伤风险程度明显下降，详见表4—31。

表 4—31 各用人单位工伤风险程度变化汇总表

试点城市	试点用人单位名称	2015 年综合风险指数（采取预防措施前）	2017 年综合风险指数（采取预防措施后）	下降率/%
南昌市	洪都航空集团公司	157.4（三级）	59.8（二级）	62.0
	江铃集团公司冲压件厂	111.5（二级）	59.2（二级）	46.9
	江铃集团公司车架厂	125.5（二级）	75.8（二级）	39.6
	南昌齿轮有限责任公司	248.8（四级）	71.2（二级）	71.4
	南昌双汇食品有限公司	221.9（四级）	54.0（一级）	75.7
	洪客隆百货投资公司	170.9（三级）	147.4（三级）	13.8
	江西长运高客分公司	131.8（三级）	86.9（二级）	94.8
	江西长运徐坊客运站	128.8（二级）	25.8（一级）	80.0
	中烟南昌卷烟厂	197.9（三级）	151.8（三级）	23.3
	煌上煌食品集团公司	207.2（三级）	49.2（一级）	76.3
	江联重工股份有限公司	220.5（四级）	199.9（三级）	9.3
安义县	江西南亚铝业有限公司	361.0（五级）	419.1（五级）	-16.0
	江西中安铝业有限公司	432.1（五级）	123.6（二级）	71.4
	江西金凤凰铝业公司	332.8（五级）	402.9（五级）	-21.1
	南昌荣凯实业有限公司	273.2（四级）	190.5（三级）	30.0
赣州市	江西维平创业家具实业有限公司	218.4（四级）	129.0（二级）	63.1
	赣州科力稀土新材料有限公司	297.2（四级）	164.4（三级）	44.7
	赣州有色冶金机械有限公司	336.6（五级）	115.5（二级）	65.7
九江市	诺贝尔陶瓷有限公司	166.4（三级）	82.6（二级）	50.4
	江西元盛生物科技有限公司	310.8（五级）	81.2（二级）	73.9
	矿建九江项目部	728.6（五级）	415.4（五级）	54.1

从表中可知，21 家用人单位中，试点后的 2017 年工伤风险程度下降的有 19 家，占总数的 90%，工伤风险程度指数平均下降明显，风险程度上升的两家用人单位：江西南亚铝业有限公司是因为发生一起上下班交通事故，受害人被认定为视同工伤；江西金凤凰铝业公司是因为十级工伤人员增加。

二、工伤发生的人（次）数和伤害程度有明显的下降

2017 年 21 个试点工作用人单位采取预防措施后，工伤发生的人（次）数和伤害程度比采取预防措施前的 2015 年有明显的下降，详见表 4—32。

表 4—32　　工伤发生人（次）数和伤害程度的变化情况

试点用人单位名称	年份	各级别工伤人（次）数											
		工亡	一级	二级	三级	四级	五级	六级	七级	八级	九级	十级	不够级
洪都航空集团公司	2015										4	5	1
	2017												
江铃集团公司冲压件厂	2015										1	1	
	2017											1	
江铃集团公司车架厂	2015											2	
	2017												
南昌齿轮有限责任公司	2015										2	6	3
	2017												1
南昌双汇食品有限公司	2015									2	3	1	7
	2017											1	1
洪客隆百货投资公司	2015										1	2	8
	2017										2	2	1
江西长运高客分公司	2015										1		1
	2017												
江西长运徐坊客运站	2015												1
	2017												
中烟南昌卷烟厂	2015								1		1		
	2017											1	1
煌上煌食品集团公司	2015										1	2	
	2017											1	
江联重工股份有限公司	2015									1		9	1
	2017											4	
江西南亚铝业有限公司	2015						1				2	3	33
	2017	1										2	24
江西中安铝业有限公司	2015	1								1			13
	2017												10
江西金凤凰铝业公司	2015									1			22
	2017											4	22
南昌荣凯实业有限公司	2015											1	20
	2017											1	10

续表

试点用人单位名称	年份	各级别工伤人（次）数											
		工亡	一级	二级	三级	四级	五级	六级	七级	八级	九级	十级	不够级
江西维平创业家具实业有限公司	2015	1									2		2
	2017											1	4
赣州科力稀土新材料有限公司	2015										2	1	4
	2017												5
赣州有色冶金机械有限公司	2015										1	5	16
	2017											1	2
诺贝尔陶瓷有限公司	2015									1		1	6
	2017											1	6
江西元盛生物科技有限公司	2015								1		2		7
	2017												1
矿建九江项目部	2015		1	1				1	1	1	2	3	1
	2017								2			5	27
合计	试点前	2	1	1			1	1	3	7	25	42	146
	试点后	1							2		2	24	115

从表中可以得出：21个试点用人单位采取工伤预防措施前的2015年工伤人（次）数合计230人，采取工伤预防措施后的2017工伤人（次）数合计144人，比采取预防措施前降低37.4%；21个单位中，采取预防措施后19个单位发生的工伤人（次）数下降，占90.5%，只有江西金凤凰铝业公司、矿建九江项目部工伤人（次）数上升，但伤残程度远小于试点前的2015年。

三、工伤保险基金赔付金额大幅度下降

上述21家试点用人单位的工伤保险基金赔付金额具体体现在为工伤职工的赔付金额情况上，赔付金额大幅度减少，说明工伤保险基金赔付金额下降，详见表4—33。

表4—33　　为工伤职工赔付金额情况

试点用人单位名称	2015年（采取预防措施前）			2017年（采取预防措施后）		
	缴费总额/万元	赔付总额/万元	赔付与缴费比/%	缴费总额/万元	赔付总额/万元	赔付与缴费比/%
洪都航空集团公司	98.2	31.2	31.8	57.7	71.9	125.0

续表

试点用人单位名称	2015 年（采取预防措施前）			2017 年（采取预防措施后）		
	缴费总额/万元	赔付总额/万元	赔付与缴费比/%	缴费总额/万元	赔付总额/万元	赔付与缴费比/%
江铃集团公司冲压件厂	37.1	4.3	11.6	35.2	0	0
江铃集团公司车架厂	4.6	3.5	76.1	5.5	3.2	58.2
南昌齿轮有限责任公司	26.0	20.7	79.6	29.0	10.4	35.9
南昌双汇食品有限公司	33.3	37.1	111.4	35.3	7.3	20.7
洪客隆百货投资公司	20.9	6.4	30.6	25.6	14.0	54.7
江西长运高客分公司	10.4	26.1	251.0	27.4	17.1	62.4
江西长运徐坊客运站	6.9	2.2	31.9	6.3	0	0
中烟南昌卷烟厂	93.7	53.8	57.4	81.6	38.1	46.7
煌上煌食品集团公司	19.4	10.5	54.1	17.7	14.5	81.9
江联重工股份有限公司	20.6	9.8	47.6	25.9	31.3	120.8
江西南亚铝业有限公司	19.8	39.2	198.0	25.0	77.8	311.2
江西中安铝业有限公司	20.2	68.1	337.1	20.7	4.5	21.7
江西金凤凰铝业公司	12.3	13.1	106.5	10.0	21.4	214.0
南昌荣凯实业有限公司	14.1	13.2	93.6	12.1	9.1	75.2
江西维平创业家具实业有限公司	10.0	22.0	220.0	4.0	9.0	225.0
赣州科力稀土新材料有限公司	7.1	14.2	200.0	10.8	4.7	43.5
赣州有色冶金机械有限公司	13.0	15.0	115.4	9.6	3.8	39.6
诺贝尔陶瓷有限公司	63.0	11.2	17.8	418.2	11.9	2.8
江西元盛生物科技有限公司	17.6	43.7	248.3	9.8	4.0	40.8
矿建九江项目部	53.8	221.3	411.3	36.7	88.3	240.6
合计	602.0	666.6	110.7	904.1	442.2	48.9

从表中可以得出：采取工伤预防措施前的 2015 年，获得的工伤保险赔付金额大于其缴纳的工伤保险费的单位为 10 家，采取工伤预防措施后的 2017 年只有 1 家，减少了 90%；2017 年 21 个试点用人单位合计获得的工伤保险赔付金额与其缴纳的工伤保险费比例大幅度下降，由 2015 年的 110.7%降为 2017 年的 48.9%；2015 年 21 个试点用人单位合计获赔金额是 666.6 万元，

基金亏损 64.6 万元，2017 年 21 个用人单位合计获赔金额是 442.2 万元，基金结余 461.9 万元。

以上效果数据证明：一是江西省工伤预防试点的工作方案是正确的；二是在用人单位开展工伤预防工作能减少工伤事故的发生概率，从根本上保障职工权益，收到了良好的社会效益；三是在用人单位开展工伤预防工作能减少工伤保险赔付金额，维护基金安全；四是通过工伤预防宣传、培训，21 个试点用人单位预防理念风险指数大大降低，但是降低岗位风险、生产（工作）技术条件风险、预防工伤的管理办法及防护装置风险，需要用人单位投入相当多的资金和人力，试点用人单位存在困难，故变化不大。说明"预防理念"对降低工伤的发生有重要的影响，宣传、培训是提高用人单位职工"工伤预防理念"的主要措施，因而宣传、培训是促进工伤预防的重点工作。工伤预防工作以宣传、培训为主，提高职工工伤预防理念，能以较少的投入获得较大的收益。

总之，工伤预防和安全生产有机结合能进一步保障广大职工的人身安全和身体健康（上述效果是在用人单位安全生产工作保持原有状态的情况下取得的）。具体预防措施详见本书第五章相关内容。

第五节 用人单位应积极争取工伤预防项目

用工伤保险基金在企业实施工伤预防项目是工伤保险制度走向成熟的重要标志，各类用人单位应给予足够的重视，把握机遇，积极申请工伤预防项目，促进本单位工伤预防工作。

一、进一步端正对工伤预防的认识

（1）克服"做好安全生产工作就够了"的片面思想，认识到安全生产工作不能代替工伤预防工作。在做好安全生产工作的同时加强工伤预防工作能进一步减少用人单位工伤事故的发生率，保护好人力资源这一最重要的生产力，促进单位更全面、可持续发展。

（2）克服"我参加了工伤保险，发生工伤由工伤保险基金赔付，对我影响不大"的不正确想法。认识到工伤预防工作关系"弘扬生命至上"理念，是"以人为本"的重要实践。

（3）克服"生产任务重，难以投入人力、物力、财力搞工伤预防工作"的错误观点。认识到工伤预防所需"财力"可以得到工伤预防费的补充；

“人力”可以借助第三方的技术力量，“他山之石可以攻玉”，同时培养自己的专业技术人才，一举两得；“物力”完全可以和安全生产“共享”。

（4）认识获批预防项目的好处。一是可借用“外脑”（第三方专业人员）为单位工伤预防服务；二是为工伤预防工作“造血”，在实施项目的过程中提升本单位工伤预防人员工作能力和技术水平；三是自我“施压”，单位为完成项目目标，必定要投入力量抓紧工作，同时项目管理部门也会督促完成项目目标，这些“压力”可以有效地促进用人单位的工伤预防工作；四是可以得到工伤预防专项资金的资助。

二、大中型企业积极引领示范

按《工伤预防费使用管理暂行办法》的规定，大中型企业工伤预防项目应由企业申请，申请项目实际上是对企业工伤预防人才的训练，若确有困难可以取得第三方机构的帮助。鉴于绝大部分用人单位都未开展过工伤预防项目，借鉴江西省工伤预防工作试点的经验，下面列出的“申请工伤预防项目报告”供参考。

关于申请实施工伤预防项目的报告

×××人力资源和社会保障局：

按你局公布的××××年度工伤预防重点领域，我公司属重点领域内企业。（这里可简单介绍公司经营情况、既往工伤预防工作情况、工伤事故发生情况及工伤补偿情况等）为进一步做好我公司的工伤预防工作，减少工伤事故，我公司按《××省工伤风险程度评估标准》进行了工伤风险评估，找出了存在的工伤预防缺陷，提出了完善的措施。现特申请××××年度工伤预防项目。由于我公司生产任务繁重，同时缺乏工伤预防专门人才，难以抽调本公司职工专门完成本项目。为圆满达成确定的工伤预防项目目标，同时培养本公司的工伤预防人才，本项目拟交由有能力的第三方机构承担。请予批准！

附：工伤风险评估报告、实施方案、绩效目标、工伤预防项目申报书。

×××公司（盖章）

××××年××月××日

附件1：×××公司工伤风险评估报告（可请第三方帮助完成评估，报告范本可参阅第六章工作实践相关节内容）

附件2：实施方案（可参阅第六章工作实践相关内容）

附件3：绩效目标、项目内容及预算

1. 绩效目标

（1）单位法人代表及领导班子成员较深刻地认识到工伤预防工作对促进社会和谐、单位发展、职工幸福的重要性，确信做好工伤预防工作能有效地降低工伤事故的发生率，明白各自在工伤预防工作中的职责，具有必要的领导工伤预防工作的能力。

（2）单位中层负责人较深刻地认识到工伤预防工作对促进社会和谐、单位发展、职工幸福的重要性，相信做好工伤预防工作能有效地降低工伤事故的发生率，明白各自在工伤预防工作中的职责，掌握本职范围内的工伤预防技能，能结合实际做好相关的工伤预防工作。

（3）每个职工进一步了解工伤预防工作，掌握个人预防工伤的技能，工伤预防必须时时刻刻牢记并在工作中全程实行。

（4）单位综合工伤风险指数下降20%以上。按下式计算：

（实施项目上年度工伤风险指数-实施项目年度工伤风险指数）/
实施项目上年度工伤风险指数

注：江西省21家工伤预防试点用人单位实施预防项目后工伤风险指数平均下降43.7%（详情见本章第四节相关内容）。

（5）工伤事故发生率降低10%以上。按下式计算：

（实施项目上年度工伤事故发生率-实施项目年度工伤事故发生率）/
实施项目上年度工伤事故发生率

年度工伤事故发生率=年度发生工伤人（次）数/年度职工总数

注：江西省21家工伤预防试点用人单位实施预防项目后合计工伤事故发生率下降21.2%（详情见本章第四节相关内容）。

（6）支缴率降低10%以上。按下式计算：

（实施项目上年度支缴率-实施项目年度支缴率）/实施项目上年度支缴率

年度支缴率=年度保险基金支付给单位该年度工伤职工的待遇总额
（不含往年工伤保险长期待遇金额）/
单位该年缴纳的工伤保险费总额

注：江西省21家工伤预防试点用人单位实施预防项目前一年度合计年度支缴率为110.7%，实施项目后合计年度支缴率为48.9%，支缴率下降55.8%（详情见本章第四节相关内容）。

特别说明：第5项、第6项指标系“硬指标”，但由于工伤事故存在偶发性特征，项目结束后，可能因未致残工伤人（次）数造成第5项指标未达到目标，也可能突发疾病工亡而造成第6项指标未达目标。因此，出现这两项指标未达标时应按实际情况作具体分析。

2. 项目内容及预算

(1) 培训单位工伤预防工作人员2人。进行工伤预防系统培训1天（6学时）。费用：教材费（30元/本×2本）60元、自助餐费（80元/人×2人）160元、讲课费（3人讲课，300元/人×3人）900元、其他（20%）224元。合计1 344元。

(2) 各工伤预防工作人员完成预防实习（对本单位工伤风险进行评估，找出本单位工伤预防缺陷、提出完善措施，1名专家指导，30天内完成）。评估报告编写稿费（单位工伤预防工作人员稿费600元/人×2人；专家审稿费800元）2 000元、专家到现场指导3次劳务费（300元/次×3次）900元、下现场3次交通费（100元/次×3次）300元、其他（20%）640元。合计3 840元。

(3) 对单位领导进行工伤预防培训1小时（结合单位工伤预防实际讲解单位领导如何做好本单位工伤预防工作），然后自学。培训教材编写费1 000元、培训教材制作费（30元/本×6本）180元、专家劳务费（300元/人×2人）600元、专家交通费（100元/人×2人）200元、其他（20%）396元。小计2 376元。

(4) 对单位中层负责人进行工伤预防培训1小时（结合单位工伤预防实际，讲解中层负责人如何做好本单位工伤预防工作），然后自学。培训教材编写费1 000元、培训教材制作费（30元/本×15本）450元、专家劳务费（300元/人×2人）600元、专家交通费（100元/人×2人）200元、其他（20%）450元。合计2 700元。

(5) 对单位全体职工进行工伤预防培训，每场1小时（结合单位工伤预防实际讲解职工如何做好工伤预防，单位人数按600人，每单位4场），然后自学。培训教材编写费1 000元、培训教材制作费（20元/本×600本）12 000元、专家劳务费（300元/人场×3人×4场）3 600元、专家交通费（100元/人次×3人×4次）1 200元、其他（20%）3 560元。合计21 360元。

(6) 单位工伤预防主题宣传牌2块。设计费200元、制作费（2 000元/块×2块）4 000元、其他（20%）840元。合计5 040元。

(7) 单位车间（局部）工伤预防提示牌6块。设计费200元、制作费（500元/块×6块）3 000元、其他（20%）640元。合计3 840元。

(8) 单位岗位（班组）工伤预防警示牌10块。设计费200元、制作费（400元/块×10块）4 000元、其他（20%）840元。合计5 040元。

(9) 个人工伤预防宣传手册600本（每人1本）。设计费200元、印制费(3元/本×600本) 1 800元、其他（20%）400元。合计2 400元。

(10) 发布工伤预防提示手机信息1年（6次）。设计费（100元/次×6次）600元、发送成本及劳务费600元、其他（20%）240元。合计1 440元。

(11) 指导完善预防措施。专家劳务费（300元/人次×1人×3次）900元、专家交通费（100元/人次×1人×3次）300元、其他（20%）240。合计1 440元。

(12) 项目总结（实施工伤预防项目1年后进行预防效果检验并总结）。专家现场调研费（300元/人×2人）600元、专家交通费（100元/人×2人）200元、材料编写费1 000元、其他（20%）360。合计2 160元。

(13) 验收（专家3人）。专家评审及现场检查劳务费（600元/人×3人）1 800元、专家交通费（100元/人×3人）300元、其他（20%）420。合计2 520元。

总计：55 500元。

附件4：工伤预防项目申报书

1. 项目基本情况表

<table>
<tr><td rowspan="2">基本情况</td><td colspan="2">项目名称</td><td colspan="3">×××公司工伤预防措施</td><td colspan="2">项目类别</td><td colspan="2">培训和宣传</td></tr>
<tr><td colspan="2">开展地点</td><td colspan="2">本公司：××市××路××号</td><td colspan="2">开展周期</td><td colspan="3">××××年××月至××××年××月</td></tr>
<tr><td rowspan="4">第一负责人</td><td colspan="2">姓名</td><td colspan="2"></td><td>性别</td><td>1. 男　2. 女</td><td>出生年月</td><td colspan="2">年　月</td></tr>
<tr><td colspan="2">技术职称或行政职务</td><td colspan="3"></td><td colspan="2">所在单位或部门</td><td colspan="2"></td></tr>
<tr><td colspan="2">现在从事的工作</td><td colspan="3"></td><td colspan="2">联系电话</td><td colspan="2"></td></tr>
<tr><td colspan="2">电子邮箱</td><td colspan="3"></td><td colspan="2"></td><td colspan="2"></td></tr>
<tr><td rowspan="6">主要人员情况（含第一负责人）</td><td>序号</td><td>姓名</td><td>性别</td><td>年龄</td><td>职务、职称</td><td>从事专业</td><td>单位</td><td>项目分工</td><td>签字</td></tr>
<tr><td>1</td><td></td><td></td><td></td><td></td><td></td><td></td><td></td><td></td></tr>
<tr><td>2</td><td></td><td></td><td></td><td></td><td></td><td></td><td></td><td></td></tr>
<tr><td>3</td><td></td><td></td><td></td><td></td><td></td><td></td><td></td><td></td></tr>
<tr><td></td><td></td><td></td><td></td><td></td><td></td><td></td><td></td><td></td></tr>
<tr><td></td><td></td><td></td><td></td><td></td><td></td><td></td><td></td><td></td></tr>
</table>

续表

主要人员情况（含第一负责人）									

2. 项目实施意义和内容

（一）立项必要性、可行性和工伤风险评估报告

1. 必要性：我公司属国有控股大型机械制造企业，历来重视安全生产，由于多种原因，工伤事故仍时有发生，已被列入工伤预防重点领域。为提高我公司全体职工工伤预防理念，形成企业工伤预防文化，做好工伤预防工作，降低工伤事故的发生率，保护职工的安全健康，促进企业和谐发展，迫切需要工伤预防项目。

2. 可行性：(1) 我公司领导有开展工伤预防项目的强烈愿望，可以按实施项目需要提供条件和安排；(2) 已聘请第三方机构对我公司进行了工伤风险程度评估，综合风险指数高达432，查明了多项工伤预防缺陷，可针对性地进行工伤预防宣传、培训。

（二）开展内容（从工伤事故和职业病预防宣传和培训两大方面进行描述。具体到宣传和培训的对象、时间、场地、内容、频次、方式、效果等进行全面阐述）

针对单位工伤预防存在的缺陷开展相应的宣传、培训，具体内容如下：

1. 对单位工伤预防人员进行工伤预防法律法规及如何做好本单位的工伤预防工作的系统培训。6小时讲课（专门安排1天），在工伤预防人员办公室进行；工伤预防实习30天（专家指导）。

2. 结合单位实际编写单位领导培训教材、中层负责人培训教材、其他职工培训教材。

3. 对单位领导进行工伤预防法规、理念、单位存在的工伤预防缺陷、如何领导单位的工伤预防工作等培训。1小时讲课（专门安排时间或领导全体会议前后进行），领导会议室进行；16小时自学（专家和领导互动，同时专家提醒领导自学）。

4. 对中层负责人进行工伤预防法规、理念、单位存在的工伤预防缺陷、工伤预防责任、如何履行职责等培训。1小时讲课（专门安排时间），

在单位会议室进行；16小时自学（专家和中层负责人互动，同时专家辅导自学）。

5. 对其他职工进行工伤预防理念及个人如何做好工伤预防培训。分4批培训全部职工，1小时讲课（专门安排时间），在职工会议室或食堂进行；16小时自学（专家和职工互动，同时相关中层负责人督促其自学）。

6. 制作、安装工伤预防主题宣传牌、局部提示牌、岗位警示牌。

7. 制作发放工伤预防培训资料、教材。

8. 不定期发送工伤预防手机信息每人6次（专家根据单位工伤预防工作情况编写信息）。

9. 全员践行工伤预防项目相关措施（专家指导）。

10. 检验工伤预防工作效果并总结。

（三）进度安排（详细说明各阶段工作内容起始时间）

1.（二）中第1~7项3个月内完成。

2.（二）中第8、第9两项在完成1~7项后开始，为期12个月。

3.（二）中第10项在第8、第9项完成后1个月内完成。

3. 项目绩效目标

（一）预期达到指标效果和考核指标，包括工伤和职业病事故的发生率（工伤和职业病事故人（次）数/职工人数）、工伤死亡发生率（死亡人数/职工人数）、工伤保险基金支缴率（工伤保险基金支出/工伤保险缴费）等

1. 单位法人代表及领导班子成员较深刻地认识到工伤预防工作对促进社会和谐、单位发展、职工幸福的重要性，确信做好工伤预防工作能有效地降低工伤事故的发生率，明白各自在工伤预防工作中的职责，具有必要的领导工伤预防工作的能力。

2. 单位中层负责人较深刻地认识到工伤预防工作对促进社会和谐、单位发展、职工幸福的重要性，相信做好工伤预防工作能有效地降低工伤事故发生率，明白各自在工伤预防工作中的职责，掌握本职范围内工伤预防技能，能结合实际做好相关的工伤预防工作。

3. 每个职工进一步了解工伤预防工作，掌握个人预防工伤的技能，工伤预防必须时时刻刻牢记并在工作中全程实行。

4. 单位综合工伤风险指数下降20%以上。

5. 工伤事故发生率降低10%以上。

6. 支缴率降低10%以上。

(二) 预期社会效益和经济效益

1. 全员逐步树立正确的工伤预防理念，形成单位的“工伤预防文化”，是企业的宝贵无形资产，将对企业和谐发展起重要作用。

2. 企业工伤风险程度较低，将有效较低工伤事故发生率。

3. 减少10%的工伤人数，直接保护了企业最宝贵的生产要素——人力资源。

4. 支缴率降低10%，对维护工伤保险基金安全起到积极作用。

4. 申请经费预算表

申请经费总额5.55（万元）	其中（2019）年（2.77）万元；（2020）年（2.78）万元	
其他经费来源及金额	—	
支出项目	金额（万元）	计算根据及理由
宣传材料购置费	1.1	见项目内容及预算
宣传差旅费	—	—
宣传会务费	—	—
宣传工作出版、文献、信息传播、知识产权费	0.14	见项目内容及预算
宣传场租费	—	—
培训会务费	—	—
培训材料购置费	1.449	见项目内容及预算
培训差旅费	0.27	见项目内容及预算
培训场租费	—	—
培训工作出版、文献、信息传播、知识产权费	0.66	见项目内容及预算
劳务费	0.99	见项目内容及预算
专家咨询费	—	—
其他支出	0.941	见项目内容及预算
总　　计	5.55	—

5. 申报单位意见

（对项目意义、实施方案可行性、主要负责人和工作人员的素质与水平及本单位支持措施签署具体意见） 实施本项目对我单位发展具有重要的战略意义，能够促进单位形成工伤预防文化，培养工伤预防人才，提高全体职工工伤预防理念。当前可减少工伤人数的发生，将来是企业发展的根基，我单位迫切需要实施预防项目。 本项目请专业团队（或专家指导）完成，实施方案经过工伤预防工作试点实践检验，能收到良好的预防效果。 本单位将积极支持项目实施： 1. 指派有能力的人员担任工伤预防工作人员。 2. 安排组织好单位领导、中层负责人及全体职工的培训并督促大家按要求自学。 3. 配合做好工伤预防宣传工作。 4. 按降低单位工伤风险程度的要求，组织人、财、物完善相应的工伤预防措施。 年　月　日（盖章）

三、中小微企业积极争取工伤预防项目

按《工伤预防费使用管理暂行办法》的规定，中小微企业的工伤预防项目由人力资源和社会保障部门根据需要安排，因此，这些企业应积极向相关部门反映自己的诉求，争取项目。

第六节　工伤预防项目实施流程

为便于用人单位实施工伤预防项目，现将本章的主要工作内容进行归纳汇总，详见表4—34。

表 4—34　　用人单位实施工伤预防项目工作汇总表

顺序	名称	主要内容	备注
1	工伤风险程度评估	（1）按工伤风险程度评估标准评估本单位工伤风险情况，查找工伤预防缺陷。 （2）结合单位实际提出完善缺陷的措施，侧重宣传、培训措施，同时考虑其他相应的措施。	（1）找出工伤预防缺陷，采取有针对性的完善措施是实现“精准预防”的关键步骤。 （2）可聘请第三方专家帮助培训本单位人员并担任技术指导，费用可计入培训费。
2	申报工伤预防项目	（1）结合实际，正确确定项目内容，确保预防效果好，可行性高。 （2）确定明确可及的项目绩效目标。 （3）切实可行的实施方案。 （4）中小微企业的工伤预防项目由统筹地区人力资源和社会保障部门会同财政、卫生健康、应急管理等部门确定，这些企业应主动反映自己的要求。	（1）最好由第三方机构承担项目：一是不影响生产；二是利于提高完成项目的质量。 （2）国家正大力支持中小微企业发展，工伤预防工作是企业发展的基本要素之一。
3	培训单位工伤预防骨干	（1）提高对工伤预防的认识，树立建立单位工伤预防文化理念，明确工伤预防职责。 （2）具备对本单位进行工伤风险程度评估及查找工伤预防缺陷的能力。 （3）掌握推进单位工伤预防宣传、培训和完善预防措施的技能。 （4）学习工伤预防法律法规、政策，工伤风险程度评估标准，工伤预防知识和技能。	每个用人单位培训 2 位以上工伤预防骨干，一是配合（或主持）完成工伤预防项目；二是项目完成后继续推进本单位工伤预防工作，形成工伤预防可持续发展。
4	培训单位领导成员	（1）提高对工伤预防工作的认识，树立建立单位工伤预防文化理念，明确自己的工伤预防工作职责。 （2）了解单位工伤预防缺陷情况，掌握领导需要的工伤预防工作技能和管理能力。	根据实际编写培训教材，内容重点为如何领导和支持相关部门和人员做好工伤预防工作。
5	培训单位中层负责人	（1）提高对工伤预防工作的认识，树立建立单位工伤预防文化理念，明确自己的工伤预防工作职责。 （2）了解单位工伤预防缺陷情况，掌握本岗位需要的工伤预防技能和管理能力。 （3）明白如何支持领导、配合相关部门（或人员）做好本单位的工伤预防工作。	根据实际编写培训教材，内容重点为中层负责人如何做好承上启下的重要责任，以及具体的工伤预防工作职责，提高其工伤预防理念和能力十分重要。

续表

顺序	名称	主要内容	备注
6	培训全体职工	（1）树立个人是工伤预防主体的观念，形成长期坚持预防和全面预防的共识。 （2）掌握本岗位做好工伤预防的知识和技能。 （3）掌握预防与工伤相关的意外伤害知识和能力。 （4）具备正确处理事故能力和自我保护能力。	根据实际编写培训教材，内容要特别强调"生命至上"观念及提高个人工伤预防能力培养。
7	对单位全员进行工伤预防宣传	（1）提高全体职工工伤预防意识的主题宣传。采用大型宣传牌，从全单位层面宣传工伤预防：一是内容针对单位工伤预防工作的需要；二是醒目，职工一进入单位（或单位整体活动）就能看见并引起警觉。 （2）提高职工工伤预防意识的局部（车间、分公司、单位下属部门）宣传。根据局部预防需要进行工伤预防知识宣传和警示。 （3）基层（班组、岗位）宣传。根据基层特点进行工伤预防提示。 （4）个人宣传。发放宣传读本、采用网络、短信等方式针对个人岗位特点、气候变化、工作状态变化等提醒个人注意预防工伤。	宣传工伤预防理念，形成单位的工伤预防文化。
8	完善工伤预防管理制度和操作规程	（1）建立完善工伤预防三级管理体系。 （2）建立完善工伤预防四级责任制（全单位级、部门（和车间）级、基层班组级和个人岗位级）。 （3）建立完善预防交通事故、生产区域内活动意外伤害、单位集体活动意外伤害、因公外出意外伤害相关规定。 （4）完善预防工伤岗位操作规程。 （5）完善工伤预防个体防护管理制度等。	可在已有的规章制度基础上完善。 以上3~8项培训和宣传项目可交叉进行，并在3个月内完成。
9	实施工伤预防措施	（1）督促单位领导、中层负责人、每位职工消化培训内容、自学培训材料其他内容并在日常工作（生产）中践行。 （2）督促全员执行完善后的工伤预防规章制度。 （3）坚持进行工伤预防宣传、培训。 （4）不断完善其他的工伤预防技术措施和个体防护。	这些预防内容作为完成预防项目的重要环节，不间断实施1年以上。

续表

顺序	名称	主要内容	备注
10	总结预防项目	（1）实行工伤预防措施1年后进行再次工伤风险程度评估，并与实行预防措施前评估情况对比，研究工伤风险指数的变化情况、工伤预防缺陷的完善情况，综合评价预防效果。 （2）综合分析预期的工伤事故发生率、工伤赔付情况（支缴率）等目标的达成情况。	—
11	项目验收	形成项目验收报告并配合相关部门验收。	—

第五章

工伤预防项目服务单位工作内容

工伤预防项目服务单位（含承担工伤预防项目的行业协会、大中型企业）是实现“精准预防”并完成工伤预防项目的主要责任方，必须按已批准的项目内容，积极主动、拓展创新（拓展创新是指申报项目或签订服务协议时即使未明确，但在实施项目过程中认识到确实需要做的工作）地完成一些具体工作项目，确保取得良好的效果。本章从实践的角度，提出工伤预防项目服务单位的一些具体重点工作。

第一节　组成能确保完成项目的工作机构

工伤预防项目服务单位根据实施项目的需要组成相应的工作机构至关重要，是确保按要求完成项目的基本条件之一，务必认真做好。项目工作机构的构架、责任及对人员的主要要求如下：

1. 项目负责人

项目负责人对完成项目全面负责：一是全面设计完成项目的技术路线、计划进度；二是指挥工作机构协调地推进工作；三是协调解决完成项目过程中发生的困难和相关问题；四是审定项目总结报告等。

项目负责人应具有较高的工伤预防专业工作能力，较强的专业工作组织能力、内外协调能力和专业工作总结能力。

2. 专业技术工作组

专业技术工作组设1名负责人，成员人数依项目大小确定，一般以1~3人为宜。技术组成员应是熟悉工伤预防工作的专业技术人员或从事安全生产的专业技术人员。

专业技术工作组的职责主要包括以下几个方面：

（1）指导用人单位进行工伤风险程度评估。

（2）和用人单位共同完成工伤风险程度评估报告。

（3）查找工伤预防缺陷，分析存在缺陷的原因，提出预防措施。

（4）按预防措施要求编写宣传、培训材料，含用人单位法人代表及领导工伤预防培训材料、工伤预防管理技术人员及中层负责人工伤预防培训材料和职工工伤预防培训材料等。

（5）策划和编写对全单位的主题宣传、对车间（部门）的局部宣传、对职工个人宣传工伤预防的方式及内容。

（6）完成对用人单位法人代表及领导、工伤预防工作人员及中层负责人和全体职工的工伤预防培训。

（7）在气候变化、节日假期前后、生产紧张等容易发生工伤事故的特殊时期，编写通过短信、微信、电子邮件等手段向职工个人发布的工伤预防提示警句。

（8）对用人单位实施的预防项目进行全程跟踪，及时解决相关问题。

（9）编写总结报告。

（10）写工作日记，供编写总结及评估验收报告用。

3. 保障服务组

保障服务组设 1 名负责人，成员人数依项目大小确定，一般 1~2 人为宜。保障服务组成员应综合工作能力较强，有摄像、摄影技能。

保障服务组职责：

（1）印制技术组编写的培训材料。

（2）根据技术组策划和编写的宣传内容，设计宣传媒体（广告牌、板报、条幅、动漫、宣传画、宣传册）的版面，使宣传媒体引人注目，获得更好的宣传效果，并联系制作、送达项目单位。

（3）按技术组的要求，在“特殊时期”向职工个人发布工伤预防警句。

（4）收集、编辑项目服务全过程的技术材料、宣传培训资料及摄录宣传培训相关音像资料。

（5）协助技术组开展工作及完成项目负责人交办的工作。

（6）写工作日记，供编写总结及评估验收报告用。

第二节　完成工伤预防缺陷调查

认真对用人单位工伤预防工作进行全面调查，准确找到用人单位工伤预防存在的缺陷是做好工伤预防、取得良好预防效果的关键环节。虽然说所有安全生产的缺陷都是工伤预防的缺陷，但还远远不够，工伤预防还需查找造成上下班途中的交通事故伤害、工作区域和工作过程中的意外伤害、与工作相关的活动伤害、工作岗位突发疾病、因公外出伤害、单位集体活动伤害等的制度与管理缺陷。查找缺陷的方法可依实际情况有所不同，这里推荐按以下10个方面的查找路径。

1. 工伤预防理念缺陷查找

查找对单位领导、各级负责人及职工提高工伤预防意识的宣传、培训等方面存在的缺陷。

（1）工伤预防宣传情况：

1）用人单位有没有进行提高全体职工工伤预防意识的宣传，比如在单位范围内适当位置设有宣传牌、彩喷宣传板、电子宣传板等永久性的主题宣传媒体。该宣传媒体能醒目地、经常性地提醒全体职工注意预防工伤。

2）有没有在车间（分厂、分公司）有针对性地对职工进行工伤预防宣传，比如在车间（分厂、分公司）设有定期更换的局部宣传媒体，针对本车间（分厂、分公司）的实际情况宣传工伤预防。此宣传旨在提醒职工上岗时必须注意预防工伤。

3）有没有对职工个人进行工伤预防宣传，比如采用语音、短信、网络、印刷品等方式，针对个体情况进行工伤预防宣传。此宣传旨在提醒职工经常对面临的工伤风险保持高度注意，以及提醒相关职工在环境、气候、工作状况发生变化时要注意预防工伤。

（2）工伤预防知识和技能培训情况：

1）是否根据单位工伤预防的实际情况，分别编写对单位领导、中层负责人、全体职工进行工伤预防培训的培训资料或教材并分别发放，做到人手一册。工伤预防对不同的人群有不同的要求，分别编写发放是为了增强培训效果。

2）有没有分别对用人单位领导、中层负责人、其余职工进行工伤预防培训。特别要强调每个人都要接受培训，但培训方式可以多样。

（3）工伤预防管理体系的建立和完善情况。用人单位是否建立单位最高级（全单位）、单位中间级（车间、分厂、分公司）、单位基层级（班、组）工伤预防管理机构，且机构设置情况完善。可以和安全生产管理机构合署办公，但必须明确工伤预防的管理职责。

（4）工伤预防责任制建立和完善情况。用人单位是否建立法人代表、各副职领导、各中层（车间、部门、分厂、分公司）负责人、各基层（班组）负责人、职工个人工伤预防责任制，并完善其内容。安全生产责任不能代替工伤预防责任，工伤预防责任覆盖面相比更宽于安全生产责任。

2. 参加工伤保险缺陷查找

查找用人单位是否全员参加工伤保险，职工参加了工伤保险就有享受工伤保险待遇的权利——接受工伤预防教育；也有执行《工伤保险条例》的义务——主动预防工伤的发生。参保的人数比例越小，风险越大。

3. 预防与工作相关的意外伤害缺陷查找

查找预防因在工作区域内进行或与工作相关活动、单位集体活动和因公外出等发生意外伤害的缺陷。

（1）上下班交通缺陷。以步行、自行车、电动车、乘机动车等方式上下班都有可能发生交通事故，但以步行、自行车、电动车方式上下班缺陷最大，应尽量减少以这些方式上下班的人数，同时查找上下班路径中的缺陷（特别是职工上下班经常经过的大门口的交通缺陷）、机动车使用管理上的缺陷及有没有针对本单位职工进行预防交通事故的宣传教育等。

（2）有没有制定单位职工在生产区域内活动预防意外伤害的守则，生产区域内是否存在易发生意外伤害的因素等。

（3）有没有制定单位集体活动预防意外伤害的守则等。

（4）有没有制定单位职工因公外出预防意外伤害的守则等。

4. 岗位缺陷查找

依据岗位风险类别表（参见第六章工作实践内容）检查：一是查找用人单位全部岗位有没有表中所列的一类至六类的项；二是查找在不同类别岗位工作的人员数。岗位类别越高，在高类别岗位工作的人数越多，岗位风险就越大。

5. 生产（工作）技术条件缺陷查找

从工伤预防角度查找工作环境、工艺、设备、原料等存在的缺陷。

（1）特种设备缺陷。指电梯、厂内运输车辆、起重设备等被安全生产行政管理部门、行业监管部门要求安全年检的生产设备是否按规定进行了年检，是否存在未经年检或年检不合格的设备投入使用的情况。

（2）特种作业人员缺陷。指查找电工、电焊工、压力容器操作工（锅炉工）、起重设备操作工、场内运输车辆操作工、易燃易爆操作工等被安全生产行政管理部门、行业监管部门要求持有特种作业人员操作证的人员的持证上岗情况。

（3）技术条件缺陷。一是工作场所空气中有毒有害、易燃易爆气体或固态、液态悬浮物等的浓度是否超过国家规定的允许浓度（或行业、企业规定的允许浓度），异常气温，辐射，噪声，有伤害风险的水、电，是否超过国家标准；二是加工原料性质（易燃易爆、有毒有害、刺激、腐蚀及物理特性等）是否会对人造成伤害；三是生产工艺（切削、冲击、碾压、高热、极冷、爆炸、辐射、工作姿势不良、劳动强度大、紧张程度高等）是否会对人造成伤害。

6. 岗位预防工伤的管理办法缺陷查找

根据生产、工作岗位（工种）预防工伤所需的管理办法查找。一般来说，岗位安全生产规程（管理办法）都比较完善，但从工伤预防的需要来看，还会有些缺陷，比如在岗位上预防意外伤害、突发疾病、突发生产事件时的应急处置（人和财产的关系，当抢救财产可能危及人的生命安全时，应把人的安全放在第一位）等。

7. 预防工伤的防护装置缺陷查找

根据生产、工作岗位预防工伤的需要，对预防工伤的防护装置的缺陷进行查找。

（1）防护装置的齐全程度的缺陷。查找凡需设置防护装置的岗位是否全部设置。

（2）设置的防护装置完善程度的缺陷。查找已设置的防护装置是否完善。有国家、行业、企业标准（规定）的，按标准（规定）查找；无标准的，根据实际情况确定。

8. 劳动防护用品缺陷查找

按防止工作岗位危害因素对个体造成危害的配备规定，对劳动防护用品品种、质量和职工使用情况进行查找。

（1）劳动防护用品品种缺陷查找。查找所有应配备劳动防护用品的岗位是否都配备了相应的防护用品。

（2）劳动防护用品质量缺陷查找。已配备的劳动防护用品质量是否合格。

以上两项，有国家、行业、企业标准（规定）的，按标准（规定）查找；无标准（规定）的，根据实际情况确定。

（3）职工使用劳动防护用品缺陷查找。检查所有应使用劳动防护用品的岗位，在岗职工是否都在使用。

9. 工伤人（次）数及伤残程度缺陷查找

查找既往 1~2 年发生工伤的人（次）数及伤残程度，研究当时事故分析报告，找出重点加强预防的场所、时段、人群、岗位等。

10. 工伤补偿缺陷查找

查找工伤职工职业康复情况，工伤职工康复后是否进行了劳动能力鉴定。

以上 10 个方面基本上包含了工伤预防所需要完善的工作。若能按工伤风险程度评估标准对用人单位进行评估则更好，因为当项目实施后再次评估，利于检验其实施效果。

第三节　提出消除缺陷的措施并实施

根据查找到的工伤预防缺陷，结合“协议”要求，研究提出有针对性的完善措施并实施这些措施是项目核心工作，务必以高度的责任心踏踏实实地完成。由于落实工伤预防项目是以宣传、培训为主，以下以江西省的实际工作经验为例，归纳主要措施和实施方法。

一、加强工伤预防宣传，提高全体职工工伤预防意识

1. 设立针对激励全单位职工投入工伤预防的主题宣传媒体

位置要突出，要让大多数职工每天都能看见，比如在上下班必经之路处、用餐处等；外形要醒目，有别于其他宣传媒体；内容要有号召性、激励性等。如图 5—1 所示的企业工伤预防试点工作中使用的主题宣传牌“我公司开始工

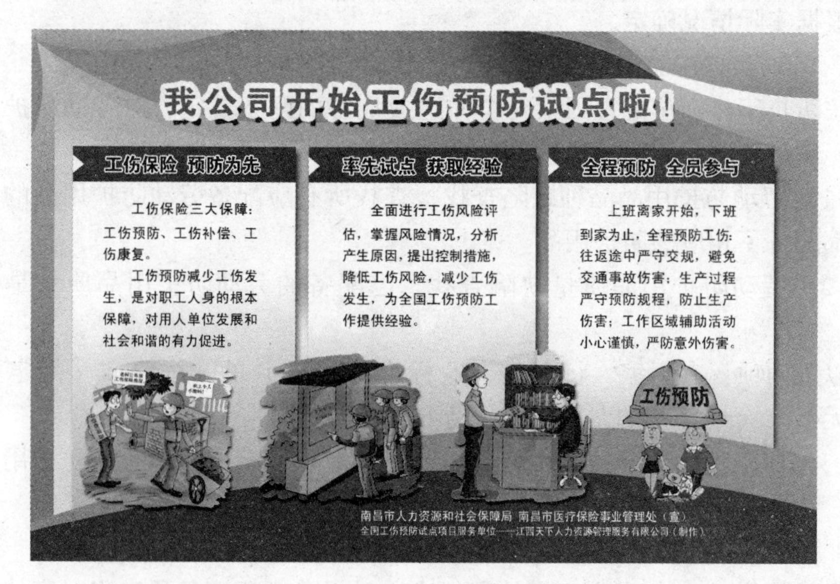

图 5—1　企业工伤预防主题宣传画

伤预防试点啦!”具体内容分宣传工伤保险、工伤预防试点、全员投入全程工伤预防3个板块。该宣传牌为移动式，可立于公司大门口、食堂门口、也可临时移至全公司会议场所。

2. 设立车间（区域）局部性的宣传媒体

此类媒体位置要适当，应让本车间（区域）工作的职工上班就能看见，使其一进入车间（区域）就激发对工伤预防的“大脑兴奋状态”。内容可以是该车间（区域）的工伤风险源+预防办法+工伤事故案例，也可以是激发性的提示。

例：工伤预防“三件宝”

工伤预防温馨提示：您已进入生产区域，请注意预防工伤哦！用好预防“三件宝”，终生幸福全家好！

一宝：岗前自查，请检查是否疲劳、情绪波动、身体不适，若是！请不要上岗。

二宝：岗中守纪，作业时严格遵守安全操作规程，防止自己伤害自己、自己伤害他人、他人伤害自己。

三宝：控灾自救，工作场所发生灾害事故，既要采取正确措施防止灾害扩大，更应防止自己及同事受到伤害。

3. 采用语音、短信、网络、印刷品等方式，针对每个职工进行工伤预防宣传

例如，可以为用人单位的职工每人发给一本“工伤预防宝典”（宣传、培训材料）及在气候突变、节假日前后时间里发送一些提示短信。如国庆长假后发送“节后预防工伤先三步：上班前夜收回放飞的心，恢复平常状态；作业前检查工具、设备处于正常状态，复忆操作规程；作业开始精力高度集中，防止事故，完成任务!”

二、结合实际进行工伤预防培训

1. 编印并发放工伤预防培训材料

针对用人单位的实际情况，可分别编发培训材料，具体可有以下三种形式和内容。

（1）编发《×××公司法人代表及公司领导工伤预防须知》，主要内容包括：法人代表及公司领导应知的《工伤保险条例》等法律法规和规章制度要点，本公司所属的行业领域存在的危险及预防措施，法人代表及其他领导成

员的工伤预防和安全生产责任，本公司工伤风险程度评估结果及分析、降低工伤风险程度的措施。单位领导每人一本。

（2）编发《×××公司专职工伤预防工作人员及中层负责人工伤预防手册》，主要内容包括：专职人员及中层负责人应知的《工伤保险条例》等法律法规和规章制度的基本内容，本公司所属行业领域中普遍存在的工伤风险源及管理措施，本公司工伤预防工作人员及其他中层负责人的工伤预防职责，本公司工伤风险程度评估结果及分析，降低工伤风险程度的措施。单位中层管理人员每人一本。

（3）编发《×××公司职工工伤预防读本》，主要内容包括：运用《工伤保险条例》等法律法规、规章制度维护自己的权益，本公司所属行业领域中普遍存在的工伤风险源及管理措施，行业职工安全操作规则，本公司工伤风险程度评估结果及分析。单位职工每人一本。

2. 开展工伤预防现场培训

（1）为便于开展工伤预防工作，对用人单位领导及参与工伤预防工作的人员进行工伤预防政策和方法培训，主要内容包括：一是学习工伤预防工作相关文件；二是讲解工伤风险程度评估标准、工伤风险评估办法、岗位风险类别等技术文件；三是讲解单位进行工伤风险程度自我评估的方法。

（2）用人单位完成工伤风险程度评估后，为利于实施工伤预防措施，分别对用人单位的领导、中层负责人、全体职工进行工伤预防知识和技能培训。培训的主要内容有：一是讲授《工伤保险条例》等法律法规、规章制度；二是讲授工业现代化与工伤预防；三是请交警讲授上下班途中如何预防交通事故；四是以“须知”“手册”“读本”为蓝本，讲解各单位工伤风险评估情况、产生风险的原因及降低风险的措施。

三、指导用人单位完善工伤预防规章制度

1. 建立三级工伤预防管理体系

（1）单位最高级预防管理机构，如建立“×××公司工伤预防领导小组”（可与已有的安全生产管理部门合署办公）承担公司级工伤预防工作责任。领导小组组成如下：

1）组长：×××（法人代表或一名分管相关工作的副总经理）。

2）副组长：×××（分管相关工作的副总经理或承担工伤预防职能部门负责人）。

3）成员：×××、×××、×××、……（工伤预防职能部门、工会、财务部

门、生产部门、车间负责人等5~7人）。

（2）中层预防机构，各车间（分公司）成立“×××车间工伤预防工作小组”（可与安全生产相应机构两块牌子，一套人马），负责本车间（分公司）工伤预防工作。

1）组长：×××（车间负责人）。

2）成员：×××、×××、×××、……（车间工伤预防工作人员、工会小组人员、班组人员3~5人）。

（3）基层预防机构，即在单位内最小的工作单元（班组）设兼职工伤预防员（一般由班组长兼任）负责做好本单元的预防工作。

2. 建立四级工伤预防责任制

（1）公司级工伤预防责任

1）法人代表的职责：

①认真贯彻执行《工伤保险条例》等法律法规、规章制度，依法推进全公司的工伤预防工作。

②对公司工伤预防负第一领导责任，对公司工伤预防实施全面领导。

③在计划、布置、检查、总结公司全面工作时，同时统筹安排工伤预防工作。必要时召开专门会议，研究、部署工伤预防工作。

④审定、颁布公司的工伤预防规章制度和操作规程，建立健全各级工伤预防责任制并组织实施。

⑤把工伤预防费用纳入公司生产经费预算并及时落实到位。

⑥建立健全工伤预防管理机构，配置相应的人员及必要装备。

⑦掌握公司的风险情况及工伤发生情况，支持相关管理人员的工作，领导重点问题的处置。

⑧发生重大工伤事故时亲临现场指挥，控制事故发展，减少人员伤害及领导事故的调查、处理工作。

2）法人代表委托一名副总经理分管工伤预防工作，分管人承担以下责任并对法人代表负责：

①按《工伤保险条例》等法律法规、规章制度指导、督促、检查本公司工伤预防工作，及时消除工伤事故隐患。

②编制公司年度工伤预防工作计划，并负责贯彻实施。

③根据工伤预防工作的实际情况，修订本单位的工伤预防规章制度和操作规程。

④抓好工伤案例分析，消除隐患，防止事故重复发生。

⑤做好职工的工伤预防宣传、培训，提高全体职工的工伤预防意识和技能。

⑥安排好特种设备（起重、场内运输车辆、压力容器等）年检、作业场所有毒有害物（粉尘等）检测及特殊作业人员的培训考核取证工作，并对车间、班组管理特种设备和特殊作业的人员进行监督。

⑦安排好劳动防护用品管理工作，包括规定各岗位所需劳动防护用品的品种、数量、质量，采购要求，发放标准，使用要求等并进行监督。

⑧抓好预防上下班交通事故，以及工作区域内、因公外出、集体活动的意外伤害，工作中突发疾病等的制度建立、宣传教育及尽可能地消除可能发生意外伤害的各种因素。

⑨建立单位工伤预防激励机制，促进全员参与工伤预防。

⑩抓好重大工伤风险源管理。

⑪建立工作区域内工伤预防巡查机制，及时发现、消除工伤事故风险。

⑫经常与工伤预防管理部门沟通，主动支持和帮助他们开展工伤预防工作。

（2）二级公司（车间、公司各部门）工伤预防责任

二级公司主要负责人承担本级工伤预防工作责任并设一名工伤预防工作人员（可兼任）协助完成以下职责：

1）认真贯彻执行《工伤保险条例》等法律法规、规章制度，积极协助领导抓好本级工伤预防的日常工作。

2）编制本级年度工伤预防工作计划和目标及考核方案，并负责贯彻实施。

3）根据工伤预防管理的实际情况，提出制定（修订）本级工伤预防规章制度及技术操作规程方案（意见）。

4）认真做好职工的工伤预防宣传、培训，不断提高全体职工的工伤预防意识和技能，特别是要坚持做好对新职工的工伤预防教育培训。

5）清楚本部门工伤风险源并掌握防止风险发生的技能，经常（定期）深入班组、岗位检查工伤预防工作状况，消除生产设备隐患，制止和纠正各违章作业行为。

6）定期组织召开班组长以上管理人员工伤预防工作会议，总结分析阶段性工伤预防工作状况，提出具体要求，解决存在的问题。

7）督促做好安全防护装置、特种设备、与安全相关仪表、消防设施的检查和校验工作，确保其处于完好状态，随时可使用。同时教育员工掌握正确

的管理和使用方法。

8）督促管理好特种设备，不使用未经检验或检验不合格的特种设备。

9）督促管理好特种作业人员，绝不允许未获得特种作业操作证的人员从事电气、压力容器、起重设备、焊接等特种作业。

10）督促合理摆放工作场所物品，使其能便于生产、利于防止引发生产事故和意外事故、给人感觉舒适等。

11）做好防止上下班交通事故，工作区域内、因公外出、集体活动的意外伤害，工作中突发疾病等的宣传教育。

12）及时、真实地上报工伤事故。认真进行事故调查，提出整改意见和方案并抓好整改相关工作，防止事故重复发生。

（3）基层（班组）工伤预防职责

班组负责人承担工伤预防工作责任，设一名兼职工伤预防人员协助，完成以下职责：

1）做好班组职工的工伤预防教育工作，提高职工的工伤预防意识。

2）加强班组的工伤预防检查，发现风险因素，要果断采取有效措施，避免事故发生。

3）发生工伤事故，要立即组织救护，保护好现场，及时向领导报告。

4）督促员工正确穿戴劳动防护用品上岗。

5）根据所在工作岗位的实际情况，提出制定、修订工伤预防生产规章制度和工伤预防技术操作规程的建议。

6）及时制止职工（特别是新入职职工）违章作业和违反劳动纪律的行为。

（4）职工个人工伤预防职责

职工个人是工伤预防的主体，每个人都要认真做好有关工作：

1）牢固树立“安全第一、预防为主”的理念，积极接受工伤预防培训，理性地预防工伤事故的发生。

2）预防上下班途中交通事故伤害，选择较为安全的路径、行进中遵守交通规则等。

3）预防在生产场所受到的意外伤害，在非生产活动中（用餐、休息、上厕所等）注意防止意外伤害、工作中出现身体不适不要强行坚持工作等。

4）预防因公外出、集体活动等受到意外伤害。

5）预防工作中受到伤害，掌握岗位风险情况，作业时严格遵守安全操作规程，及时制止他人违章作业，防止自己伤害自己、自己伤害他人、他人伤害自己；正确使用安全防护装置和劳动防护用品；疲倦及情绪激烈波动时不要勉强坚持作业等。

6）工作场所发生灾害性事故（如火灾、爆炸、有毒有害气体泄漏等），既要采取正确措施防止灾害扩大，更应做好应急避险防止自己及同事受到事故伤害。

3. 指导完善岗位操作规程

指导用人单位完善岗位操作规程，增加预防工伤事故的相应条款。

具体内容详见第六章工作实践相关内容。

四、促进用人单位执行好安全生产的相关规定

自1951年原政务院颁发《中华人民共和国劳动保险条例》以来，保护职工在生产过程中的安全和健康正式纳入国家管理，经过近七十年的发展，现已形成较为完整的安全生产体系，其中有很多有效的保护职工安全和健康的规定过去、现在、将来都对职工起到很好的保护作用。但由于生产事故的偶发性及成本等原因，这些规定仍然很难不折不扣地被用人单位执行。工伤预防在做好宣传、培训的同时，促进用人单位执行好这些规定，对保护职工的安全和健康将会起到很好的效果。特别是对以下几个方面的宣传、培训上有很好的促进作用：

1. 指导用人单位完善岗位安全防护装置

（1）按安全生产要求设置和维护好生产设备上的安全防护装置，确保其防护功能完整有效。

（2）对于需要开启电源的防护装置，在生产设备投入运行的同时防护装置也要投入运行。

2. 促进用人单位加强个体防护

（1）所有需要使用劳动防护用品的岗位都要按国家标准（或相关规定）配备。

（2）所有需要使用劳动防护用品的岗位，每个上岗职工都要按规定使用。

3. 督促用人单位加强职业病预防

（1）采取技术措施使工作场所空气中有毒有害、易燃易爆气体或固态、液态悬浮物，及气温、辐射、噪声等不超过国家标准规定的允许范围。

（2）调整生产工艺或更新生产设备，降低存在切削、冲击、碾压、高热、极冷、爆炸、辐射、工作姿势欠佳、劳动强度过大、高度紧张等对职工健康

造成的伤害。

（3）创新工艺，以对人体无害或危害小的原料替代危害较大的原料。

4. 督促用人单位加强对特种作业人员和特种设备的管理

（1）特种作业人员，如电工、电焊工、压力容器操作工（锅炉工）、起重设备操作工、厂内运输车辆操作工等被安全生产行政管理部门、行业监管部门要求具有特种作业操作证的作业岗位，作业人员都要持证上岗。

（2）按要求进行特种设备检验，未经检验合格的特种设备绝不可投入使用。

五、编写工伤预防项目完成报告

工伤预防项目完成报告是工伤预防项目评估验收的主要依据，也是完成预防项目的必要环节，必须认真、全面、真实、科学地总结编写。完成报告的内容主要包括：项目的完成情况、项目完成的质量情况、项目完成后收到的效果和存在的不足等，参见第六章工作实践相关部分内容。

1. 项目的完成情况

应按照“协议”确定的服务项目逐项说明是否按要求全部完成、以及完成的内容、完成的方法、完成的时间等，并附上相关的内容、照片、表格等。

2. 各级子项目完成的质量情况

逐个说明子项目的完成质量及项目单位的评价等。

3. 项目完成后收到的效果

按“协议”约定的“效果”要求逐个说明是否达到，是否收到约定外的效果，分析效果产生的实际效应等，并尽量以图表、数据佐证。

4. 存在的不足

应实事求是地说明，并说明原因及完善措施。

第六章

工伤预防建设项目工作实践

第一节　江西省工伤风险程度评估工作实践

一、工伤风险程度评估岗位风险

为了规范用人单位工伤风险程度评估工作，江西省发布了《江西省工伤风险程度评估岗位风险类别表（试行）》，详见表6—1。

表6—1　　江西省工伤风险程度评估岗位风险类别表（试行）

一级代码	行业（领域）	二级代码	岗位（职业）	风险类别
01	机关	0101	文职人员等	1
		0102	内勤人员等	2
		0103	外勤人员等	3
02	科研	0201	无户外作业的文、史、数等科学研究人员	1
		0202	无户外作业的物理、化学、农业、医学等研究人员	2
		0203	户外地球科学研究人员等	6
		0204	其他户外科学研究人员等	3
03	医疗卫生	0301	城镇医师，普通护士，中、西药剂师，药剂检验员，药房辅助员，卫生防疫员，妇幼保健员等	1
		0302	放射、针灸、推拿、按摩等专业医师，普通技师，手术室护士，临床护理员等	2
		0303	传染病医师、乡村医师、放射线技师、传染病护士、医疗救护员等	3
		0304	急诊医师，监狱、看守所医生，传染病护士，有害生物防治人员等	4
		0305	精神科医师，精神科看护员、护士等	5

续表

一级代码	行业（领域）	二级代码	岗位（职业）	风险类别
04	金融	0401	会计、统计人员等	1
		0402	国际商务、银行信贷、信用管理、金融外务人员等	2
		0403	保险推销、证券业务、征信人员等	3
		0404	保险理赔人员等	4
05	教育	0501	普通教师等	1
		0502	戏曲、舞蹈、技校教师等	3
		0503	体育、武术教师，汽车驾驶教练等	4
		0504	杂技教练等	6
06	检验、计量	0601	长度计量、热工计量、衡器计量、容量、声学、光学等计量人员	1
		0602	硬度测力、电器、化学、电离辐射、专用计量器具计量等检测人员，其他检验人员等	2
		0603	管道检验、合成材料测试人员等	3
07	邮政、电信	0701	邮政营业、汇储、邮政业务档案管理、邮政机务、电信营业、话务、报务、传输机务、线务、电话电报交换机务等技术人员	1
		0702	邮政工程技术人员、通信电力机务员等	2
		0703	报刊发行人员，通信工程技术、用户通信终端维修人员等	3
		0704	包裹搬运工，邮政设备安装维护、电信装置维护修理人员等	4
		0705	投递、快递人员，光缆铺设人员等	5
		0706	电信工程设施架设、电台天线维护人员等	6
08	保安	0801	办公楼、物业保安，治安调查人员等	3
		0802	违禁品检查员，工厂、银行保安，港口机场警卫及安全人员等	4
		0803	金融守卫、押运人员等	5
09	消防	0901	火灾瞭望观察、防火人员等	2
		0902	建（构）筑物消防人员等	3
		0903	森林防火人员等	4
		0904	直升机消防队员等	6

续表

一级代码	行业（领域）	二级代码	岗位（职业）	风险类别
10	执法	1001	可燃气体（毒气）检测、危险物品监督人员等	3
		1002	城市管理人员等	5
11	商业、服务业	1101	柜台营业、收银人员等	1
		1102	中央空调系统操作人员，抄表人员，酒店厨师、服务员、配餐员等	2
		1103	推销、展销、采购人员，环境监测人员，盆景、假山、园林植物等保护人员	3
		1104	送货、废旧物资回收、加工、仓储保管人员，水产品供应、运输和生产人员，燃气具安装维修人员，垃圾清运人员，印刷、制版人员等	4
		1105	轮胎返修人员、观赏动物饲养人员、锅炉操作人员、道路清洁人员、液化燃气分装人员等	5
		1106	船体拆解人员，高楼外部、烟囱清洁人员等	6
12	农、林、牧业及产品加工	1201	农业、园艺等技术人员，中药材生产管理人员，水产品质量检验人员，林业工程技术人员等	2
		1202	啤酒花生产人员，果类、蔬菜产品加工人员，兽医、兽药生产人员，水产工程技术人员等	3
		1203	农、林种植人员，农、林、畜、水产品加工人员，饲料检验人员，动植物疫病防治人员，内陆水产养殖及捕捞人员，糖厂工人，自然保护区巡护监测人员等	4
		1204	割胶工、饲养员、野生动植物保护员等	5
		1205	沿海水产养殖、捕捞等人员，木材采伐、搬运人员等	6
13	水利	1301	水利工程、水质检测等技术人员	3
		1302	灌溉区供水等施工人员，河道、水库维修人员，水域环境养护保洁人员等	4
		1303	水文等勘测人员等	5
14	能源开发利用	1401	沼气、微水电、风电利用、太阳能等能源生产与机械操作人员	4
		1402	沼气利用等工程施工人员	5

续表

一级代码	行业（领域）	二级代码	岗位（职业）	风险类别
15	勘测、测量	1501	房产测量等技术人员	2
		1502	内陆测绘等工程技术人员	3
		1503	大地测量、地籍测绘、工程测算、地图制图、摄影等技术人员	4
		1504	地质探测、勘察、海洋测绘等工程技术人员	6
16	矿物开采	1601	矿质化验人员等	3
		1602	普通盐业生产人员等	4
		1603	采石、采沙、采矿、矿物处理、钻井、采盐、采石油、采天然气等生产人员	6
17	金属冶炼、轧制	1701	五金制品检验人员，半导体材料制备、碳素制品生产人员，冶金技术人员等	4
		1702	铸铁管制作、金属轧制等操作人员	5
		1703	金属、合金等冶炼操作人员	6
18	机械制造	1801	机械制造、机械检验人员，电镀、冷作钣金、真空干燥处理操作人员，磨料磨具、燃气器具、仪表元件、人造宝石等制造人员等	4
		1802	车床、冲床、剪床、铣床、涂装、卫星光学冷加工设备等操作人员，金属软管波纹管、电焊条等制造人员	5
		1803	铣、刨、插、钻、拉、锯、镗及其组合机床操作人员，制齿、螺丝纹挤形、刃具扭制、弹性件制作、抛磨光、铸造、锻造、冲压、剪切、金属热处理、电切削、粉末冶金制造、航天器件高温处理等操作人员	6
19	机电设备装配	1901	仪器、仪表等检验人员	3
		1902	部件、绝缘制品件、仪器仪表与装置装配、功能膜、电渗析器、互感器装配、电子专用设备装调、真空测试等制造操作人员	4
		1903	铁芯叠装、电机装配、锅炉装配、内燃机装配、汽轮机装配、数控机床装调维修等操作人员	5
		1904	高低压电器装配人员等	6

续表

一级代码	行业（领域）	二级代码	岗位（职业）	风险类别
20	运输车辆装配	2001	汽车、拖拉机、电机车、摩托车、助动车、自行车等装配人员，汽车饰件、汽车模型等制作人员，机动车检验人员，动车组机械技术人员等	4
		2002	铁路机车、车辆制造人员等	5
21	医疗器械、日用机械、五金、电器制造装配	2101	医疗器械检验人员等	3
		2102	医疗器械、假肢、矫形器、缝纫机等电器制造人员，办公小机械、灯具等制造装配人员，衡器装配调试人员等	4
		2103	工具、建筑五金、锁具、铝制品、日用五金等制作人员	5
22	军火、防化器材制造	2201	兵器工程技术人员等	3
		2202	军火、滤毒材料、防毒器材等生产装配人员，防毒器材试验人员等	6
23	船舶制造	2301	船舶工程技术人员等	4
		2302	船舶制造试验人员等	5
		2303	拆船、船舶制造人员等	6
24	航空（天）制造	2401	航空（天）工程技术人员等	3
		2402	航空（天）产品装配、调试、试验人员等	5
25	机械设备维修	2501	机动车、电动车、摩托车修理保养人员，精密仪器仪表修理人员等	4
		2502	铁路机车与车辆、工业自动化仪器仪表与装置、电工仪器仪表、机械等维修人员，机修钳工，民用航空（天）器维护人员等	5
		2503	船舶修理人员等	6
26	日用机械、电器安装与维修	2601	照相器材、钟表等维修人员	2
		2602	缝纫机安装维修人员、乐器维修人员等	3
		2603	电子产品、自行车、锁具、办公设备、家用电器、办公小机械、衡器、灯具等安装调试维修人员	4
		2604	空调机安装、维修人员等	6

续表

一级代码	行业（领域）	二级代码	岗位（职业）	风险类别
27	电子元件、器件制造	2701	半导体分立器件、石英晶体生产设备操作人员，电子产品制版工，高频电感器件、磁头制造人员，电子工程技术人员等	2
		2702	电极丝、液晶显示器件、单晶片、半导体芯片、压电石英晶片、印制电路、水生换能器、电声器件、石英晶体元器件、激光头、薄膜加热器、接插件、专用继电器等制造人员，电子器件检验人员等	3
		2703	照明等电器产品、电工器材检验人员，集成电路装调人员，真空电子器件零件、电池、电阻器、电容器、微波铁氧体器件制造人员，镀膜、器件装配人员等	4
		2704	印制电路检验人员等	5
28	电子设备装配、调试、维修	2801	计算机软件产品检验人员等	1
		2802	计算机工程技术人员等	2
		2803	计算机检验人员等	3
		2804	计算机（电子设备）维修、装配、调试人员等	4
29	纺织及纺织制品	2901	家用纺织品、皮具、鞋类、色彩搭配及包装人员，服装设计人员等	1
		2902	印染工艺、纺织品、纺织纤维、服装、鞋帽等检验人员，棉花检验人员等	2
		2903	裁剪、缝纫、服装生产、制帽、毛皮加工人员等	3
		2904	印染、雕刻、制版、印花、染色、印染定型、印染丝光、印染烘干、印染洗涤、煮练漂、印染烧毛、胚布检查处理、印染后整理、工艺染织制作、印染染料配制、装潢、针织、织造、纺纱、绢纺精炼、纤维预处理、制鞋、皮革加工等操作人员，纺织工程技术人员等	4
30	粮油、食品生产加工	3001	食品检验人员、评茶员等	1
		3002	食品工程技术人员，乳品预处理、糕点面包制作、油脂制品制作、植物蛋白制作、禽产品检验、蛋品及再制蛋品加工等操作人员	2

续表

一级代码	行业（领域）	二级代码	岗位（职业）	风险类别
30	粮油、食品生产加工	3003	糖果、巧克力、乳品、速冻食品、饮料、酶制剂、柠檬酸、味精、酱油酱类、酱腌菜、食醋、米面主食、豆制品、肠衣、熟肉制品等加工制造人员等	3
		3004	制粉、制米、制油、食糖制造、食品罐头加工、酒类酿造、酒精制造、屠宰加工等操作人员	4
31	烟草及其制品加工	3101	烟草检验人员等	1
		3102	烟叶调制、原烟复烤等操作人员	2
		3103	卷烟生产、烟用二醋酸片制造、烟用丝束制造、滤棒生产等操作人员	3
32	药品生产	3201	药物检验人员等	1
		3202	药品、疫苗制品、基因工程产品、药物制剂、淀粉葡萄糖等生产制造人员，中药炮制、配制人员等	2
		3203	血液制品生产人员等	3
33	木材加工	3301	家具设计人员等	1
		3302	家具检验人员，防腐剂、木材储藏槽、人造板等生产制造人员，家具修理人员等	4
		3303	木材加工、木材搬运、家具制造等操作人员	5
34	造纸	3401	纸盒制作人员等	3
		3402	造纸技术人员，纸箱制作人员等	4
		3403	制浆设备操作人员，制浆备料、制浆废液回收人员等	5
35	水泥、水泥制品生产及加工（含石膏、石灰、陶器）	3501	有关工程技术人员等	3
		3502	采掘人员、水泥生产制造人员、水泥制品加工人员、石灰焙烧人员等	6
36	建筑材料加工	3601	砖瓦、纸面石膏板、石雕粉、建筑防水密封材料、油毡、高分子防水卷、装饰石材、耐火材料、其他建筑材料等生产人员，珍珠岩、木炭、石膏浮雕版、人工合成晶体等制造人员	4
		3602	保温材料、吸音材料、云母制品、高岭土制品等加工制造人员	5
		3603	加气混凝土、石棉制品等加工制造人员	6

续表

一级代码	行业（领域）	二级代码	岗位（职业）	风险类别
37	玻璃、陶瓷，搪瓷生产加工	3701	陶瓷工艺、建材产品设计人员等	1
		3702	玻璃分析检验人员，玻璃纤维制品、陶瓷制品生产人员等	4
		3703	玻璃生产、加工人员，玻璃钢制品、搪瓷制品等生产人员	5
38	橡胶、塑料制品生产	3801	设计人员等	1
		3802	橡胶制品配料、橡胶炼胶、橡胶生产、橡胶制品制造、塑料制品制造等操作人员	4
39	地毯制作	3901	设计人员等	1
		3902	地毯制作人员等	4
40	玩具制作	4001	设计人员等	1
		4002	布绒玩具制作人员等	2
		4003	金属、塑料、木、搪、瓷、塑玩具制作人员等	4
41	工艺、美术制作	4101	漆器镶嵌、彩绘雕填、手绣、抽纱挑编、装饰、装裱、人造花、工艺画制作、版画制作等操作人员，布类及纸质工艺品加工人员，贵金属、钻石、宝石、玉石等首饰检验人员，珠宝首饰评估师等	2
		4102	首饰设计人员，漆器制胎、机绣人员等	3
		4103	油画外框制作、壁画制作、雕塑翻制、工艺品雕刻、金属工艺品制作、景泰蓝制作、珠宝首饰等制作人员，竹木制手工艺品加工，金属手工艺品加工，矿石手工艺品加工等操作人员	4
42	文教、体育用品及乐器制作	4201	文体用品及出版物品检验人员等	1
		4202	墨水、墨汁、笔类、印泥、球类、球拍、球网等制作人员	2
		4203	健身器材、乐器等制作人员	3
		4204	绘图仪器、静电复印机消耗材料、模具等制作人员	4
43	化工技术人员	4301	化工工程技术人员等	4

续表

一级代码	行业（领域）	二级代码	岗位（职业）	风险类别
44	化工产品生产通用工艺	4401	化工总控人员等	3
		4402	化工原料准备、压缩机压缩、气体净化、过滤、油加热、制冷、蒸发、蒸馏、萃取、吸收、吸附、干燥、结晶、造粒、防腐蚀、化工工艺试验、燃料油生产等操作人员	4
45	石油炼制	4501	燃料油、润滑油（脂）生产人员，石油产品精制人员等	4
		4502	油制气人员等	6
46	煤化工生产	4601	备煤、筛焦、焦炉调温、加氢精制等操作人员	4
		4602	燃气储运、干法熄焦人员等	5
		4603	焦炉机车司机、煤制气人员等	6
47	化肥生产	4701	普通化肥生产操作人员等	4
		4702	硫酸铵、过磷酸钙生产操作人员等	5
48	无机化工产品生产	4801	无机化学反应、炭黑制造等操作人员	4
		4802	高频等离子生产、气体深冷分离、工业气体液化等操作人员	5
		4803	硫酸、磷酸、硝酸、盐酸、二硫化碳、纯碱、烧碱、氟化盐、缩聚磷酸盐等生产操作人员	6
49	基本有机化工产品生产	4901	环烃生产、烃类衍生物等生产操作人员	4
		4902	脂肪烃生产操作人员等	5
50	化纤生产	5001	纺丝凝固、浴液配置、无纺布制造、化纤纺丝精密组件等生产操作人员	3
		5002	湿纺原液制造、纺丝、化纤后处理等操作人员	4
		5003	化纤聚合操作人员等	5
51	精细化工产品生产	5101	染料标准实验、染料应用试验、催化剂试验等操作人员	2
		5102	有机合成、农药生物测试试验、染料拼混、研磨分散、催化剂制造、溶剂制造、化学试剂制造、化学添加剂制造等生产操作人员	3
		5103	涂料合成树脂、制漆配色调制等生产操作人员	4

续表

一级代码	行业（领域）	二级代码	岗位（职业）	风险类别
52	复合材料加工	5201	树脂基复合材料、橡胶及复合材料、碳基复合材料、陶瓷基复合材料、复合固体推进剂成型、复合固体发动机装药、飞机复合材料制品等生产操作人员	4
53	其他化工产品生产	5301	信息记录材料、日用化学品等生产操作人员	3
		5302	合成树脂、林产化工产品、电子绝缘与介质材料、合成橡胶、合成革等生产制造人员	4
		5303	液化气体制造人员等	5
		5304	火柴、有毒物品生产制造人员等	6
54	火药、炸药	5401	火药、炸药、烟花爆竹、雷管、索状爆破器材生产制造人员，火工品装配、爆破器材试验人员，爆破人员等	6
55	电力人员	5501	电气工程技术人员等	4
56	电力设备安装、检修	5601	发电运行值班人员等	3
		5602	继电保护、电气试验、水轮机检修、发电厂电动机检修、电力工程内线安装人员等，输电、配电、变电设备值班人员等	4
57	供电、用电	5701	电力负荷控制、用电监察、抄表核算收费人员，电能计量装置检修人员等	3
		5702	装表接电人员等	4
58	生活及生产电力设备安装、操作、修理	5801	变电设备安装、常用电机检修人员，变配电室值班电工等	4
		5802	城轨接触网检修人员、维修电工等	5
		5803	牵引电力线路安装维护人员等	6
59	高压电作业	5901	高压线路作业人员等	6
60	建筑工程施工	6001	工程监理人员等	3
		6002	道路、铁路、建筑工程安全技术人员，砌筑人员，自动磨石及洗石、混凝土搅拌机械操作人员，防水、防渗墙、铁道线路、枕木处理与施工人员，排水工程、中央空调系统安装及维护人员等	4

续表

一级代码	行业（领域）	二级代码	岗位（职业）	风险类别
60	建筑工程施工	6003	道岔制修、养护、筑路、机械设备安装、电气设备安装人员，石工，海湾港口、水坝、挖井、高速公路工程施工（含美化）人员等	5
		6004	凿岩、爆破、土石方机械操作人员，手工磨石及洗石、钢骨结构、桥梁、铁路舟桥、隧道、鹰架架设等施工人员，铁工等	6
61	工程设备安装	6101	普通场所电梯、升降机操作人员等	2
		6102	中央空调系统、防火系统及警报器安装人员，管道工等	4
		6103	机械设备、电气设备安装人员等	5
		6104	电梯及升降机安装、修理、维护人员，矿场电梯、升降机操作人员等	6
62	装饰、装修	6201	装潢美术、室内装饰设计人员等	1
		6202	室内装饰装修质量检验人员等	3
		6203	泥水、油漆、喷漆、模板、水、电、木工，非高空作业房屋维修、装饰、装修人员，住宅室内装潢人员，非高空作业室外装修人员等	4
		6204	门窗制造、装修及安装人员，石棉瓦、浪板安装人员，非住宅室内装修人员（不含木工、油漆工）等	5
		6205	高空作业的房屋维修、室外装修、其他装饰装修工人员，拆迁工人等	6
63	其他工程施工	6301	管道铺设及维护人员，平地工地看守人员等	4
		6302	电线架设、工地维护人员等	5
		6303	海洋工程技术人员、安装玻璃幕墙工人、山区工地看守人员、现场勘测人员等	6
64	陆运	6401	售票员等	1
		6402	客运车稽核、公路收费、监控、停车场收费人员等	2
		6403	加油站及加气站工作人员等	3
65	铁路、地铁运输	6501	内勤人员等	1
		6502	乘务人员、平交道看守人员、修护厂工程师等	2

续表

一级代码	行业（领域）	二级代码	岗位（职业）	风险类别
65	铁路、地铁运输	6503	铁路、地铁机车驾驶员，车站治安巡视人员，铁路机车燃料填充员，铁路修护厂技工等	3
		6504	车站清洁人员，信号系统、通信系统、修路电机操作人员，铁路维护人员等	4
		6505	铁路搬运工、押运员等	5
66	航运	6601	海关内务人员等	2
		6602	稽查人员等	3
		6603	轮机长、高级船员、大副、二副、三副、大管轮、二管轮、三管轮、报务员、事务长、医务人员、码头工人及领班、仓库管理员、理货员、领航员、引水员、缉私人员、拖船驾驶员等工作人员，渡船驾驶员及工作人员，港口维护人员等	4
		6604	厨师、服务生、实习生等船上服务人员，航标操作工，航道航务施工人员等	5
		6605	船长、水手长、水手、铜匠、木匠、泵匠、电机师、游览船驾驶员等工作人员，小汽艇驾驶及工作人员，救难船员等	6
67	车辆驾驶	6701	游览车驾驶员及服务员、小型客货两用车驾驶员等	3
		6702	出租车、救护车驾驶员及随车人员，客运车驾驶员及服务员，货柜车驾驶员及随车人员，联合收割机、农用运输车驾驶员，农用机械操作及修理人员等	4
		6703	混凝土预拌车、工程车辆驾驶员及随车人员，一般特殊车辆及随车人员，摩托车、拖拉机驾驶员等	5
		6704	货车、矿石车，液化、氧化油罐车，吊车等车辆驾驶员及随车人员，挖掘机、钻孔机驾驶员等	6
68	机械操作	6801	缆车操纵员等	3
		6802	闸门、索道运输机械、输送机、堆高机、线桥专用机械、中小型施工机械操作人员等	4
		6803	筑路机械、工程机械操作人员等	5
		6804	起重及装卸机械操作人员等	6

二、工伤预防效果评价表及评价方法

1. 工伤预防效果评价表（详见表6—2）

表6—2 工伤预防效果评价表

风险名称	措施实施前风险指数 A	措施实施后风险指数 B	风险指数降低系数：100（$A-B$）/A			
			小于等于0（无效果）	0~10（有效果）	10~20（效果明显）	大于20（效果好）
预防理念风险						
参加工伤保险风险						
与工作相关的意外伤害风险						
岗位风险						
生产技术条件风险						
预防工伤的管理办法（操作规程）风险						
预防工伤的防护装置风险						
劳动防护用品风险						
工伤人（次）数及伤残程度风险						
工伤补偿风险						
综合风险（合计）						

2. 工伤预防效果评价方法

（1）预防工伤效果考核。考核内容主要有：一是实施项目的用人单位工伤风险程度的变化；二是工伤发生人（次）数和伤害程度的变化；三是预防费用的投入与工伤待遇支付金额的变化关系的分析。以及上述变化引起的社会效果和经济效益等。

（2）工伤预防意识考核。有关考核内容主要有：一是实施项目的用人单位全体职工预防工伤意识的变化情况；二是实施项目的用人单位全体职工预防工伤技能的提高情况；三是工伤预防制度建立健全情况。

（3）实施项目成果的推广性和可持续发展性考核。考核内容主要有：一是项目结束后，是否形成长期坚持工伤预防促进机制，是依靠政府部门强力推行，还是通过市场需求机制推进；二是工伤预防成本是否在工伤保险基金及参保单位经济能力的可承受范围内；三是采取的工伤预防措施（主要是宣传、培训方面的工作）的有效性和推广性。

三、《工伤风险程度评估报告》范例

《工伤风险程度评估报告》可以用多种形式编写，江西省在工伤预防试点工作中，通过对南昌市、赣州市、九江市共21个用人单位评估比较，认为以下形式较为妥善。

1. 工伤风险指数值

（1）工伤预防理念风险指数（F_1）。工伤预防理念风险指数主要是因人对工伤预防认知程度而潜在的风险，具体指数值及其报告内容见表6—3。

表6—3　　工伤预防理念风险指数（F_1）报告内容

二级指数	三级指数	评估标准	检查情况	风险指数
工伤预防宣传风险指数（F_{1-1}）	用人单位提高全体职工工伤预防意识的主题宣传风险指数（F_{1-1-1}）	在用人单位范围内适当位置设有宣传牌、彩喷宣传板、电子宣传板等永久性的宣传媒体： 有宣传媒体2处以上，指数$F_{1-1-1}=0$ 有宣传媒体1处，指数$F_{1-1-1}=2$ 无宣传媒体，指数$F_{1-1-1}=4$	设置数量	
	车间（分厂、分公司）提高职工工伤预防意识的局部宣传风险指数（F_{1-1-2}）	在车间（分厂、分公司）设有定期更换的宣传媒体，针对本车间（分厂、分公司）的实际宣传工伤预防： $F_{1-1-2}=5\ (1-X_s/X)$ 式中：X_s为设有宣传媒体的车间（分厂、分公司）个数；X为单位实有车间（分厂、分公司）个数	分别列出X_s、X并计算	
	对职工个人进行工伤预防宣传风险指数（F_{1-1-3}）	采用语音、短信、网络、印刷品等方式（一种以上），针对职工个人进行工伤预防宣传： $F_{1-1-3}=6\ (1-M_j/M)$ 式中：M_j为接受过工伤预防宣传的职工数；M为单位职工总数	分别列出M_j、M并计算	

续表

二级指数	三级指数	评估标准	检查情况	风险指数
工伤预防知识和技能培训风险指数（F_{1-2}）	培训资料或教材风险指数（F_{1-2-1}）	分别有对单位领导、中层负责人、全体职工的工伤预防培训资料或教材，按相关内容评估： 有以上3种及以上，指数 $F_{1-2-1}=0$ 有以上3种中的2种，指数 $F_{1-2-1}=1$ 有以上3种中的1种，指数 $F_{1-2-1}=2$ 无培训资料或教材，指数 $F_{1-2-1}=3$	数量	
	用人单位领导接受工伤预防培训风险指数（F_{1-2-2}）	用人单位领导评估上年接受过1次以上工伤预防培训： $F_{1-2-2}=4\ (1-M_p/M_l)$ 式中：M_p为接受过培训的单位领导人人数；M_l为单位领导人总数	分别列出M_p、M_l并计算	
	中层负责人接受工伤预防培训风险指数（F_{1-2-3}）	单位中层负责人上年接受过1次以上工伤预防培训评估： $F_{1-2-3}=4\ (1-M_f/M_z)$ 式中：M_f为接受过培训的中层负责人人数；M_z为中层负责人总数	分别列出M_f、M_z并计算	
	其余职工接受预防工伤培训风险指数（F_{1-2-4}）	用人单位其余职工上年接受过1次以上工伤预防培训评估： $F_{1-2-4}=4\ (1-M_o/M_n)$ 式中：M_o为接受过培训的其余员工人数；M_n为其余员工总数	分别列出M_o、M_n并计算	
工伤预防管理体系风险指数（F_{1-3}）	用人单位最高级（全单位）管理机构风险指数（F_{1-3-1}）	有单位最高级管理机构，指数 $F_{1-3-1}=0$ 无单位最高级管理机构，指数 $F_{1-3-1}=5$	有或无	
	用人单位中级（部门、车间、分厂、分公司）管理机构风险指数（F_{1-3-2}）	有中级管理机构，指数 $F_{1-3-2}=0$ 无中级管理机构，指数 $F_{1-3-2}=5$	有或无	
	用人单位基层（班组）管理机构风险指数（F_{1-3-3}）	有基层管理机构，指数 $F_{1-3-3}=0$ 无基层管理机构，指数 $F_{1-3-3}=5$	有或无	

续表

二级指数	三级指数	评估标准	检查情况	风险指数
工伤预防责任制风险指数（F_{1-4}）	用人单位法人代表工伤预防责任制风险指数（F_{1-4-1}）	有单位法人代表工伤预防责任制（按完善程度），指数 F_{1-4-1} = （0~2） 无单位法人代表工伤预防责任制，指数 $F_{1-4-1}=3$	有或无及完善情况	
	用人单位各副职领导工伤预防责任制风险指数（F_{1-4-2}）	有单位各副职领导工伤预防责任制（按完善程度），指数 $F_{1-4-2}=0\sim2$ 无单位各副职领导工伤预防责任制，指数 $F_{1-4-2}=3$	有或无及完善情况	
	用人单位中层（车间、部门、分厂、分公司）负责人工伤预防责任制风险指数（F_{1-4-3}）	有单位中层工伤预防责任制（按完善程度），指数 $F_{1-4-3}=0\sim2$ 无单位中层工伤预防责任制，指数 $F_{1-4-3}=3$	有或无及完善情况	
	用人单位基层（班组）负责人工伤预防责任制风险指数（F_{1-4-4}）	有单位基层负责人工伤预防责任制（按完善程度），指数 $F_{1-4-4}=0\sim2$ 无单位基层负责人工伤预防责任制，指数 $F_{1-4-4}=3$	有或无及完善情况	
	用人单位职工个人工伤预防责任制风险指数（F_{1-4-5}）	有单位职工个人工伤预防责任制（按完善程度），指数 $F_{1-4-5}=0\sim2$ 无单位职工个人工伤预防责任制，指数 $F_{1-4-5}=3$	有或无及完善情况	
指数合计				
风险级别				

（2）未参加工伤保险风险指数（F_2）。未参加工伤保险风险指数主要是因未能全员参加工伤保险而潜在的风险，具体指数值及其报告内容见表 6—4。

表 6—4　　未参加工伤保险风险指数（F_2）报告内容

评估标准	检查情况	风险指数
$F_2=20\ (1-M_c/M_y)$ 式中：M_c为已参加工伤保险人数；M_y为应参加工伤保险人数	分别列出 M_c、M_y并计算	
风险级别		

（3）与工作相关的意外伤害风险指数（F_3）。与工作相关的意外伤害风险指数值及其报告内容见表6—5。

表6—5　与工作相关的意外伤害风险指数（F_3）报告内容

二级指数	评估标准	检查情况	风险指数
上下班交通风险指数（F_{3-1}）	$F_{3-1}=5M_b/M$ 式中：M_b为上下班交通以步行、自行车、电动车方式的人数；M为单位职工总数	分别列出M、M_b并计算	
生产区域内活动意外伤害风险指数（F_{3-2}）	制定了单位职工在生产区域内活动防止意外伤害守则（按完善程度），指数$F_{3-2}=0\sim4$ 未制定防止意外伤害守则，指数$F_{3-2}=5$	是否制定及完善情况	
单位集体活动意外伤害风险指数（F_{3-3}）	制定了单位集体活动防止意外伤害守则（按完善程度），指数$F_{3-3}=0\sim4$ 未制定防止意外伤害守则，指数$F_{3-3}=5$	是否制定及完善情况	
因公外出意外伤害风险指数（F_{3-4}）	制定因公外出防止意外伤害守则（按完善程度），指数$F_{3-4}=0\sim4$ 未制定防止意外伤害守则，指数$F_{3-4}=5$	是否制定及完善情况	
指数合计			
风险级别			

（4）岗位风险指数（F_4）。岗位风险指数包括因作业方式、工作环境等职业特征而存在的固有风险，具体指数值及其报告内容见表6—6。

表6—6　岗位风险指数（F_4）报告内容

评估标准	检查情况	风险指数
将被评估的工作岗位按《江西省工伤风险程度评估岗位风险类别表（试行）》分为六类，一类至六类岗位人员风险系数分别为1、4、8、12、16、20。按下式计算岗位风险指数： $F_4=(M_1+4M_2+8M_3+12M_4+16M_5+20M_6)/(M_1+M_2+M_3+M_4+M_5+M_6)$ 式中：F_4为岗位风险指数；M_1、M_2、M_3、M_4、M_5、M_6分别为被评估对象中一类、二类、三类、四类、五类、六类岗位人员数	分别列出各类岗位工作人数并计算	
风险级别		

（5）生产技术条件风险指数（F_5）。生产技术条件风险指数包括因生产工艺、设备、原料等原因而存在的固有风险，具体指数值及其报告内容见表6—7。

表6—7 生产技术条件风险指数（F_5）报告内容

二级指数	三级指数及状况描述	评估标准	检查情况	风险指数
特种设备风险指数（F_{5-1}）	—	$F_{5-1}=5（1-T_j/T_y）$ 式中：F_{5-1}为特种设备风险指数；T_j为年检合格的特种设备台数；T_y为应年检的特种设备台数	分别列出T_j、T_y并计算	
特种作业风险指数（F_{5-2}）	—	$F_{5-2}=5（1-M_x/M_c）$ 式中：F_{5-2}为特种作业人员风险指数；M_x为持有特种作业操作证的人员数；M_c为应持有特种作业操作证的人员数	分别列出M_x、M_c并计算	
技术条件风险指数（F_{5-3}）	工作场所风险指数（F_{5-3-1}）（空气中有毒有害、易燃易爆气体或固态、液态悬浮物；气温、辐射、噪声、水、电等超出标准范围的有害因素）	$F_{5-3-1}=5（C/C_0-1）$ 式中：F_{5-3-1}为工作场所风险指数；C为工作场所空气中毒害物实测浓度（以法定检测机构测定为准）；C_0为工作场所空气中毒害物允许浓度。 以毒害物最严重的工作场所为考核对象；空气存在国家未规定允许浓度的毒害物时，以行业、企业等标准评估，无任何标准时，可根据职工的实际感受，由评估专家组确定风险指数	分别列出C、C_0并计算	
	加工原料存在的风险指数（F_{5-3-2}）（易燃易爆、有毒有害、刺激、腐蚀及物理特性等易对人造成伤害的因素）	无风险，指数$F_{5-3-2}=0$ 风险小，指数$F_{5-3-2}=1\sim2$ 风险大，指数$F_{5-3-2}=3\sim4$ 风险很大，指数$F_{5-3-2}=5$ 以原料风险最大的为评估对象；有国家、行业、企业标准的，按标准评估；无任何标准时，可根据职工的实际感受，由评估专家组确定风险指数	列出原料名称及其危害情况	

续表

二级指数	三级指数及状况描述	评估标准	检查情况	风险指数
技术条件风险指数（F_{5-3}）	生产工艺存在的风险指数（F_{5-3-3}）（切削、冲击、碾压、高热、极冷、爆炸、辐射、工作姿势不佳、高劳动强度、高紧张程度等）	无风险，指数 $F_{5-3-3}=0$ 风险小，指数 $F_{5-3-3}=1\sim2$ 风险大，指数 $F_{5-3-3}=3\sim4$ 风险很大，指数 $F_{5-3-3}=5$ 以生产工艺风险最高的为评估对象；有国家、行业、企业标准的，按标准评估；无任何标准时，可根据职工的实际感受，由评估专家组确定风险指数	列出存在风险的岗位名称及风险情况	
以上三项指数平行计算，即选指数最高的作为技术条件风险指数，最高值为5				
指数合计				
风险级别				

（6）预防工伤的管理办法风险指数（F_6）。预防工伤的管理办法风险指数包括因生产、工作岗位预防工伤发生所需要的管理办法的缺陷而潜在的风险，具体指数值及其报告内容见表6—8。

表6—8　预防工伤的管理办法风险指数（F_6）报告内容

二级指标	评估标准	检查情况	风险指数
管理办法的齐全程度风险指数（F_{6-1}）	$F_{6-1}=10\ (1-G_y/G)$ 式中：G_y为持有特种作业操作证的人员数；G为应持有特种作业操作证的人员数	分别列出 G_y、G并计算	
管理办法完善程度风险指数（F_{6-2}）	$F_{6-2}=10\ (1-G_w/G_y)$ 式中：G_w为管理办法完善的岗位（工种）个数；G_y为已有预防工伤管理办法的岗位（工种）个数	分别列出 G_w、G_y并计算	
指数合计			
风险级别			

（7）预防工伤的防护装置风险指数（F_7）。预防工伤的防护装置风险指数包括因生产、工作岗位预防工伤发生所需要的防护装置的缺陷而潜在的风险，具体指数值及其报告内容见表6—9。

表 6—9　　预防工伤的防护装置风险指数（F_7）报告内容

二级指标	评估标准	检查情况	风险指数
防护装置的齐全程度风险指数（F_{7-1}）	$F_{7-1}=10(1-Z_y/Z)$ 式中：Z_y为已有预防工伤防护装置的岗位个数；Z为应设预防工伤防护装置的岗位个数	分别列出 Z_y、Z 并计算	
预防工伤防护装置完善程度（F_{7-2}）	$F_{7-2}=10(1-H_w/H_y)$ 式中：H_w为预防工伤防护装置完善的岗位个数；H_y为已设预防工伤防护装置的岗位个数	分别列出 H_w、H_y并计算	
指数合计			
风险级别			

（8）劳动防护用品风险指数（F_8）。劳动防护用品风险指数包括因岗位预防工伤所需的劳动防护用品的缺陷而潜在的风险，具体指数值及其报告内容见表 6—10。

表 6—10　　劳动防护用品风险指数（F_8）报告内容

二级指标	评估标准	检查情况	风险指数
劳动防护用品风险指数（F_{8-1}）	$F_{8-1}=7(1-Y_p/Y)$ 式中：Y_p为已配备的劳动防护用品品种个数；Y为应配备的劳动防护用品品种个数 有国家、行业、企业标准（规定）的，按标准（规定）评估；无标准（规定）的，可根据实际需要，由评估专家组确定	分别列出 Y_p、Y 并计算	
劳动防护用品质量风险指数（F_{8-2}）	$F_{8-2}=7(1-Y_f/Y_p)$ 式中：Y_p为已配备的劳动防护用品品种个数；Y_f为符合要求的劳动防护用品品种个数 有国家、行业、企业标准（规定）的，按标准（规定）评估；无标准（规定）的，可根据实际情况，由评估专家组确定	分别列出 Y_p、Y_f并计算	
职工使用劳动防护用品风险指数（F_{8-3}）	所有应使用劳动防护用品的岗位，在岗职工都已使用，则 $F_{8-3}=0$ 所有应使用劳动防护用品的岗位，有 1 个职工未使用，则 $F_{8-3}=6$	是否有未使用劳动防护用品的情况	
指数合计			
风险级别			

（9）工伤人（次）数及伤残程度风险指数（F_9）。工伤人（次）数及伤残程度风险指数主要是从既往发生的工伤人（次）数和伤残程度预估潜在风险，具体指数值及其报告内容见表6—11。

表6—11　　工伤人（次）数及伤残程度风险指数（F_9）报告内容

评估标准	检查情况	风险指数
$F_9=30N_p/N_s$ 式中：F_9为工伤人（次）数及残疾程度风险指数，$F_9\leqslant 80$时取计算值，$F_9>80$后取80；N_p为评估对象上年度工伤人（次）数及残疾程度加权数$N_p=(12P_0+10P_1+9P_2+8P_3+7P_4+6P_5+5P_6+4P_7+3P_8+2P_9+P_{10}+0.5P_{11})/P$，$P_0\sim P_{11}$分别为评估对象工亡、一级至十级伤残和不够伤残等级的工伤人数；P为评估对象参加工伤保险总人数；N_s为统筹地区上年度工伤人（次）数及残疾程度加权，$N_s=(12S_0+10S_1+9S_2+8S_3+7S_4+6S_5+5S_6+4S_7+3S_8+2S_9+S_{10}+0.5S_{11})/S$，$S_0\sim S_{11}$分别为用人单位所在统筹地区工亡、一级至十级伤残和不够伤残等级的工伤人数；S为统筹地区参加工伤保险总人数	分别列出$P_0\sim P_{11}$和P，以及$S_0\sim S_{11}$和S，并计算	
风险级别		

（10）工伤补偿风险指数（F_{10}）。工伤补偿风险指数主要是从既往工伤补偿金赔付额预估潜在风险，具体指数值及其报告内容见表6—12。

表6—12　　工伤补偿风险指数（F_{10}）报告内容

评估标准	检查情况	风险指数
$F_{10}=60B_f/B_j$ 式中：F_{10}为工伤补偿金风险指数，$F_{10}\leqslant 90$时取计算值，$F_{10}>90$后取90；B_f为统筹地区工伤保险基金上年度支付给用人单位所有工伤职工的工伤保险待遇资金总额；B_j为用人单位上年度缴纳的工伤保险费总额	分别列出B_f、B_j并计算	
风险级别		

2. 风险指数汇总

风险指数汇总表详见表6—13。

表 6—13 风险指数汇总表

序号	风险名称	风险指数	分项风险级别
1	工伤预防理念风险		
2	未参加工伤保险风险		
3	与工作相关的意外伤害风险		
4	岗位风险		
5	生产技术条件风险		
6	预防工伤的管理办法风险		
7	预防工伤的防护装置风险		
8	劳动防护用品风险		
9	工伤人（次）数及伤残程度风险		
10	工伤补偿风险		
11	综合风险指数		
12	综合风险级别		

3. 风险情况分析

风险情况分析是根据上述评估检查汇总表所列出的调查资料和数据，按照评估指标一项一项对照，找出用人单位各项风险及其产生原因，正面的应总结推广，负面的应积极消除，使用人单位总体风险程度降低。下面以江西省赣州市南康区江西维平创业家具实业有限公司 2016 年工伤风险程度评估报告中的“风险情况分析”为例进行说明。

（1）工伤预防理念风险。工伤预防理念风险指数为 43.6，风险级别为五级，风险高。主要原因：一是该单位此前未采用有形（宣传教育牌、板、图书、手册等）方式进行工伤预防及安全生产宣传教育；二是工伤预防及安全生产管理机构缺失。

（2）岗位风险。岗位风险指数为 25.9，风险级别为四级，风险较高。主要原因是该单位在高风险类别岗位工作的人数较多（全单位 70 人中有 60 人在四类岗位工作）。

（3）生产技术条件风险。生产技术条件风险指数为 22，风险级别为四级，风险较高。主要原因：一是上下班交通事故风险大（以步行、自行车、电动车方式上下班人数较多）；二是特种设备未检验；三是工作场所有毒有害物超标；四是部分作业方式风险较大。

（4）预防工伤的管理办法及防护装置风险。预防工伤的管理办法及防护装置风险指数为 30，风险级别为五级，风险高。主要原因是该单位预防工伤的管理办法及防护装置缺失。

（5）劳动防护用品风险。劳动防护用品风险指数为30，风险级别为五级，风险高。主要原因是岗位需要的劳动防护用品缺失。

（6）工伤人（次）数及伤残程度风险。工伤人（次）数及伤残程度风险指数为30.5，风险级别为三级，风险指数略低于全市平均水平。

（7）工伤补偿风险。工伤补偿风险指数为36.4，风险级别为三级，风险中等。

（8）综合风险。综合风险指数为218.4，风险级别为四级，本单位工伤风险程度较高。

4. 降低工伤风险程度的措施

通过工伤风险程度评估找出工伤预防的薄弱环节，针对不足提出降低工伤风险的措施是工伤风险程度评估的重要环节，从法律法规、规章制度的规定上来说，如何加强工伤预防宣传、培训又是重中之重。具体如何加强用人单位的工伤预防工作，可以重点从相关的宣传、培训方面着手，降低被评估用人单位的工伤风险程度。

第二节　江西省工伤预防试点项目服务工作实践

一、南昌市工伤预防试点项目服务措施

根据《南昌市工伤预防试点工作方案》《南昌市工伤预防管理实施意见》制定本实施措施。

1. 工作机构

（1）项目负责人：×××。

（2）实施项目领导小组。

1）总协调人：×××、×××。

2）项目总监：×××。

（3）工作小组及其职责。

1）技术组及其职责：

负责人：×××。

成员：×××、×××、×××。

①指导试点单位工伤风险程度自评。

②核验试点单位自评报告。含询问调查、现场勘察，并形成评估报告

初稿。

③根据评估结果，完成有针对性的宣传、培训材料，包括：单位法人培训材料（以反馈评估结果的形式，单位主要的工伤风险、采取的预防措施、需要法人支持的工作等）；单位工伤预防人员培训材料（单位存在的工伤风险及原因、采取的预防措施及如何实施等）；单位全员培训材料（单位存在的工伤风险、采取的预防措施、为降低风险个人应做好的工作等）；单位主题宣传、车间（部门）宣传、对职工个人宣传的方式及内容。

④完成对单位法人、工伤预防工作人员及全体职工的培训。

⑤指导单位完成预防措施。

⑥跟踪实施预防措施的全程，并及时指导。

2）宣传组及其职责：

负责人：×××。

成员：×××、×××、×××、×××。

①实施主题宣传、车间（部门）宣传及职工个人宣传。

②设计、制作宣传、培训材料（广告牌、板报、条幅、动漫、宣传画、宣传册）发布警示短信等。

③收集、编辑项目服务全过程的政策文件，技术材料，宣传、培训资料以及音像资料。

2. 实施项目培训

（1）试点项目服务机构人员培训。培训学习内容：

1）学习《工伤保险条例》《南昌市工伤预防试点工作方案》《南昌市工伤预防管理实施意见》等法规文件。

2）讨论《南昌市工伤风险程度评估标准》《南昌市工伤风险评估办法》《南昌市岗位风险类别》《南昌市工伤预防试点服务协议》等技术文件。

参加人员为全体参与工伤预防试点项目服务的人员。

（2）试点项目参与工作人员培训。培训学习内容同上，参加人员为所有参与工伤预防试点项目的工作人员。

（3）试点单位进行工伤风险程度自我评估。主要内容：试点县（区）和各试点单位工伤风险级别；试点县（区）宏观工伤风险分布及成因分析，各试点单位内工伤风险分布及成因分析；试点县（区）及试点单位降低工伤风险程度措施等。

由技术组负责指导。

3. 项目实施县（区）工伤保险行政主管部门需提供的资料

统筹地区工伤发生情况。按评估年度上年情况填写，详见表6—14。

表6—14　　统筹地区工伤发生情况统计表　填报地区　　填报人

参保人数	工伤人数											
	工亡	一级	二级	三级	四级	五级	六级	七级	八级	九级	十级	不够级

注：填写以上表格的目的，一是为调查参保单位工伤预防的薄弱环节，以便有针对性地采取预防措施；二是提高参保单位相关人员工伤预防工作能力。

4. 项目实施所在用人单位情况资料

（1）试点单位填写报表资料（详见表6—15）。

表6—15　　用人单位基本情况表　　填报人

评估任务来源	
单位名称	
单位性质、所属行业	
评估日期	
法人代表	
单位地址	
主要产品	
上年度保险费缴纳总额	
负责评估的工作人员姓名及联络方式	

注：单位性质指行政、事业、企业、国有、股份、民营、个体等；所属行业按《江西省工伤风险评估岗位风险类别表（试行）》填写；单位主要产品指工农业产品或服务项目等；联络方式包括电话、邮箱、网址等。

（2）岗位人员分布情况（详见表6—16）。

表6—16　　岗位人员分布统计表　　填报人

序号	岗位（工种）名称	岗位工作人数	岗位风险类别

（3）工伤预防宣传、培训情况（按评估年度情况填写，详见表6—17）。

表6—17　　工伤预防宣传、培训情况统计表　　填报人

项目	情况说明	风险指数
工伤预防主题宣传		
工伤预防局部宣传		
工伤预防个体宣传		
培训资料或教材		
法人工伤预防培训		
工伤预防人员培训		
其他人员工伤预防培训		
工伤预防管理体系		
……		

（4）参保情况（按评估年度情况填写，详见表6—18）。

表6—18　　参保情况统计表　　填报人

应参保人数	实际参保人数	参保人数占比	风险指数

（5）工伤预防责任制情况（按评估年度情况填写，详见表6—19）。

表6—19　　工伤预防责任情况表　　填报人

项目	情况说明	风险指数
法人代表责任制	有或无	
各副职领导责任制	有或无	
中层（车间、部门、分厂、分公司）负责人责任制	有或无	
基层（班组）负责人责任制	有或无	
职工个人责任制	有或无	

（6）上下班方式情况（按评估年度情况填写，详见表6—20）。

表6—20　　上下班方式情况统计表　　填报人

职工总人数	步行+自行车+电动车上班人数	步行+自行车+电动车上班人数占比	风险指数

（7）防止意外伤害守则制定情况（详见表6—21）。

表6—21　　防止意外伤害守则统计表　　填报人

	是否制定及完善情况
生产区域内活动意外伤害守则	
单位集体活动意外伤害守则	
因公外出意外伤害守则	

（8）特种设备年检情况（按评估年度情况填写，详见表6—22）。

表6—22　　特种设备年检情况统计表　　填报人

序号	特种设备种类	台数	检验合格台数	合格台数占比	风险指数
特种设备台数					

（9）特种作业人员情况（按评估年度情况填写，详见表6—23）。

表6—23　　特种作业人员情况统计表　　填报人

序号	工种名称	人数	有操作许可证人数	发证部门	风险指数
特种作业人数					

注：特种作业（特殊工种）是指电工、焊工、压力容器操作工（锅炉工）、起重设备（电梯）操作工、厂内运输车辆操作工等被安全生产行政管理部门、行业监管部门要求具有特种作业操作证的工种。

（10）工作场所风险因素情况（按评估年度情况填写，详见表6—24）。

表6—24　　工作场所风险因素统计表　　填报人

序号	岗位地点、名称（编号）	空气中有害物质名称	允许浓度	实际浓度	风险指数

续表

序号	岗位地点、名称（编号）	空气中有害物质名称	允许浓度	实际浓度	风险指数

注：①工作场所风险因素包括工作场所空气中有毒有害、易燃易爆气体或固态、液态（粉尘、酸雾等）悬浮物；异常气温、辐射、噪声等有害因素；可能会造成人身伤害的水、电、汽等。所有因素均需列出，并标明国家规定（无国家标准规定的，按行业、企业标准，或按实际情况评估指数）的允许浓度和实际浓度（以法定检测机构测定的浓度为准）。

②每个岗位的风险因素逐一填写，注明岗位地点、名称（编号）。

（11）加工原料风险情况（按评估年度情况填写，详见表6—25）。

表6—25　　加工原料风险统计表　　填报人

序号	岗位地点、名称（编号）	有风险原料名称	有害性质和状况描述	风险指数

注：①加工原料风险是指生产过程中使用的原材料存在的易燃易爆、有毒有害、刺激性、腐蚀性及物理特性等易对人造成伤害。所有因素均需列出，并对有害因素的性质和状况进行描述，有国家、行业或企业标准的按标准评估，无标准的按实际情况评估其指数。

②每个岗位的风险因素逐一填写，注明岗位地点、名称（编号），并从理论和实际两方面描述危害情况。

（12）生产工艺风险情况（按评估年度情况填写，详见表6—26）。

表6—26　　生产工艺风险统计表　　填报人

序号	岗位地点、名称（编号）	有风险工艺名称	危害状况描述	风险指数

注：①生产工艺风险是指生产过程中存在的风险，如切削、冲击、碾压、高热、极冷、爆炸、辐射、不良工作姿势、高劳动强度等对人体产生伤害的危险因素。所有因素均需列出，并对危害状况进行描述，有国家、行业或企业标准的按标准评估，无标准的按实际情况评估指数。

②每个岗位的风险因素逐一填写，注明岗位地点、名称（编号）。

（13）预防工伤的管理办法情况（按评估年度情况填写，详见表6—27）。

表6—27　　预防工伤的管理办法统计表　　填报人

序号	需设管理办法的岗位	是否有管理办法及其完善程度	风险指数

注：①报表的同时附各岗位预防工伤的管理办法。

②每个岗位逐一填写，注明岗位地点、名称（编号）。

（14）预防工伤的防护装置情况（按评估年度情况填写，详见表6—28）。

表6—28　　预防工伤的防护装置统计表　　填报人

序号	需设防护装置的岗位	防护名称	是否有防护装置及完善程度	风险指数

注：岗位应逐个填写（岗位地点、名称或按编号等），每个岗位需要的防护装置种类都应填入。

（15）劳动防护用品品种情况（按评估年度情况填写，详见表6—29）。

表6—29　　劳动防护用品品种统计表　　填报人

序号	需使用劳动防护用品的工种	劳动防护用品品种	品种缺少情况	风险指数

注：每个工种需要的劳动防护用品种类都应填入。

（16）劳动防护用品数量情况（按评估年度情况填写，详见表6—30）。

表 6—30 劳动防护用品数量统计表 填报人

序号	需使用劳动防护用品的工种	每人每年需每种劳动防护用品数量	劳动防护用品数量缺少情况	风险指数

注：每个工种需要的劳动防护用品不同品种的数量都应填入。

（17）劳动防护用品质量情况（按评估年度情况填写，详见表 6—31）。

表 6—31 劳动防护用品质量统计表 填报人

序号	需使用劳动防护用品的工种	对每种劳动防护用品的质量要求	质量缺陷情况	风险指数

注：每个工种需要的劳动防护用品质量都应填入。

（18）工伤发生情况（按评估年度上年情况填写，详见表 6—32）。

表 6—32 工伤发生情况统计表 填报人

参保人数	工伤人数											
	工亡	一级	二级	三级	四级	五级	六级	七级	八级	九级	十级	不够级

（19）获工伤赔付情况（按评估年度上年情况填写，详见表 6—33）。

表 6—33 获工伤赔付情况统计表 填报人

单位获赔总金额	
单位缴费总金额	

5. 参保单位自评

（1）按工伤风险程度评估标准计算各项风险指数及总体风险指数并确定

风险等级。

（2）找出产生工伤风险的各种因素。

（3）提出降低工伤风险的措施。

6. 技术组复核参保单位自评结果并提出评估报告

评估报告应包括以下内容：

（1）各参保单位的风险指数。

（2）存在风险的原因。

（3）参保单位降低工伤风险程度的措施。

1）降低工伤预防理念风险。总体要求是促进用人单位领导认识到工伤预防是保障职工根本利益、构建和谐社会的重要工作，并将工伤预防工作列入单位领导工作职责；促使工伤预防成为企业文化的重要组成部分，形成全体职工主动进行工伤预防的社会氛围；普遍、持续、深入地开展工伤预防宣传、培训，全体职工不断提高工伤预防意识和技能；形成工伤预警制度，掌握工伤风险状况，把握工伤预防主动权；形成工伤预防奖惩机制，激励职工积极投入工伤预防工作中等。

①提高单位职工工伤预防意识。设永久性的工伤预防主题（针对全单位）宣传媒体且位置和外形醒目、内容激励性强（提出媒体形式、内容、设置位置等）。

车间（部门）定期更换的宣传媒体，内容针对性强并适时更换（提出媒体形式、内容、设置位置、更换时段等）。

采用语音、短信、网络、印刷品等方式，针对不同岗位、对每个职工进行工伤预防宣传（提出短信内容、印刷品内容等）。

②提高单位职工工伤预防知识和技能。对单位法人代表以反馈评估结果的形式单独进行工伤预防培训：一是结合单位特点需要法人代表掌握的工伤预防工作的领导技能；二是评估结果反馈，重点是主要风险、产生原因及整改措施；三是为做好工伤预防需要法人代表支持的工作等。

对单位专职工伤预防工作人员进行统一培训：一是工伤预防工作人员的基本职责；二是提高对工伤预防的认识和做好工伤预防工作的基本技能；三是提高对工伤评估作用的认识，运用评估手段降低工伤风险的技能等。

对单位内其他人员全部进行工伤预防知识培训：一是提高对工伤预防的认识；二是针对岗位的风险情况和实际提高职工预防工伤技能。技术组编辑培训材料并协助单位专职工作人员开展培训。

③协助单位建立三级工伤预防管理体系。用人单位最高级预防管理机构，

由单位法人代表或一名副职领导负责主持全单位工伤预防工作，设一名至两名工作人员专门负责全单位的工伤预防工作。

中层工伤预防机构，即各部门或车间等中层设兼职工伤预防工作人员，负责本部门的工伤预防工作。

基层工伤预防机构，即在单位内最小的工作单元（班组）设工伤预防员，负责做好本单元的工伤预防工作。

技术组根据单位的实际情况，对三级工伤预防体系提出具体要求，主要包括人员素质、体系结构、各级的具体责任等。

2）降低与工作相关的意外伤害风险。

①清理生产区域内可能造成职工意外伤害的各种因素，如坠落、高处落物、厂内机动车辆、电动车、自行车、气液喷溅等能造成人员意外伤害的因素。

②减少以步行、自行车、电动车方式上下班人数。

③制定防止在单位生产区域内活动受到意外伤害、单位集体活动受到意外伤害、因公外出受到意外伤害等职工守则。

3）降低岗位风险。调整工艺流程，减少《南昌市岗位风险分类表》中所列的五类、六类岗位或减少五类、六类岗位人员数。

4）降低生产技术条件风险。从本质安全的角度改善工作环境，调整工艺、设备、原料等。主要内容包括：

①减少远距离以步行、骑自行车或电动车上下班人数，加强交通安全教育，对单位附近易发生交通事故的地段采取适当预防措施。

②按要求进行特种设备检验。

③电工、焊工、压力容器操作工（锅炉工）、起重设备操作工、场内运输车辆操作工等被安全生产行政主管部门、行业监管部门要求具有特种行业操作证的作业岗位，每个作业人员都有特种作业操作证。

④采取工程措施使工作场所空气中有毒有害、易燃易爆气体或固态、液态悬浮物达标，以及气温、辐射、噪声等不超过允许范围。

⑤调整产品结构，以对人体无害或危害性小的原料替代危害性大的。

⑥调整生产工艺或更新生产设备，减少存在切削、冲击、碾压、高热、极冷、爆炸、辐射、工作姿势欠佳、劳动强度过大、高度紧张等对人员造成的风险因素。

⑦技术组应根据单位实际情况提出具体的工程技术措施，并指导单位完成相关预防措施。

5）降低预防工伤的管理办法及防护装置风险。完善所有存在工伤风险岗位预防工伤的管理办法和防护装置。

技术组应根据单位实际情况，提出完善各岗位预防工伤的管理办法和防护装置的具体意见，并指导单位实施。

6）降低劳动防护用品风险。确保所有存在工伤风险岗位的劳动防护用品品种、数量和质量符合规定要求。

技术组应根据国家标准或相关规定，提出对劳动防护用品的具体要求，并帮助单位配备齐全，指导职工按技术标准使用。

7）降低工伤人（次）数及伤残程度风险。每个岗位设立预防工伤警示标志牌，以利于职工上岗即能提升预防意识；对每起工伤事故进行科学、认真分析，总结教训，防止类似工伤再次发生；推行工伤康复，实行先康复再劳动能力鉴定，降低工伤职工伤残程度。

技术组应根据单位工伤人数、伤残程度和工伤预防工作的情况，提出具体的减少工伤人数、降低伤残程度的措施。

8）降低工伤补偿风险。加大对工伤医疗过程的监管，减少过度医疗和不合理治疗、用药；严格工伤认定程序，减少工伤欺诈；优化劳动能力鉴定程序，促进鉴定结果更为准确。在评估过程中技术组应协助相关部门查找短板，并提出建议。

7. 向南昌市工伤保险行政主管部门报送评估报告送审稿

技术组形成《工伤风险程度评估报告》初稿，征求用人单位意见并取得一致后复核，形成送审稿后报市工伤预防试点工作领导小组审核。

8. 实施预防项目

《工伤风险程度评估报告》初稿被工伤预防试点工作领导小组审核调整后形成正式报告，服务单位按评估报告所列预防项目逐个完成。

（1）宣传组完成的项目

1）设计和制作主题宣传媒体、局部宣传媒体、个体宣传资料，并安装或发放。

2）设计和印制培训资料。

3）设计和制作动漫宣传、培训资料。

（2）技术组完成的项目

1）向法人反馈工伤风险评估情况并进行预防培训。

2）完成对参保单位负责工伤预防工作人员的预防培训。

3）指导参保单位完成工伤预防相关工作，如管理措施、防护装置、劳动防护用品、工作环境条件等项目。

4）完成《工伤预防措施项目完成报告》初稿。该报告内容主要包括：项目数量的完成情况（按评估报告确定的项目一一对照，超数量完成的项目和未完成的项目要说明原因）；完成的质量情况；项目完成后使用过程中应注意的问题及预期效果；完成项目过程中的经验教训及问题；相关意见、建议等。

（3）服务单位对各个参保单位的预防项目进行综合检查，并对《工伤预防措施项目完成报告》审查修订，形成正式报告。

9. 执行工伤预防措施项目

《工伤预防措施项目完成报告》经工伤预防领导小组审核、修订通过，预防措施验收通过后，进入为期 1 年的试点预防措施执行期。根据审核、验收意见，完善预防措施，服务单位对整个执行过程全程跟踪服务。

（1）技术组指导和督促参保单位执行工伤预防措施，对执行过程中出现的问题提出解决办法并指导解决，保证预防措施顺利执行。

（2）宣传组适时更换局部宣传媒体和向职工个人（含单位领导及预防工作人员）发送宣传短信、预防提示邮件及通过电话和网络向职工收集对预防工作的意见、建议等。

（3）每 3 个月向工伤预防试点工作领导小组提交分时段的《预防措施执行情况报告》，遇到特殊情况即时报告。

10. 预防措施项目效果检验

预防措施项目执行 1 年后进行效果检验。

（1）按《工伤风险程度评估标准》对参保单位进行第二次评估。先由参保单位自评，技术组复评并填写《预防效果评价表》，对项目运行的用人单位进行全面综合评价，提交《工伤预防试点综合评价报告》送审稿。

（2）服务单位初审《工伤预防试点综合评价报告》后报工伤预防试点工作领导小组审批。

二、赣州市工伤预防工作试点结题报告

江西省人力资源和社会保障厅工伤保险处、赣州市人力资源和社会保障局、赣州市医疗保险局：

按照《赣州市工伤预防项目服务协议》，我公司已完成了 3 个试点单位的工伤风险程度评估、工伤预防措施的实施及预防效果检验等协议规定的工作内容，现将完成情况报告如下：

1. 项目数量的完成情况

(1) 制定了《赣州市工伤风险程度评估标准（试行）》《赣州市工伤风险程度评估实施办法（试行）》和《赣州市岗位风险类别（试行）》等技术文件。

1)《赣州市工伤风险程度评估标准（试行）》。该标准通过7个指标，对试点单位发生工伤风险的高低进行预测。工伤风险程度越大，发生工伤的概率可能就越大，人员受伤害的程度可能越严重。

评估标准把工伤风险程度分为5个级别：一级工伤风险低、二级工伤风险较低、三级工伤风险一般、四级工伤风险较高、五级工伤风险高。并用无量纲的风险指数对工伤风险程度进行量化，指数越大，风险越高，详见表6—34。风险程度量化利于提高评估的准确度，利于试点单位自身纵向比较和单位间横向比较，促进工伤预防工作。

表6—34　工伤风险程度级别

综合风险指数（F）	$F<55$	$55\leq F<130$	$130\leq F<215$	$215\leq F<300$	$F\geq300$
综合风险级别	一级	二级	三级	四级	五级

①工伤预防理念风险。因人对工伤预防认知程度而潜在的风险。主要从工伤预防宣传、工伤预防知识和技能培训、工伤预防管理体系、职工参加工伤保险占比等方面考察风险情况。

②岗位风险。因作业方式、工作环境等职业特征而存在的风险。主要从高风险岗位和在高风险岗位作业的职工数考察风险情况。

③生产（工作）技术条件风险。因生产工艺、设备、原料等原因而存在的风险。主要从以下几个方面考察风险情况：上下班交通风险（以步行、自行车、电动车方式通行）的人数与单位职工总数占比；特种设备（电梯、厂内运输车辆、起重设备等被安全生产行政主管部门、行业监管部门要求安全年检的生产设备）风险；特种作业（电工、焊工、压力容器操作工、锅炉工、起重设备操作工、厂内运输车辆操作工等被安全生产行政主管部门、行业监管部门要求具有特种作业操作证的作业岗位）风险；工作场所风险（空气中有毒有害、易燃易爆气体或固态、液态悬浮物；气温、辐射、噪声等超过国家标准范围，易造成人体伤害的水、电、汽等）；加工原料风险（易燃易爆、有毒有害、刺激性、腐蚀性及物理特性会对人造成伤害等因素）；生产工艺风险（切削、冲击、碾压、高热、极冷、爆炸、辐射、不良工作姿势、高劳动强度、高紧张程度等）等。

④预防工伤的管理办法及防护装置风险。因生产、工作岗位预防工伤发生所需要的管理办法及技术措施的缺陷而潜在的风险。

⑤个体防护措施风险。因岗位所需的劳动防护用品及技术措施的缺陷而潜在的风险。

⑥工伤人（次）数及伤残程度风险。从既往发生的工伤人（次）数和伤残程度评估潜在风险。以工伤人（次）数为频度，伤残程度为权，分别计算试点单位人均工伤人（次）数与伤残程度的加权数，统筹地区人均工伤人（次）数与伤残程度的加权数，用前者与后者的比值评估工伤风险程度。

⑦工伤补偿风险。从既往工伤补偿金赔付额评估潜在风险。以工伤保险基金支付给试点单位工伤职工的工伤保险待遇总额占试点单位缴纳的工伤保险费总额的比例评估工伤风险程度。

以上7个方面能较准确地反映用人单位工伤风险情况，该观点已在国家级期刊《企业改革与管理》上发表（2017年第6期）。

2）《赣州市工伤风险程度评估实施办法》。该办法明确了评估工作单位及相应的职责，评估的程序。

3）《赣州市岗位风险类别》。参照相关资料，结合本市实际情况，按行业把岗位风险分为6个级别，用于评价试点单位岗位的风险情况。

（2）完成了对3个试点单位的工伤风险评估并形成评估报告，分别是《赣州有色冶金机械有限公司工伤风险评估报告》《江西科力稀土新材料有限公司工伤风险评估报告》《江西维平创业家具实业有限公司工伤风险评估报告》。3个报告已报送。

（3）完成了对3个试点单位的工伤预防培训材料的编印及发放。

1）《赣州有色冶金机械有限公司法人代表及公司领导工伤预防须知》，公司领导每人一本；《赣州有色冶金机械有限公司专职工伤预防工作人员及中层负责人工伤预防手册》，中层管理人员每人一本；《赣州有色冶金机械有限公司职工工伤预防读本》，职工每人一本。

2）《江西科力稀土新材料有限公司法人代表及公司领导工伤预防须知》，公司领导每人一本；《江西科力稀土新材料有限公司专职工伤预防工作人员及中层负责人工伤预防手册》，中层管理人员每人一本；《江西科力稀土新材料有限公司职工工伤预防读本》，职工每人一本。

3）《江西维平创业家具实业有限公司法人代表及公司领导工伤预防须知》，公司领导每人一本；《江西维平创业家具实业有限公司专职工伤预防工作人员及中层负责人工伤预防手册》，中层管理人员每人一本；《江西维平创业家具实业有限公司职工工伤预防读本》，职工每人一本。

4）《赣州有色冶金机械有限公司安全操作规程》，该公司职工每人一本；《江西科力稀土新材料有限公司安全操作规程》，该公司职工每人一本。

5）《赣州市工伤预防宝典》，试点单位职工每人一本。总共发放宣传、培训材料 2800 份。上述材料已报送。

（4）进行了两轮工伤预防宣传和培训。

1）2014 年 12 月完成第一轮培训。到试点单位进行工伤预防宣传和培训，主要内容：一是学习赣州市工伤预防试点工作相关文件；二是讲解《赣州市工伤风险程度评估标准》《赣州市工伤风险评估办法》《赣州市岗位风险类别》等技术文件；三是讲解试点单位进行工伤风险程度自我评估的方法。参培人员是各试点单位相关领导和中层负责人。

2）2015 年 9 月完成第二轮培训。请省人力资源和社会保障学会专家讲授《工伤保险条例》等法规以及国家、省相关部门对工伤预防工作的要求及兄弟省市工伤预防试点情况；省机械工程学会专家讲授工业现代化与工伤预防；市交警讲授上下班途中如何预防交通事故；市人力资源和社会保障局领导讲授市局对工伤预防试点的要求等；我公司享受国务院特殊津贴的劳动保护专家以“须知”“手册”“读本”为蓝本，讲解各单位工伤风险程度评估情况、产生风险的原因及降低风险的措施。上述培训分 7 场完成：

①《赣州有色冶金机械有限公司法人代表及公司领导工伤预防座谈会》1 场。

②《赣州有色冶金机械有限公司工伤预防人员及中层负责人工伤预防研讨会》1 场。

③《赣州有色冶金机械有限公司全体职工工伤预防宣讲大会》1 场。

④《江西科力稀土新材料有限公司法人代表及公司领导工伤预防座谈会》及《江西科力稀土新材料有限公司工伤预防人员及中层负责人工伤预防研讨会》合为 1 场。

⑤《江西科力稀土新材料有限公司全体职工工伤预防宣讲大会》1 场。

⑥《江西维平创业家具实业有限公司法人代表及公司领导工伤预防座谈会》及《江西维平创业家具实业有限公司工伤预防人员及中层负责人工伤预防研讨会》合为 1 场。

⑦《江西维平创业家具实业有限公司全体职工工伤预防宣讲大会》1 场。

（5）对试点单位进行工伤预防宣传。采取主题宣传、车间宣传和岗位宣传的方式：

1）在3个试点单位进行主题宣传，采用移动的宣传板，放置于职工较为集中的地方，第一期宣传主题为“工伤保险、工伤预防试点和全程预防工伤”。

2）在3个试点单位风险较大的车间设置了工伤预防警示牌。

3）在3个试点单位风险较大的岗位设置了工伤预防提示牌。

（6）指导试点单位完善工伤预防措施：

1）指导试点单位完善岗位操作规程、四级工伤预防责任、三级工伤预防机构。

2）已向试点单位职工发送短信进行预防提示5次，共1 200余条。

3）指导试点单位完善工伤预防技术措施和个体防护措施。

2. 完成质量

（1）工伤预防培训反映良好。

1）赣州有色冶金机械有限公司负责工伤预防的领导说：“我公司是工伤风险较高的企业，工伤预防试点将对我们的工伤预防和公司发展起重要作用，交警来给我们讲授交通安全从来没有过，我们必须按评估报告的要求做好下一步的试点工作。”

2）《江西科力稀土新材料有限公司》工伤预防负责人表示：公司历来重视安全生产，这次培训加深了对工伤预防的认识，全体职工都要积极投入试点，取得试点成功。

3）江西维平创业家具实业有限公司工伤预防负责人表示：公司是民营企业，多位领导、专家亲临公司进行工伤预防培训，这是工伤预防试点带来的好处，因此必须做好试点工作。

（2）预防宣传反映良好。

1）试点单位相关人员反映，单位主题宣传板、车间警示牌、岗位警示牌内容精炼、针对性强，对职工有较强的提示作用。

2）发送的预防短信引起职工的兴趣，起到了一定的警示效果。

2016年12月26日、27日，省厅工伤保险处、市局工伤保险科及章贡区、南康区医保局等有关领导到3个试点单位进行了检查调研，企业相关人员反映企业领导对工伤预防更为重视、职工对工伤预防的认识有所提高、预防措施正在完善、本年度工伤次数有所降低，企业欢迎和积极配合工伤预防工作。

3. 预防效果检验

将试点单位风险变化进行参照性对比，2015年对2014年风险评估结果与

2016年对2015年风险评估结果比较详见表6—35至表6—37。

表6—35　江西维平创业家具实业有限公司风险评估年度结果对比

风险名称	措施实施前（2014年）风险指数A	措施实施后（2015年）风险指数B	风险指数降低系数：100（A-B）/A			
			小于等于0无效果	0~10有效果	10~20效果明显	大于20效果好
预防理念风险	43.6	13.5	—	—	—	69.04
岗位风险	25.9	26.0	0	—	—	—
生产（工作）技术条件风险	22.0	22.0	0	—	—	—
预防工伤的管理办法及防护装置风险	30.0	30.0	0	—	—	—
劳动防护用品风险	30.0	30.0	0	—	—	—
工伤人（次）数及伤残程度风险	65.8	4.0	—	—	—	93.92
工伤补偿风险	132.0	3.5	—	—	—	97.34
综合风险（合计）	349.3	129.0	—	—	—	63.07

表6—36　赣州科力稀土新材料有限公司风险评估年度结果对比

风险名称	措施实施前（2014年）风险指数A	措施实施后（2015年）风险指数B	风险指数降低系数：100（A-B）/A			
			小于等于0无效果	1~10有效果	10~20效果明显	大于20效果好
预防理念风险	37.0	13.5	—	—	—	63.5
岗位风险	25.0	25.0	0	—	—	—
生产（工作）技术条件风险	17.6	17.6	0	—	—	—
预防工伤的管理办法及防护装置风险	21.0	18.0	—	—	14.3	—
劳动防护用品风险	20.0	5.0	—	—	—	75.0
工伤人（次）数及伤残程度风险	103.8	41.3	—	—	—	60.2
工伤补偿风险	72.8	44.4	—	—	—	39.0
综合风险（合计）	297.2	164.4	—	—	—	44.7

表 6—37 赣州有色冶金机械有限公司风险评估年度结果对比

风险名称	措施实施前（2014 年）风险指数 A	措施实施后（2015 年）风险指数 B	风险指数降低系数：100（$A-B$）/A			
			小于等于 0 无效果	2~10 有效果	10~20 效果明显	大于 20 效果好
预防理念风险	36.5	13.5	—	—	—	63.0
岗位风险	12.9	12.9	0	—	—	—
生产（工作）技术条件风险	15.0	15.0	0	—	—	—
预防工伤的管理办法及防护装置风险	21.0	21.0	0	—	—	—
劳动防护用品风险	19.0	3.0	—	—	—	84.2
工伤人（次）数及伤残程度风险	166.2	15.9	—	—	—	90.4
工伤补偿风险	66.0	34.2	—	—	—	48.2
综合风险（合计）	336.6	115.5	—	—	—	65.7

（1）工伤预防效果。

1）试点单位工伤风险程度的变化详见表 6—38。

表 6—38 试点单位采取预防措施前后工伤风险程度级别变化

风险名称	时间节点	江西维平创业家具实业有限公司	赣州科力稀土新材料有限公司	赣州有色冶金机械有限公司
预防理念风险	措施实施前	五级	四级	四级
	措施实施后	二级	二级	二级
岗位风险	措施实施前	四级	三级	二级
	措施实施后	四级	三级	二级
生产（工作）技术条件风险	措施实施前	四级	三级	三级
	措施实施后	四级	三级	三级
预防工伤的管理办法及防护装置风险	措施实施前	五级	四级	四级
	措施实施后	五级	三级	四级
劳动防护用品风险	措施实施前	五级	四级	三级
	措施实施后	五级	二级	一级
工伤人（次）数及伤残程度风险	措施实施前	五级	五级	五级
	措施实施后	一级	三级	二级

续表

风险名称	时间节点	江西维平创业家具实业有限公司	赣州科力稀土新材料有限公司	赣州有色冶金机械有限公司
工伤补偿风险	措施实施前	五级	五级	五级
	措施实施后	一级	三级	三级
综合风险	措施实施前	五级	四级	五级
	措施实施后	二级	三级	二级

从表中可以得出如下结论：

①工伤预防措施实施后，3 个试点单位综合风险级别都有所降低，预防措施效果明显。

②预防理念风险、工伤人（次）数及伤残程度风险、工伤补偿风险明显降低，而岗位风险、生产（工作）技术条件风险、预防工伤的管理办法及防护装置风险变化不大。说明“预防理念”对降低工伤的发生有重要的影响，提高用人单位全体员工“工伤预防理念”是工伤预防工作的重点。

2）3 个试点单位 2014 年、2015 年、2016 年工伤发生人数和伤害程度的变化详见表 6—39。

表 6—39　　2014—2016 年工伤发生人数和伤害程度变化

试点单位名称	年份	参保人数（人）	工伤人数				
			七级	八级	九级	十级	不够级
赣州科力稀土新材料有限公司	2014	367	0	0	2	1	4
	2015	367	0	0	1	1	4
	2016	344	0	0	0	0	5
赣州有色冶金机械有限公司	2014	382	0	0	1	5	16
	2015	382	0	0	1	3	7
	2016	320	0	0	0	1	2
江西维平创业家具实业有限公司	2014	225	1	0	2	0	2
	2015	225	0	0	0	0	1
	2016	0	0	0	0	1	4

从表中看出：实施工伤预防措施后的 2015 年、2016 年 3 个试点单位各自的工伤人数和伤残程度持续下降。说明工伤预防措施的效果有延续作用。

3）工伤预防费用的投入与工伤待遇支付金额的变化关系的分析，上述变化引起的社会效果和经济效益等（详见表 6—40）。

表 6—40　工伤预防试点单位获赔情况

试点单位名称	2014 年			2015 年			2016 年		
	参保人数	缴费总额/万元	获赔总额/万元	参保人数	缴费总额/万元	获赔总额/万元	参保人数	缴费总额/万元	获赔总额/万元
赣州科力稀土新材料有限公司	367	7.1	14.2	373	16.4	12.13	344	10.8	4.7
赣州有色冶金机械有限公司	382	13.04	14.94	357	15.33	8.76	320	9.55	3.75
江西维平创业家具实业有限公司	225	10	22	234	17	1	90	4	9

从表中可以看出：实施工伤预防措施后的 2015 年、2016 年 3 个试点单位各自获得的工伤保险赔付金额持续下降，2014 年 3 个单位获赔金额大于缴费金额 21 万元，即保险基金亏损 21 万元；2015 年 3 个单位获赔金额小于缴费金额 26.81 万元，即保险基金结余 26.81 万元；2016 年 3 个单位获赔金额小于缴费金额 6.9 万元，即保险基金结余 6.9 万元；若按 2014 年赔付水平测算，保险基金减少赔付 54.71 万元，本次试点协议费用为 9.6 万元，试点效果的直接经济效益为 45.11 万元。

（2）工伤预防意识效果。

1）通过工伤预防宣传，使工伤保险行政和经办管理人员、试点单位全体员工对工伤预防的认识大为提高，认识到“安全生产”不能代替“工伤预防”、做好工伤预防工作十分重要、工伤预防工作是可以做好的，必定能收到社会效益和经济效益。

2）通过工伤预防培训，工伤保险行政和经办管理人员预防工伤管理能力得到提高，试点单位人员预防工伤技能得到提高，促进用人单位建立健全了工伤预防制度。

（3）试点成果推广性和可持续发展性。

1）试点工作中注重提高试点单位相关人员做好工伤预防工作的能力，试点结束后可独立开展工伤预防工作。

2）试点工作中注意了把风险程度评估和工伤预防工作的效果以及与工伤保险浮动费率联系，形成用人单位自我坚持工伤预防工作的促进机制，通过市场需求机制推进工伤预防工作。

3）试点工作中注意了探索工伤预防成本及预防费的使用效率，使有限的预防费用产生更大的效益，且工伤保险基金及参保单位经济能力都能承受。

4）试点工作采取的请工伤预防专家、交警结合单位工伤风险的实际讲课，分别培训用人单位领导人（公司领导班子全体成员）、中层负责人、全体职工的培训方法是可行的；采取的主题宣传牌、车间警示栏、岗位提示板及个人提醒短信宣传工伤预防是有效的。

4. 完成项目过程中的不足之处

(1) 未能按协议要求的时间、进度完成相应工作。主要原因是首次进行工伤预防试点工作，对工作进展的难度估计不够，多次反复，拖延了时间。

(2)《工伤风险评估标准》等技术文件存在缺陷需要修订。

(3) 试点单位完善生产（工作）技术条件、防护装置及个体防护措施力度不够。

三、×××有色冶金机械公司工伤预防管理制度

1　要点

1.1　总则

工伤保险四大功能：

1.1.1　因工作遭受事故伤害或者患职业病的职工获得医疗救治和经济补偿，使工伤职工能够得到更快更好地康复，个人和家庭的生活得到保障。

1.1.2　促进工伤预防。减少工伤的发生，让职工获得最大的保障，这将成为工伤保险的重点功能。

1.1.3　职业康复。帮助工伤职工最大限度地恢复生活和工作能力，提高生活质量。

1.1.4　分散用人单位的工伤风险。参保单位工伤职工的工伤保险赔付大部分由工伤保险基金支付，可有效化解发生重大工伤事故后用人单位的经济补偿风险。

1.2　工伤保险基金

1.2.1　工伤保险基金由用人单位缴纳的工伤保险费、工伤保险基金的利息和依法纳入工伤保险基金的其他资金构成。

1.2.2　国家根据不同行业的工伤风险程度确定行业的差别费率，并在每个行业内确定若干费率档次。行业差别费率及行业内费率档次由国务院社会保险行政部门制定。

1.2.3　社会保险经办机构根据用人单位工伤保险费使用、工伤发生率等情况，适用所属行业内相应的费率档次以确定单位缴费费率。

1.3　工伤认定

1.3.1　职工有下列情形之一的，应当认定为工伤：

(1) 在工作时间和工作场所内，因工作原因受到事故伤害的。

(2) 工作时间前后在工作场所内，从事与工作有关的预备性或者收尾性

工作受到事故伤害的。

（3）在工作时间和工作场所内，因履行工作职责受到暴力等意外伤害的。

（4）患职业病的。

（5）因工外出期间，由于工作原因受到伤害或者发生事故下落不明的。

（6）在上下班途中，受到非本人主要责任的交通事故或者城市轨道交通、客运轮渡、火车事故伤害的。

（7）法律、行政法规规定应当认定为工伤的其他情形。

1.3.2　职工有下列情形之一的，视同工伤：

（1）在工作时间和工作岗位，突发疾病死亡或者在48小时之内经抢救无效死亡的。

（2）在抢险救灾等维护国家利益、公共利益活动中受到伤害的。

（3）职工原在军队服役，因战、因公负伤致残，已取得革命伤残军人证，到用人单位后旧伤复发的。

1.3.3　职工有下列情形之一的，不得认定为工伤或者视同工伤：

（1）故意犯罪的。

（2）醉酒或者吸毒的。

（3）自残或者自杀的。

1.3.4　职工发生事故伤害或者按照职业病防治法规定被诊断、鉴定为职业病，所在单位应当自事故伤害发生之日或者被诊断、鉴定为职业病之日起30日内，向统筹地区社会保险行政部门提出工伤认定申请。遇有特殊情况，经报社会保险行政部门同意，申请时限可以适当延长。

1.3.5　用人单位未按规定提出工伤认定申请的，工伤职工或者其近亲属、工会组织在事故伤害发生之日或者被诊断、鉴定为职业病之日起1年内，可以直接向用人单位所在地统筹地区社会保险行政部门提出工伤认定申请。

1.3.6　用人单位未在规定的时限内提交工伤认定申请，在此期间发生符合《工伤保险条例》规定的工伤待遇等有关费用由该用人单位负担。

1.4　劳动能力鉴定

1.4.1　职工发生工伤，经治疗伤情相对稳定后存在残疾、影响劳动能力的，应当进行劳动能力鉴定。

1.4.2　劳动能力鉴定是指劳动功能障碍程度和生活自理障碍程度的等级鉴定。

（1）劳动功能障碍分为10个伤残等级，最重的为一级，最轻的为十级。

（2）生活自理障碍分为3个等级：生活完全不能自理、生活大部分不能自理和生活部分不能自理。

1.4.3　劳动能力鉴定结论是享受工伤保险待遇的依据。

1.5　工伤保险待遇

1.5.1　职工因工作遭受事故伤害或者患职业病进行治疗，享受工伤医疗待遇。

（1）职工治疗工伤应当在签订服务协议的医疗机构就医，情况紧急时可以先到就近的医疗机构急救。

（2）治疗工伤所需费用符合工伤保险诊疗项目目录、工伤保险药品目录、工伤保险住院服务标准的，从工伤保险基金支付。

（3）职工住院治疗工伤的伙食补助费，以及经医疗机构出具证明，报经办机构同意，工伤职工到统筹地区以外就医所需的交通、食宿费用从工伤保险基金支付。

（4）工伤职工治疗非工伤引发的疾病，不享受工伤医疗待遇，按照基本医疗保险办法处理。

（5）工伤职工到签订服务协议的医疗机构进行工伤康复的费用，符合规定的，从工伤保险基金支付。

1.5.2　工伤职工因日常生活或者就业需要，经劳动能力鉴定委员会确认，可以安装假肢、矫形器、假眼、假牙和配置轮椅等辅助器具，所需费用按照国家规定的标准从工伤保险基金支付。

1.5.3　职工因工作遭受事故伤害或者患职业病需要暂停工作接受工伤医疗的，在停工留薪期内，原工资福利待遇不变，由所在单位按月支付。

1.5.4　生活不能自理的工伤职工在停工留薪期需要护理的，由所在单位负责。

1.5.5　工伤职工已经评定伤残等级并经劳动能力鉴定委员会确认需要生活护理的，从工伤保险基金按月支付生活护理费。

1.5.6　职工因工致残被鉴定为一级至四级伤残的，保留劳动关系，退出工作岗位，享受以下待遇：

（1）从工伤保险基金按伤残等级支付一次性伤残补助金。

（2）从工伤保险基金按月支付伤残津贴。

（3）工伤职工达到退休年龄并办理退休手续后，停发伤残津贴，按照国家有关规定享受基本养老保险待遇。基本养老保险待遇低于伤残津贴的，由工伤保险基金补足差额。

（4）由用人单位和职工个人以伤残津贴为基数，缴纳基本医疗保险费。

1.5.7 职工因工致残被鉴定为五级、六级伤残的，享受以下待遇：

（1）从工伤保险基金按伤残等级支付一次性伤残补助金。

（2）保留与用人单位的劳动关系，由用人单位安排适当工作。难以安排工作的，由用人单位按月发给伤残津贴，并由用人单位按照规定为其缴纳应缴纳的各项社会保险费。伤残津贴实际金额低于当地最低工资标准的，按当地最低工资标准发给。

（3）经工伤职工本人提出，该职工可以与用人单位解除或者终止劳动关系，由工伤保险基金支付一次性工伤医疗补助金，由用人单位支付一次性伤残就业补助金。

1.5.8 职工因工致残被鉴定为七级至十级伤残的，享受以下待遇：

（1）从工伤保险基金按伤残等级支付一次性伤残补助金。

（2）劳动、聘用合同期满终止，或者职工本人提出解除劳动、聘用合同的，由工伤保险基金支付一次性工伤医疗补助金，由用人单位支付一次性伤残就业补助金。

1.5.9 工伤职工工伤复发，确认需要治疗的，享受《工伤保险条例》第三十条、第三十二条和第三十三条规定的工伤待遇。

1.5.10 职工因工死亡，其近亲属享受工伤保险基金支付的丧葬补助金、供养亲属抚恤金和一次性工亡补助金（一次性工亡补助金标准为上一年度全国城镇居民人均可支配收入的20倍）。

1.5.11 工伤职工有下列情形之一的，停止享受工伤保险待遇：

（1）丧失享受待遇条件的。

（2）拒不接受劳动能力鉴定的。

（3）拒绝治疗的。

1.5.12 职工再次发生工伤，根据规定应当享受伤残津贴的，按照新认定的伤残等级享受伤残津贴待遇。

1.6 其他规定

1.6.1 工会组织依法维护工伤职工的合法权益，对用人单位的工伤保险工作实行监督。

1.6.2 用人单位、工伤职工或者其近亲属骗取工伤保险待遇，医疗机构、辅助器具配置机构骗取工伤保险基金支出的，由社会保险行政部门责令退还，处骗取金额2倍以上5倍以下的罚款；情节严重，构成犯罪的，依法追究刑事责任。

1.6.3　用人单位应当参加工伤保险而未参加的，由社会保险行政部门责令限期参加，补缴应当缴纳的工伤保险费，并自欠缴之日起，按日加收万分之五的滞纳金；逾期仍不缴纳的，处欠缴数额1倍以上3倍以下的罚款。

（1）应当参加工伤保险而未参加工伤保险的用人单位职工发生工伤的，由该用人单位按照《工伤保险条例》规定的工伤保险待遇项目和标准支付费用。

（2）用人单位参加工伤保险并补缴应当缴纳的工伤保险费、滞纳金后，由工伤保险基金和用人单位依照《工伤保险条例》的规定支付新发生的费用。

1.6.4　用人单位违反《工伤保险条例》的规定，拒不协助社会保险行政部门对事故进行调查核实的，由社会保险行政部门责令改正，处2 000元以上2万元以下的罚款。

1.7　《职业病防治法》中单位领导应知的与工伤预防相关的要求

1.7.1　用人单位必须依法参加工伤保险。

1.7.2　产生职业病危害的用人单位的设立除应当符合法律、行政法规规定的设立条件外，其工作场所还应当符合下列职业卫生要求：

（1）职业病危害因素的强度或者浓度符合国家职业卫生标准。

（2）有与职业病危害防护相适应的设施。

（3）生产布局合理，符合有害与无害作业分开的原则。

（4）有配套的更衣间、洗浴间、孕妇休息间等卫生设施。

（5）设备、工具、用具等设施符合保护劳动者生理、心理健康的要求。

（6）法律、行政法规和国务院卫生行政部门、安全生产监督管理部门关于保护劳动者健康的其他要求。

1.7.3　用人单位必须采用有效的职业病防护设施，并为劳动者提供个人使用的职业病防护用品。

用人单位为劳动者个人提供的职业病防护用品必须符合防治职业病的要求；不符合要求的，不得使用。

1.7.4　用人单位应当保障职业病防治所需的资金投入，不得挤占、挪用，并对因资金投入不足导致的后果承担责任。

1.7.5　职业病病人除依法享有工伤保险外，依照有关民事法律，尚有获得赔偿的权利的，有权向用人单位提出赔偿要求。

1.7.6　劳动者被诊断患有职业病，但用人单位没有依法参加工伤保险的，其医疗和生活保障由该用人单位承担。

1.8　《安全生产法》中单位领导应知的工伤预防相关的要求

1.8.1　生产经营单位必须遵守本法和其他有关安全生产的法律法规，加强安全生产管理，建立健全安全生产责任制和安全生产规章制度，改善安全生产条件，推进安全生产标准化建设，提高安全生产水平，确保安全生产。

1.8.2　生产经营单位的主要负责人对本单位的安全生产工作全面负责。

1.8.3　生产经营单位的从业人员有依法获得安全生产保障的权利，并应当依法履行安全生产方面的义务。

1.8.4　生产经营单位应当对从业人员进行安全生产教育和培训，保证从业人员具备必要的安全生产知识，熟悉有关的安全生产规章制度和安全操作规程，掌握本岗位的安全操作技能，了解事故应急处理措施，知悉自身在安全生产方面的权利和义务。未经安全生产教育和培训合格的从业人员，不得上岗作业。

1.8.5　生产经营单位应当在有较大危险因素的生产经营场所和有关设施、设备上，设置明显的安全警示标志。

1.8.6　生产经营单位应当教育和督促从业人员严格执行本单位的安全生产规章制度和安全操作规程；并向从业人员如实告知作业场所和工作岗位存在的危险因素、防范措施以及事故应急措施。

1.8.7　生产经营单位必须为从业人员提供符合国家标准或者行业标准的劳动防护用品，并监督、教育从业人员按照使用规则佩戴、使用。

1.8.8　生产经营单位应当安排用于配备劳动防护用品、进行安全生产培训的经费。

1.8.9　生产经营单位与从业人员订立的劳动合同，应当载明有关保障从业人员劳动安全、防止职业危害的事项，以及依法为从业人员办理工伤保险的事项。

生产经营单位不得以任何形式与从业人员订立协议，免除或者减轻其对从业人员因生产安全事故伤亡依法应承担的责任。

1.8.10　生产经营单位的从业人员有权了解其作业场所和工作岗位存在的危险因素、防范措施及事故应急措施，有权对本单位的安全生产工作提出建议。

1.8.11　从业人员有权对本单位安全生产工作中存在的问题提出批评、检举、控告；有权拒绝违章指挥和强令冒险作业。

生产经营单位不得因从业人员对本单位安全生产工作提出批评、检举、控告或者拒绝违章指挥、强令冒险作业而降低其工资、福利等待遇或者解除与其订立的劳动合同。

1.8.12 从业人员发现直接危及人身安全的紧急情况时，有权停止作业或者在采取可能的应急措施后撤离作业场所。

生产经营单位不得因从业人员在前款紧急情况下停止作业或者采取紧急撤离措施而降低其工资、福利等待遇或者解除与其订立的劳动合同。

1.8.13 因生产安全事故受到损害的从业人员，除依法享有工伤保险外，依照有关民事法律尚有获得赔偿的权利的，有权向本单位提出赔偿要求。

1.8.14 从业人员在作业过程中，应当严格遵守本单位的安全生产规章制度和操作规程，服从管理，正确佩戴和使用劳动防护用品。

1.8.15 从业人员应当接受安全生产教育和培训，掌握本职工作所需的安全生产知识，提高安全生产技能，增强事故预防和应急处理能力。

1.8.16 从业人员发现事故隐患或者其他不安全因素，应当立即向现场安全生产管理人员或者本单位负责人报告；接到报告的人员应当及时予以处理。

2 《江西省实施〈工伤保险条例〉办法》要点

2.1 工伤保险工作应当与事故预防和职业康复工作相结合

2.1.1 用人单位和职工应当遵守有关安全生产和职业病防治的法律法规，执行安全卫生规程和标准，预防工伤事故发生，避免和减少职业病危害。

2.1.2 社会保险行政部门和经办机构应当建立健全工伤预防制度，通过评估参保单位工伤风险程度，采用调整费率等措施，激励参保单位做好工伤预防工作，降低工伤事故和职业病发生率。

2.2 工伤保险基金用于支付的项目

2.2.1 治疗工伤的医疗费用和康复费用。

2.2.2 住院伙食补助费。

2.2.3 到统筹地区以外就医的交通食宿费。

2.2.4 经劳动能力鉴定委员会确认需安装配置伤残辅助器具的费用。

2.2.5 生活不能自理的，经劳动能力鉴定委员会确认的生活护理费。

2.2.6 一次性伤残补助金和一级至四级工伤伤残职工按月领取的伤残津贴。

2.2.7 终止或者解除劳动合同时，应当享受的一次性工伤医疗补助金。

2.2.8 因工死亡职工的抢救医疗费、丧葬补助金、供养亲属抚恤金、一次性工亡补助金。

2.2.9　劳动能力鉴定费。

2.2.10　工伤认定调查费。

2.2.11　工伤预防费。

2.2.12　职业康复费。

2.3　其他条款

2.3.1　用人单位解散、破产、关闭、改制的，应当优先安排解决包括工伤保险所需费用在内的社会保险费。有关工伤保险待遇支付按照下列规定处理：

（1）一级至四级的工伤伤残职工，用人单位已参加工伤保险的，工伤保险待遇继续由经办机构支付；未参加工伤保险的，由用人单位按照统筹地区上年度工伤保险待遇人均实际支出标准计算到75周岁，在资产清算时一次性向经办机构缴纳；自一次性缴足次月起，工伤保险待遇由经办机构支付。

（2）五级至十级的工伤伤残职工，用人单位已参加工伤保险的，由工伤保险基金按照本办法支付一次性工伤医疗补助金，由用人单位按照本办法支付一次性伤残就业补助金，同时终止工伤保险关系；未参加工伤保险的，由用人单位按照本办法支付一次性工伤医疗补助金和一次性伤残就业补助金，同时终止工伤保险关系。

（3）因工死亡职工，用人单位已参加工伤保险的，其供养亲属抚恤金继续由经办机构支付；未参加工伤保险的，由用人单位按照《工伤保险条例》规定的标准，一次性支付给供养亲属，或者一次性向经办机构缴纳，由经办机构定期继续支付。计算时间为：因工死亡职工供养的配偶和父母计算到75周岁；未成年人计算到18周岁。

2.3.2　用人单位对从事接触职业病危害作业的职工，在建立、终止、解除劳动关系或者办理退休手续前，应当进行职业健康检查，被确诊在用人单位患有职业病的，按照《工伤保险条例》规定的程序办理工伤认定。

2.3.3　职工离岗后被确诊患有职业病的，职工或者其近亲属在被诊断为职业病之日起一年内提出工伤认定申请，社会保险行政部门应当受理。

2.3.4　工伤职工办理退休手续后被确诊患有职业病并认定为工伤的，依法享受工伤保险有关待遇，但不享受一次性伤残就业补助金和一次性工伤医疗补助金。工伤保险相关待遇由劳动关系终止、解除前或者办理退休手续前的用人单位承担。工伤职工劳动关系终止、解除前或者办理退休手续前在多个用人单位工作过的，工伤保险相关待遇由导致职工患职业病的用人单位承担。

3 机械加工企业存在的危险性及预防措施

3.1 金属切削（车、铣、磨、刨、镗等）机床产生的危险源

3.1.1 直线运动的危险：由机械的往复或接近会对人身造成伤害，如刨床、内外圆磨床的往复运动、铣床的升降运动等。旋转运动的危险：机械的旋转部件可能会将人体或衣服卷入，造成伤害，如机床的主轴、卡盘、丝杆，磨削的砂轮，切削刀具——钻头、铣刀、锯片等在旋转时伤人等。

3.1.2 静止危险：人接触与静止的设备部件并产生相对运动后也可能会造成伤害，如被设备的尖锐部位或部件划伤、撞伤等。

3.1.3 飞出物击伤：

（1）刀具或机械部件伤害，如未夹紧的刀具、工件、破碎的砂轮在高速旋转中飞出伤人等。

（2）飞出的金属切屑伤害，如连续的或破碎飞出的切屑飞出伤人等。

3.1.4 机械加工中的烫伤，如高温金属切屑对人体的烫伤等。

3.1.5 切屑对眼睛的伤害，如切屑高速飞入眼中造成伤害等。

3.1.6 机械加工中的电气伤害。

3.2 钣金（冲、剪、压设备）机械产生的危险源

3.2.1 冲、剪、压设备由于设备老化等原因造成运转失灵。

3.2.2 冲、剪、压设备未设计安全防护装置或安全防护装置设计不合理。

3.2.3 冲压模具对操作者的伤害：模具开合时，未能防止操作者手或人体部分进入模具之间，可能造成伤害。

3.2.4 冲压工件飞边对操作者的伤害，如划伤等。

3.2.5 剪板机及其他设备的传动带、飞轮等运动部件将人体或衣服卷入，造成伤害。

3.2.6 剪板机脚踏开关误操作：剪板机一般由两人同时操作，脚踏开关易误操作造成人体肢体、皮肤等伤害。

3.2.7 冲压，特别是高速冲压产生的高分贝噪声对人听力的伤害。

3.2.8 冲、剪、压设备使用中的电气伤害。

3. 3 铸造（造型、熔炼、落砂清理）过程的危险源

3.3.1 造型中的起重伤害、机械伤害。

3.3.2 铸造设备对人体的伤害，包括撞伤、旋转部件将人体卷入（如混

砂设备隔离罩电气联锁装置失灵或设计不合理造成人体卷入机械设备中造成伤害等)。

3.3.3　铸造过程中的电气伤害。

3.3.4　造型中粉尘造成的尘肺等职业病。

3.3.5　造型中的噪声伤害。

3.3.6　熔炼生产现场的金属、焦炭及其他辅助材料的运输、起重、堆放、破碎加工造成的事故伤害。

3.3.7　铸造熔炼过程中的有毒有害气体，如一氧化碳、二氧化碳、二氧化氮、二氧化硫及其他有毒有害气体和高温蒸汽等对人体的伤害。

3.3.8　铸造熔炼过程中熔炉高温对炉前工的烫伤，热辐射造成的人体伤害、职业病。

3.3.9　铸造熔炼过程中高温对浇铸工的烫伤，热辐射造成的人体伤害、职业病。

3.3.10　落砂清理过程中的噪声对人听力的伤害。

3.3.11　落砂清理过程中的粉尘造成的尘肺等职业病。

3.3.12　落砂清理过程中飞砂对人眼、皮肤的伤害等。

3. 4　锻造过程危险源

3.4.1　锻造设备的机械运动对人体的伤害，如空气锤、模锻锤压力机等造成的伤害，起重设备的运动造成的机械伤害等。

3.4.2　锻造过程中的锻件、料头、氧化皮等飞物造成工作人员被击伤、烫伤。

3.4.3　锻造过程中噪声对人听力的伤害。

3.4.4　锻造过程中锻炉、高温锻件等高温辐射热造成的灼伤、烫伤、高温中暑等危害。

3.4.5　锻造过程中设备事故造成的伤害，如力锤杆断裂、锤头下滑等事故对操作者的伤害。

3.4.6　锻造过程中更换胎膜造成的烫伤、机械损伤。

3.5　热处理过程中的危险源

3.5.1　热处理过程中，工件加热产生的高温对人体造成的烫伤、灼伤、高温中暑等危害。

3.5.2　热处理过程中的工件搬运、起重的机械伤害，高温工件对人体造成的烫伤、灼伤、高温中暑等危害。

3.5.3　热处理过程中使用的强酸、强碱及其他有毒有害化学品对人体的造成的伤害和职业病。

3.5.4　热处理过程中加热、起重及其他设备用电过程中的电气伤害。

3. 6　焊接过程中的危险源

3.6.1　电焊操作中的电击伤危害。

3.6.2　电焊操作过程中的电弧对人体皮肤灼伤、对人眼的电弧光伤害等。

3.6.3　电焊过程中工件起重中的机械伤害。

3.6.4　焊接过程中的高处坠落伤害。

3.6.5　气焊中的气瓶爆炸伤害。

3.6.6　气焊、气割的强光、火花对人体皮肤灼伤、人眼的伤害。

3.6.7　焊接过程中的火灾造成的人身伤害。

3.7　电工操作的危险源

3.7.1　高压电、非安全电压造成的电击伤事故。

3.7.2　电工登高操作中的高处坠落造成的事故。

3.7.3　高压电的跨步电压造成的触电事故。

3.7.4　违反操作规程造成的事故对人身的伤害。

3.7.5　用电设备老化、损坏，或接地不良等造成的电击事故。

3.7.6　行灯、手持电动工具未使用安全电压造成的电击事故。

3.8　高温与中暑

3.8.1　高温作业时，人体受高温的影响，出现一系列生理功能改变，如体温调节功能下降等。当生产环境温度超过34℃时，如果劳动强度过大，持续劳动时间过长，则很容易发生中暑，严重时可导致休克。

3.8.2　防止中暑的措施：合理地设计工艺流程，改进生产设备和操作方法，消除或减少高温、热辐射对人体的影响，是改善高温作业劳动条件的根本措施；用水或导热系数小的材料进行隔热，是防暑降温的重要措施；采用机械通风和自然通风，则是经济有效的散热方式。

3.9　煤气中毒

煤气中的主要有害成分为一氧化碳。生产中使用煤气处理不好容易发生煤气中毒事故，有效的预防办法，是注意加强生产现场的通风、监测、检修和个人防护。

3.10　危险有害因素分布（详见表6—41）

表 6—41　　危险有害因素分布一览表

作业场所	危险有害因素类别														
	火灾	雷击	爆炸	触电	高处坠落	物体打击	机械伤害	起重伤害	车辆伤害	灼伤	中毒窒息	粉尘	高温	噪声	冻伤
铸造车间	√	√	√	√	√	√	√	√	√	√	√	√	√	√	
木模车间	√	√	√	√	√	√	√	√	√	√	√	√		√	
铆焊车间	√	√	√	√	√	√	√	√	√	√	√	√	√	√	
锻造车间	√	√		√	√	√	√	√	√					√	
热处理车间	√	√	√	√	√	√	√	√	√	√	√	√	√	√	
电工房	√	√		√			√		√	√					
水泵房	√	√		√			√								√
液氧储存室	√	√	√								√				
供配电房	√	√	√	√											
丙烷储存室	√	√		√						√	√				
办公楼	√	√		√											

注：表中“√”符号表示作业场所存在的危险有害因素。

4　工伤预防和安全生产责任

4.1　认真贯彻执行《社会保险法》《安全生产法》《职业病防治法》《工伤保险条例》等法律法规，依法推进全公司安全生产和工伤预防工作。

4.2　公司法人代表对本公司安全生产与工伤预防负第一领导责任，对企业安全生产与工伤预防工作实施全面领导：

4.2.1　计划、布置、检查、总结公司全面工作时，必须同时统筹安排安全生产与工伤预防工作。必要时召开专门会议，研究、部署安全生产与工伤预防工作。

4.2.2　审定、颁布本企业的安全生产与工伤预防规章制度和操作规程，建立健全各级安全生产与工伤预防责任制并组织实施。

4.2.3　把安全生产与工伤预防经费纳入公司生产经费预算并及时到位。

4.2.4　建立健全安全生产与工伤预防管理机构，配置相应的管理工作人员及必要装备。

4.2.5　掌握生产过程中的风险情况及工伤事故发生情况，支持相关管理人员的工作，领导重点问题的处置。

4.2.6　发生重大事故时，要亲临现场指挥，控制事故发展，降低事故损失并领导事故的调查、处理工作。

4.3 法人代表委托一名或数名副总经理分管安全生产和工伤预防工作。分管人承担以下责任并对法人代表负责（可由相关工作人员完成具体工作）：

4.3.1 按《社会保险法》《安全生产法》《职业病防治法》《工伤保险条例》等法律法规指导、督促、检查本公司安全生产与工伤预防工作，及时消除生产安全与工伤预防事故隐患。

4.3.2 编制公司年度安全生产与工伤预防工作计划，并负责贯彻实施。

4.3.3 根据安全生产与工伤预防工作的实际情况，修订安全生产与工伤预防规章制度和操作规程。

4.3.4 抓好生产事故和工伤事故的案例分析，消除隐患，防止事故重复发生。

4.3.5 做好职工的安全生产与工伤预防宣传、培训，提高全体职工的安全生产与工伤预防意识和技能。

4.3.6 安排好特种设备（起重机械、厂内运输车辆、压力容器等）年检、作业场所有毒有害物（粉尘等）检测及特种作业人员的培训考核取证工作并对车间班组管理特种设备和特种作业人员进行监督。

4.3.7 安排好劳动防护用品管理工作。包括规定各岗位所需劳动防护用品的品种、数量、质量，以及制定劳动防护用品的采购要求、发放标准、使用要求等，并进行监督落实。

4.3.8 重点抓重大风险管理，如防爆、防火、机械伤害、防尘等。

4.3.9 按相关规定及时与安全生产与工伤预防行政管理部门沟通，主动取得他们的支持和帮助。

5 本公司工伤风险程度评估结果及分析

5.1 工伤预防理念风险指数（详见表6—42）

表6—42 工伤预防理念风险指数

二级指标	三级指标	评估标准	检查情况	风险指数
1. 工伤预防宣传	（1）本单位提高全体职工工伤预防意识的主题宣传	设有永久性的宣传媒体，按媒体位置和外形的醒目性，内容对提高职工工伤预防意识的激励性评估指数为0~4； 无永久性宣传媒体指数为5	无永久性工伤预防宣传媒体，但有安全生产教育宣传媒体	4

续表

二级指标	三级指标	评估标准	检查情况	风险指数
1. 工伤预防宣传	（2）车间（部门）提高职工工伤预防意识的局部宣传	设有定期更换的宣传媒体，按宣传内容与本车间（部门）工伤预防的针对性、时段的对应性评估指数为0~4； 无定期更换的宣传媒体指数为5	无定期更换的工伤预防宣传媒体，但有安全生产教育宣传媒体	4
	（3）对个体进行工伤预防宣传	采用语音、短信、网络、印刷品等方式（一种以上），针对个人进行工伤预防宣传，按内容的准确性和对不同人群的针对性评估指数为0~4； 未进行个体工伤预防宣传指数为5	未进行个体工伤预防宣传，但进行了安全生产教育宣传	4
2. 工伤预防知识和技能培训	（1）培训资料或教材	按《岗位风险分类表》，二类以上岗位都有工伤预防培训资料或教材，按齐全程度和相关内容评估指数为0~4； 无培训资料或教材指数为5	无培训资料或教材，但有安全生产教育培训资料	4
	（2）法人代表接受工伤预防培训	接受过工伤保险管理部门认可的社会机构进行的工伤预防培训，持有培训合格证指数为0； 接受过其他社会机构进行的工伤预防培训，持有培训合格证，按培训机构能力和培训内容评估指数为1~9； 未接受过工伤预防培训指数为10	未接受过工伤预防培训，但接受过安全生产教育培训	8
	（3）工伤预防工作人员接受工伤预防培训	接受过工伤保险管理部门认可的社会机构进行的工伤预防培训，持有培训合格证指数为0； 接受过其他社会机构进行的工伤预防培训，持有培训合格证指数为1~4； 未接受过工伤预防培训指数为5	未接受过工伤预防培训，但接受过安全生产教育培训	4

续表

二级指标	三级指标	评估标准	检查情况	风险指数
2. 工伤预防知识和技能培训	（4）其余人员接受工伤预防培训	全体人员全部接受过工伤保险管理部门认可的社会机构或本单位工伤预防工作人员进行的工伤预防培训指数为0； 二类至六类岗位人员接受过工伤保险管理部门认可的社会机构或本单位工伤预防工作人员进行的工伤预防培训指数为1； 三类至六类岗位人员接受过工伤保险管理部门认可的社会机构或本单位工伤预防工作人员进行的工伤预防培训指数为2； 四类至六类岗位人员接受过工伤保险管理部门认可的社会机构或本单位工伤预防工作人员进行的工伤预防培训指数为3； 五类至六类岗位人员接受过工伤保险管理部门认可的社会机构或本单位工伤预防工作人员进行的工伤预防培训指数为4； 未对二类至六类岗位人员进行工伤预防培训指数为5	未对二类至六类岗位人员未进行工伤预防培训，但进行了安全生产技能培训	5
3. 工伤预防管理体系	（1）有单位最高级（全单位）管理机构	按完善程度指数为0~1.4； 无单位最高级管理机构指数为1.5	无单位工伤预防最高级管理机构，但有安全生产委员会	1
	（2）有中级（部门、车间）管理机构	按完善程度指数为0~1.4； 无中级管理机构指数为1.5	无中级工伤预防管理机构，但有安全生产管理机构	1
	（3）有基层（班、组）管理机构	按完善程度指数为0~1.9； 无基层管理机构指数为2	无基层工伤预防管理机构，但有兼职安全生产管理人员	1.5

续表

二级指标	三级指标	评估标准	检查情况	风险指数
4. 参加工伤保险占比	参保职工人数占比情况	应参保职工全部参保指数为0； 参保职工与应参保职工人数之比大于等于80%指数为1； 参保职工与应参保职工人数之比小于80%大于等于60%指数为2； 参保职工与应参保职工人数之比小于60%大于等于40%指数为3； 参保职工与应参保职工人数之比小于40%大于等于20%指数为4； 参保职工与应参保职工人数之比小于20%指数为5	全部参保	0
合计	—	—	—	36.5
风险等级	—	—	—	四级

5.2　岗位风险指数（详见表6—43）

表6—43　　岗位风险指数

二级指标	三级指标	评估标准	检查情况	风险指数
—	—	将被评估的工作岗位按《岗位风险分类表》分为六类，一类至六类岗位人员风险系数分别为1、5、15、30、60、120。按下式计算岗位风险指数： $F_1=(M_1+5M_2+15M_3+30M_4+60M_5+120M_6)/(M_1+M_2+M_3+M_4+M_5+M_6)$ 式中：F_1为岗位风险指数；M_1、M_2、M_3、M_4、M_5、M_6分别为被评估对象中一类、二类、三类、四类、五类、六类的岗位人员数	略	12.9
合计	—	—	—	12.9
等级	—	—	—	二级

5.3　生产（工作）技术条件风险指数（详见表6—44）

表 6—44　　生产（工作）技术条件风险指数

二级指标	三级指标	评估标准	检查情况	风险指数
1. 上下班交通风险	—	以步行、自行车、电动车方式（距单位大门 500m 以上）风险： $F_g=5R_i/R$ 式中：F_g 为上下班风险指数；R_i 为上下班交通以步行、自行车、电动车方式的职工数；R 为单位职工总数	全部以步行、自行车、电动车交通方式上下班	5
2. 特种设备风险	电梯、厂内运输车辆、起重设备等被安全生产行政管理部门、行业监管部门要求安全年检的生产设备	无特种设备指数为 0； 经法定部门年检合格的特种设备与全部特种设备之比小于等于 10% 指数为 1； 经法定部门年检合格的特种设备与全部特种设备之比大于 10% 小于等于 20% 指数为 2； 经法定部门年检合格的特种设备与全部特种设备之比大于 20% 小于等于 30% 指数为 3； 经法定部门年检合格的特种设备与全部特种设备之比大于 30% 小于等于 40% 指数为 4	全部已检验（起重机械、钢瓶、压力容器、钢包等	0
3. 特种作业风险	电工、焊工、压力容器操作工（锅炉工）、起重设备操作工、厂内运输车辆操作工、等被安全生产行政管理部门、行业监管部门要求具有特种作业操作证的作业岗位	每个作业人员都有特种作业操作证指数为 0； 持特种作业操作证与应持证人员数之比小于等于 10% 指数为 2； 持特种作业操作证与应持证人员数之比大于 10% 小于等于 20% 指数为 4； 持特种作业操作证与应持证人员数之比大于 20% 小于等于 30% 指数为 6； 持特种作业操作证与应持证人员数之比大于 30% 小于等于 40% 指数为 8	特种作业人员全部持证上岗	0
4. 技术条件风险	（1）工作场所风险（空气中有毒有害、易燃易爆气体或固态、液态悬浮物，异常气温、辐射、噪声，有伤害风险的水、电、汽等）	$F_g=6\ (C/C_0-1)$ 式中：F_g 为工作场所风险指数；C 工作场所空气中毒害物实测浓度（以法定检测机构测定为准）；C_0 工作场所空气中毒害物允许浓度； 以毒害物最严重的工作场所为考核对象；空气中存在国家未规定允许浓度的毒害物时，以行业、企业标准评估，无任何标准时，可根据职工的实际感受，由评估专家组确定风险指数	2012 年由赣州市疾病预防控制中心检测，合格	0

续表

二级指标	三级指标	评估标准	检查情况	风险指数
4. 技术条件风险	（2）加工原材料存在的风险（易燃易爆、有毒有害、刺激性、腐蚀性及物理特性等易对人造成伤害的因素）	无风险指数为0； 风险小指数为0.1~6.0； 风险大指数为6.1~12.9； 风险很大指数为13。 以原料风险最大的为评估对象；有国家、行业、企业标准的，按标准评估；无任何标准时，可根据职工的实际感受，由评估专家组确定风险指数	有酒精、丙烷、煤气超标准	10
	（3）生产工艺存在的风险（切削、冲击、碾压、高热、极冷、爆炸、辐射、不良工作姿势、劳动强度大、高紧张程度等）	无风险指数为0； 风险小指数为0.1~6.0； 风险大指数为6.1~12.9； 风险很大指数为13。 以生产工艺风险最高的为评估对象；有国家、行业、企业标准的，按标准评估；无任何标准时，可根据职工的实际感受，由评估专家组确定风险指数	依据机械工厂危险等级划分及计算方法，得：$T=13.3$，属中度危险	10
以上三项指数平行计算，即选指数最高的作为技术条件风险指数，最高值为13				
合计	—	—	—	15
风险等级	—	—	—	三级

5.4　预防工伤的管理办法及防护装置风险指数（详见表6—45）

表6—45　　预防工伤的管理办法及防护装置风险指数

二级指标	三级指标	评估标准	检查情况	风险指数
1. 预防工伤的管理办法	—	（1）所有存在工伤风险岗位预防工伤的管理办法正确、全面指数为0； （2）所有存在工伤风险岗位预防工伤的管理办法都较完善（根据完善程度评估）指数为1~7； （3）只要有一个存在工伤风险岗位预防工伤的管理办法不够完善（根据缺失程度评估）指数为8~14； （4）只要有一个存在工伤风险岗位没有预防工伤的管理办法指数为15	已制定安全技术操作规程，未涉及交通事故和职业病危害防治，木制模工无安全操作规程	6

续表

二级指标	三级指标	评估标准	检查情况	风险指数
2. 预防工伤的防护装置	—	（1）所有存在工伤风险岗位预防工伤的防护装置符合防护要求指数为0； （2）所有存在工伤风险岗位预防工伤的防护装置都较完善（根据完善程度评估）指数为1~7； （3）只要有一个存在工伤风险岗位预防工伤的防护装置不够完善（根据缺失程度评估）指数为8~14； （4）只要有一个存在工伤风险岗位没有预防工伤的防护装置指数为15。 有国家、行业、企业标准的，按标准评估；无标准时，可根据职工的实际感受，由评估专家组确定风险指数	木制模的机械防护装置不足	15
合计	—	—	—	21
风险等级	—	—	—	四级

5.5 劳动防护用品风险指数（详见表6—46）

表6—46 劳动防护用品风险指数

二级指标	三级指标	评估标准	检查情况	风险指数
1. 劳动防护用品品种	—	（1）所有存在工伤风险岗位的劳动防护用品品种符合规定指数为0； （2）只要有一个存在工伤风险岗位的劳动防护用品品种存在缺陷（根据缺陷程度评估）指数为1~9； （3）只要有一个存在工伤风险的岗位的个体防护用品品种不符合要求指数为10。 有国家、行业、企业标准的，按标准评估；无标准时，可根据实际情况，由评估专家组确定风险指数	电焊作业人员用纱布口罩代替标准防尘口罩	10

续表

二级指标	三级指标	评估标准	检查情况	风险指数
2. 劳动防护用品数量	—	（1）所有存在工伤风险岗位的劳动防护用品数量符合规定指数为0； （2）只要有一个存在工伤风险岗位的劳动防护用品数量不够（根据缺少程度评估）指数为1~9； （3）只要有一个存在工伤风险的岗位劳动防护用品数量为0，指数为10。 有国家、行业、企业标准的，按标准评估；无标准时，可根据实际需要，由评估专家组确定风险指数	部分岗位的劳动防护用品不足	3
3. 劳动防护用品质量	—	（1）所有存在工伤风险岗位的劳动防护用品质量符合规定指数为0； （2）只要有一个存在工伤风险岗位的劳动防护用品质量存在缺陷（根据缺陷程度评估）指数为1~10。 有国家、行业、企业标准的，按标准评估；无标准时，可根据实际情况，由评估专家组确定风险指数	部分岗位有用纱布口罩代替标准防尘口罩的情况	6
合计	—	—	—	19
风险等级	—	—	—	三级

5.6　工伤人（次）数及伤残程度风险指数（详见表6—47）

5.7　工伤补偿风险指数（详见表6—48）

5.8　指数汇总（详见表6—49）

表 6—47　　工伤人（次）数及伤残程度风险指数

二级指数	评估标准	检查情况	风险指数
工伤人（次）数及伤残程度风险指数（F_6）	$F_6=40N_p/N_s$ 式中：N_p为评估对象上年度工伤人（次）数及伤残程度加权数， $N_p=(12P_0+10P_1+9P_2+8P_3+7P_4+6P_5+5P_6+4P_7+3P_8+2P_9+P_{10}+0.5P_{11})/P$，$P_0$、$P_1$、$P_2$、$P_3$、$P_4$、$P_5$、$P_6$、$P_7$、$P_8$、$P_9$、$P_{10}$和$P_{11}$分别为评估对象工亡、一级、二级、三级、四级、五级、六级、七级、八级、九级、十级伤残和不够伤残等级的工伤人数（统筹地区提供数据），P为评估对象参加工伤保险总人数（统筹地区提供数据）； N_s为统筹地区上年度工伤人（次）数及伤残程度加权数， $N_s=(12S_0+10S_1+9S_2+8S_3+7S_4+6S_5+5S_6+4S_7+3S_8+2S_9+S_{10}+0.5S_{11})/S$，$S_0$、$S_1$、$S_2$、$S_3$、$S_4$、$S_5$、$S_6$、$S_7$、$S_8$、$S_9$、$S_{10}$和$S_{11}$分别为全市（全县）工亡、一级、二级、三级、四级、五级、六级、七级、八级、九级、十级伤残和不够伤残等级的工伤人数（统筹地区提供数据），S为统筹地区参加工伤保险总人数（统筹地区提供数据）	$N_p=0.02295$ $N_s=0.00552$	166.2
合计	—	—	166.2
风险等级	—	—	五级

表 6—48　　工伤补偿风险指数

二级指数	评估标准	检查情况	风险指数
工伤补偿风险指数（F_7）	$F_7=60Z_d/Z_j$ 式中：Z_d为工伤保险基金上年度支付给评估对象所有工伤人员的工伤保险待遇资金总额（统筹地区提供数据）；Z_j为评估对象上年度缴纳的工伤保险费总额（统筹地区提供数据）	$Z_d=15.13$万元 $Z_j=13.76$万元	66.0
合计	—	—	66.0
风险等级	—	—	五级

表 6—49　　　　　　　　　　　　指数汇总表

序号	风险分项/综合名称	风险指数	风险级别
1	工伤预防理念风险	36.5	四级
2	岗位风险	12.9	二级
3	生产（工作）技术条件风险	15	三级
4	预防工伤的管理办法及防护装置风险	21	四级
5	劳动防护用品风险	19	三级
6	工伤人（次）数及伤残程度风险	166.2	五级
7	工伤补偿风险	66.0	五级
8	综合风险	336.6	五级

四、×××有色冶金机械公司工伤预防操作方案

建立把用人单位的工伤风险程度作为调整工伤保险费率的重要依据的机制。

用人单位首次完成工伤风险程度评估后，依据工伤保险费率调整有关法律法规规定，根据《关于调整工伤保险费率政策的通知》（人社部发〔2015〕71 号）中的《工伤保险行业风险分类表》，结合用人单位的风险指数确定调整系数。

一级风险单位对应于一类行业费率，一般不调整；若工伤风险指数在一级范围，并较低，费率可适度下浮。

二级风险单位对应于二类、三类行业费率，工伤风险指数较低可对应二类，风险指数较高的对应三类，若风险指数较低，而又属于三类行业，则费率可下浮，若风险指数较高又属于二类行业，则费率可上浮。

三级风险单位对应于四类、五类行业。

四级风险单位对应于六类、七类行业，可参照二级风险单位的方法浮动费率。

五级风险单位对应于八类行业，若风险指数较高，则可适度上浮费率。

若风险级别和行业类别出现跨越情况，则可加大费率上浮或下浮的幅度。如某用人单位属八类行业，其工伤风险程度进入四级，则可加大费率下浮幅度；某用人单位属一类行业，其工伤风险程度跨入二级，则可加大费率上浮幅度。

再次评估后，若风险指数降低，可适度下调费率，若风险指数上升，可适度上浮费率。以上述机制可促进用人单位做好工伤预防工作。

以下为×××有色冶金机械公司工伤预防具体操作方案：

1　风险情况分析

1.1　工伤预防理念风险

工伤预防理念风险指数为36.5，风险级别为四级，风险高。主要原因：一是该单位此前未采用有形方式（宣传教育牌、板、图书等）进行工伤预防及安全生产宣传教育；二是工伤预防及安全生产管理机构不够健全。

1.2　岗位风险

岗位风险指数为12.9，风险级别为二级，风险较低。

1.3　生产（工作）技术条件风险

生产（工作）技术条件风险指数为15，风险级别为三级，风险中等。主要原因：一是上下班交通事故风险大；二是部分生产原材料（酒精、丙烷、煤气）属易燃易爆品；三是部分作业方式风险较大，中等风险。

1.4　预防工伤的管理办法及防护装置风险

预防工伤的管理办法及防护装置风险指数为21，风险级别为四级，风险较高。主要原因：一是虽已制定安全技术操作规程，但未涉及交通事故和职业病危害防治，木制模工无安全操作规程；二是木制模的机械防护装置不足。

1.5　劳动防护用品风险

劳动防护用品风险指数为19，风险级别为三级，风险中等。主要原因：一是部分岗位需要的劳动防护用品缺失；二是使用纱布口罩代替标准防尘口罩。

1.6　工伤人（次）数及伤残程度风险

工伤人（次）数及伤残程度风险指数为166.2，风险级别为五级，风险高。

1.7　工伤补偿风险

工伤补偿风险指数为66.0，风险级别为五级，风险高。

1.8　综合风险指数为336.6，综合风险级别为五级，本单位工伤风险程度高。

2　降低工伤风险程度的措施

2.1　降低工伤预防理念风险

2.1.1　总体要求：

（1）促进公司领导人认识到工伤预防是保障职工根本利益、构建和谐社会的重要工作，并将工伤预防工作列入单位领导工作职责。

（2）促使工伤预防成为企业文化的重要组成部分，形成全体职工主动进行工伤预防的社会氛围。

（3）普遍、持续、深入地开展工伤预防宣传、培训，全体职工不断提高工伤预防意识和技能。

（4）形成工伤预警机制，掌握工伤风险状况，把握工伤预防主动权。

（5）建立四级工伤预防制度，形成工伤预防奖惩机制，激励全体职工积极投入到工伤预防工作中。

2.1.2　提高职工工伤预防意识：

（1）设全公司总体性的主题工伤预防宣传媒体。在全公司职工上下班都经过、可停留、醒目的位置设立有针对性的、激励性强的工伤预防主题宣传牌，向全体职工宣传工伤预防，且宣传内容根据预防需要随时变换。

（2）设车间定期更换的宣传媒体，根据车间工伤预防的具体情况进行有针对性的宣传。

（3）采用语音、短信、网络、印刷品等方式，针对不同岗位、对每个职工进行工伤预防宣传。

2.1.3　提高职工工伤预防知识和技能：

（1）编写和印发《×××有色冶金机械有限公司法人代表及公司领导工伤预防须知》，公司领导每人一本，并通过适当形式对法人代表及公司领导成员进行解读。

（2）编写和印发《×××有色冶金机械有限公司专职工伤预防工作人员及中层负责人工伤预防手册》，工伤预防专职工作人员及中层负责人每人一本并对其进行统一培训。

（3）编写和印发《×××有色冶金机械有限公司职工工伤预防读本》，职工每人一本并对其进行工伤预防知识培训。

2.1.4　建立四级工伤预防责任制：

分别制定公司领导、部门负责人（车间、分公司等中层）、班组负责人（基层机构）、岗位个人等的预防工伤责任。

2.1.5　建立和完善三级工伤预防管理体系：

（1）成立公司级工伤预防管理机构，由法人代表或一名（或数名）副总经理及1~2名专职（兼职）工作人员组成，负责全公司工伤预防工作。

（2）形成工伤预防中层工作机构，即各车间（部门）设兼职工伤预防工作人员，负责本车间（部门）工伤预防工作。

（3）形成工伤预防基层工作机构，即在班组设兼职工伤预防员，负责班组的工伤预防工作。

2.2　降低岗位风险

尽可能调整工艺流程，减少高风险岗位人员数。

2.3　降低生产（工作）技术条件风险

2.3.1　降低上下班交通风险：

（1）经常进行交通法规教育，养成遵守交通规则的良好习惯，防止受到机动车辆伤害。

（2）厂区的大门的出入口位于交叉路口，出门存在交通的逆行的危险，因此要采取相应的措施。

（3）右转车道与厂区的大门交叉，风险较大。应设置减速带和清理视线障碍物。

2.3.2　降低特种设备风险：

（1）按安全生产行政主管部门规定对特种设备进行年检。

（2）加强起重机、储气罐等特种设备的现场管理。

（3）加强电焊作业的管理和线路检查。

（4）加强木制模加工机械的防护设施检查。

（5）加强铸造车间的电炉及附属设备检查。

2.3.3　降低生产过程中的风险：

（1）按安全生产行政主管部门规定对生产场所的粉尘等有毒有害物进行检测。

（2）完善产生粉尘等有毒有害物岗位的通风防尘（排毒）设施，并经常维护使其和生产设备同时运行。特别要完善以下工序的防尘防毒装置。

1）木模车间的锯、刨、铣、磨床、砂轮机等生产设备的产尘部位，应设局部排风除尘装置。

2）设备的喷漆作业应在一个完全封闭的或半封闭的、具有良好机械通风的专门区域内进行。

3）铸造、熔炼、制模、抛丸、清理作业区应合理布置风流，减低作业区的金属烟尘和粉尘的危害。

4）检查炼钢炉的原材料后再进炉冶炼，出钢水的地坑要干燥无异物。各电气线路应可靠接地，电阻符合要求。按操作规程作业，出钢前检查吊车，出钢时钢水不宜过满，吊运时平稳不晃，吊车工与地面指挥人员配合协调，杜绝误操作。钢包盛装钢水超量或吊运不平稳，或吊车制动不好时都不得吊运。

（3）增加作业现场的通风除尘设施和维护，在铸造、金工车间实施有效风流控制。

（4）制模车间增设收尘设施。

（5）合理安排作业时间和任务，增强心理波动因素干预措施，减低生产工艺存在的风险（切削、冲击、碾压、不良工作姿势、劳动强度过大、高紧张程度等）。

2.4 降低预防工伤的管理办法及防护装置风险

2.4.1 降低预防工伤的管理办法风险：

（1）结合本公司生产实际建立和完善木制模、铸造、电焊等作业岗位预防工伤的全套操作规程。

（2）在各个岗位适当位置设置相应的岗位预防工伤操作规程。

2.4.2 降低预防工伤的防护装置风险：

（1）根据生产设备安全生产需要，按规程安装和完善设备的安全防护装置并进行检查验收。

（2）生产过程中注意安全防护装置的完整性和有效性，出现异常及时维护检修。

2.5 降低劳动防护用品风险

2.5.1 制定劳动防护用品发放制度和标准（含品种、数量和质量）。劳动防护用品应符合《个体防护装备选用规范》（GB/T 11651—2008）和《劳动防护用品配备规范》（DB36/T 843—2015）的要求。特种防护用品应具有生产许可证标识“QS”和安全标志标识“LA”。

2.5.2 按制度发放劳动防护用品：

（1）对长期使用的劳动防护用品应经常检查其是否损坏或失效，发现问题，及时更换。

（2）对规定需要定期更换的劳动防护用品应按期更换。

2.5.3 督促职工按规定使用劳动防护用品：

（1）职工工作时穿着合适的工作服。

（2）铸造、熔炼、制模、抛丸、清理作业时，劳动者应佩戴防尘口罩、塞栓式耳塞或耳罩。

（3）木制模打磨作业时，劳动者应佩戴防尘口罩和护发帽。

（4）擦色、调漆、喷漆作业时，劳动者应穿着液态化学品防护服，佩戴防渗透手套、护发帽和防毒面具。

（5）在可产生职业危害的工作场所和设备上，按《工作场所职业病危害警示标识》（GBZ 158—2003）的要求设置职业病危害警示标识。

1）在木制模车间等产生粉尘的工作场所设置“注意防尘”“戴防尘口

罩”“注意通风”等警示标识。

2）产生噪声的工作场所设置“噪声有害”“戴护耳器”等警示标识。

3）产生手传振动的工作场所设置“振动有害”“使用设备时必须戴防振手套”等警示标识。

4）在设备喷涂漆作业工作场所设置“禁止入内”“当心中毒”“当心有毒气体”“必须洗手”“穿防护服”“戴防毒面具”“戴防护手套”“戴防护眼镜”“注意通风”等警示标识。

5）冶炼场所设置“当心中暑”“注意高温”“注意通风”等警示标识。

6）在金工车间设置“当心弧光”“戴防护镜”等警示标识。

2.5.4　加强作业现场的劳动防护用品的穿戴管理监督。

2.6　降低工伤人（次）数及伤残程度风险

2.6.1　每个岗位设立预防工伤警示，使职工上岗即能提升预防意识。

2.6.2　对每次工伤事故进行科学、认真分析，总结教训，防止类似工伤再次发生。

2.6.3　预防生产区域内的意外伤害：

（1）生产前的准备工作，生产结束时的收尾工作，生产中的喝水、休息、上厕所等活动时要防止意外伤害。

（2）作业场所不得住人；职工不得在尘毒作业区饮水、进食和休息；作业现场、生产设备、工件及职工身上的粉尘应使用吸尘设备清扫，严禁使用压缩空气吹扫；喷漆作业中所用溶剂或稀释剂不得当作皮肤清洁剂使用。

（3）在铸造、熔炼、制模、抛丸、清理作业场所应设置更衣室，便服与防护服须分柜分别存放。

2.6.4　对生产中接触有毒有害物的职工在上岗前、上岗中、离岗时应进行职业健康体检，建立职工职业健康监护档案。

2.6.5　工伤职工积极接受工伤康复，降低伤残程度。

2.7　降低工伤补偿风险

2.7.1　加大对工伤医疗过程的监管，杜绝过度医疗和不合理治疗、用药。

2.7.2　严格工伤认定程序，杜绝工伤欺诈。

2.7.3　优化劳动能力鉴定程序，促进鉴定结果更为准确。

3　对法人代表及公司其他领导成员做好工伤预防工作的建议

我市工伤预防试点工作采取了独特的模式，即“对试点单位进行工伤风险程度评估+提出降低风险措施+实施降低风险措施+执行预防（降低工伤风险）措施+检验预防效果”5个环节。在公司领导的大力支持下，现已完成工伤风险程度评估并提出降低风险措施，下一步将要在公司实施降低风险措施、执行预防（降低工伤风险）措施及检验预防效果3个环节，时间约为1年半，希望继续得到公司的支持和帮助。

3.1　不断增强工伤预防理念，把工伤预防工作作为公司文化建设的重要组成部分。

3.2　实施和执行工伤预防宣传。试点工作中，工伤预防宣传费将由工伤保险基金承担，公司负责宣传品安装摆放，力促收到良好的宣传效果。

3.3　实施工伤预防培训。试点工作中，工伤预防培训费将由工伤保险基金承担，公司按要求负责组织职工参加。

3.4　组建三级工伤预防管理体系。选择责任心强、有能力的人员分别担任（兼任）三级管理体系人员并由公司正式任命。

3.5　建立四级工伤预防责任制。把执行工伤预防责任制作为企业管理的重要内容，列入对职工的绩效考核项目。

3.6　安排必要的资金完善防尘、防毒设施。

3.7　安排必要的资金完善风险较大岗位安全防护装置。

3.8　安排必要的资金确保劳动防护用品保质保量发放。

第三节　“南昌市工伤预防智能服务平台”建设简介

江西省南昌市2014年被列为全国工伤预防工作试点城市，采取“精准预防”模式，对试点用人单位逐个进行工伤风险程度评估，通过评估“找到工伤风险因素、有针对性地确定预防措施、实施预防措施、考核预防工作效果、再次查找风险因素、再次实施预防措施”的“循环逼近优化”方式。不断提高工伤预防工作效果。试点两年来已取得一些突破，成为全国独有的工伤预防工作方式。在此基础上，南昌市人力资源和社会保障局组织建设工伤预防智能服务体系，具体以“南昌市工伤预防智能服务平台”（以下简称“平台”）建设为主要内容。

“平台”以工伤预防为主，包括工伤补偿、工伤康复等的信息和智能服务；以“工伤及预防大数据”为基础建立信息库，以实现智能监控、即时处理、综合服务为目标。以下对“平台”建设工作及其内容作简要介绍。

一、建立“平台”的必要性和可行性

（1）全面实施工伤预防是工伤保险制度走向成熟的重要标志，是工伤保险的高级阶段，其目标是减少工伤事故的发生，保障劳动者的最基本权益——生命健康权。从工伤保险角度，通过对用人单位进行工伤风险程度评估并用数字量化风险状况，以评估信息为核心，工伤预防“大数据”为基础，建设工伤预防智能服务平台，通过互联网指导用人单位精准预防，管控工伤风险，降低工伤发生率和减轻人员受到伤害的程度，从而进一步保障职工的人身安全和健康。

（2）工伤预防和安全生产工作内容上有广泛的共性，但更有显著的特殊性。共性在于控制生产过程中工伤的发生，其特殊性在于：一是工伤预防工作是全程、全方位的，从职工上班离家开始到下班进家门为止都要全程预防。在生产区域内，整个生产过程中的相关辅助活动都要全面预防（用餐、工间休息、上厕所、突发疾病、其他意外伤害等）。二是工伤预防还要着力在发生生产事故、存在职业病危害因素的情况下防止人员受到伤害或危害。

目前，基于安全生产的风险管控理论和技术研究较多，但基于工伤保险的风险管控的理论和技术研究鲜见。“平台”的建立过程也是工伤预防研究过程，其成果将产生：新的社会效果——“安全生产+”的效果，即在用人单位原有安全生产效果的基础上进一步减少工伤职工数，促进家庭幸福、社会和谐；新的经济效果——工伤职工减少，工伤保险基金补偿支出降低，可以促进社会保险事业发展，还可以降低参保单位缴费额，促进参保单位发展。

（3）我国工伤保险存在高风险行业事故率高及农民工受到职业伤害的问题突出，灵活就业人员的工伤保险问题有待解决，职业病发病率仍在增长，上下班交通伤害有所上升这四大挑战。工伤保险基金面临巨大的赔付压力，这对用人工智能+互联网的现代工具加强工伤预防工作提出了紧迫的要求和发展空间。

（4）我国工伤保险差别费率制度不健全，浮动费率机制还处于探索阶段，目前主要由统筹地区工伤保险经办机构根据用人单位工伤发生情况和保险费赔付情况确定，浮动的评价指标还未形成比较科学的方法，未能有效地发挥浮动费率对促进工伤预防的激励作用。为彰显工伤保险的公平、公正及浮动费率的激励作用，急需科学的浮动费率确定机制。

（5）用人单位做好工伤预防需要科学技术和信息支撑，“平台”是提供这些支撑的高效手段。

二、“平台”建设的目标

“平台”建设主要力求达到如下目标：

（1）评估标准和评估办法。制定符合南昌市的实际，能全面、客观地表征工伤风险情况的“工伤风险程度评估标准”和“岗位风险类别表”及便于应用的“工伤风险评估办法”等技术文件，特别是将各风险因素的风险程度数字化，成为智能系统的核心信息。

（2）补充完善信息化系统数据空白。智能系统提供的服务信息准确、可靠，适合生产单位、研究单位、政府管理部门等的使用需求，且应用方便。

（3）解决相关数据公平、公正、公开的问题。大数据背景下的用人单位工伤预防状况与工伤保险浮动费率确定机制，实现费率浮动科学、准确、公平、公正、公开（便于用人单位应用，做好工伤预防工作，实现费率下浮），避免人为干扰。

（4）动态分级的风险趋势分析。不同的行业、企业因生产性质、生产条件、管理水平、重视程度等的不同，其工伤事故发生频率、严重程度以及经济损失存在着较大的差别。“平台”建设可实现形成管控工作纵向、横向互动，为工伤管理部门提供智能服务和决策参考。

三、“平台”基础数据库内容

平台基础数据库构成及其主要内容见表 6—50。

表 6—50　　平台基础数据库及其主要内容

互联网																
平台客户端（设在工伤保险统筹地区或县、区）																
工伤预防管理信息				工伤预防技术信息					用人单位信息			服务功能				
工伤预防法律法规政策库	用人单位工伤预防工作情况库	工伤事故案例库	工伤保险管理库	工伤风险管控技术库	预防工伤装备器材库	劳动防护用品库	实时监控参数库	工伤预防专家库	用人单位监控及预警终端设置情况	用人单位工伤风险库	用人单位工伤预防规章制度及操作规程	工伤保险费率浮动测算	工伤预防工作指导	工伤案例归纳与分析	工伤预防学术与技术宣传、培训服务	单位与个人工伤预防交流互动

（1）工伤预防法律法规、政策信息库。该库主要包括国家、全国各省（直辖市、自治区）及本省各统筹地区工伤预防及安全生产法律法规、政策等。

（2）用人单位工伤预防工作情况库。该库主要包括：各用人单位职业病、特种设备、特殊工种等信息，预防工伤的相关措施及经验等。

（3）工伤案例库。该库主要包括工伤职工个人相关信息、每起工伤事故发生过程、每个工伤职工的伤害详细情况（受伤部位、伤害状况等）、医疗详细情况（医疗机构、医生、医疗过程、用药、费用等）、事故分析情况、康复情况、劳动能力鉴定情况以及与工伤相关的其他情况等。

（4）工伤保险管理库。该库主要包括工伤保险管理所需要的全部信息。

（5）工伤风险管控技术库。该库主要包括工伤预防宣传、培训方式及宣传、培训材料，与本统筹地区相关的工伤预防和安全生产技术等。

（6）预防工伤装备器材库。该库主要包括与本统筹地区相关的生产设备的安全防护装置的技术参数等详细情况。

（7）劳动防护用品库。该库主要包括与本统筹地区相关的劳动防护用品的技术参数等详细情况。

（8）实时监控参数库。该参数库主要是为能与被监控场所实际情况比对，主要包括人的安全行为规范、物的安全状态规范及预防职业病的相关因素（如工作场所空气中有毒有害物的浓度、人的劳动强度等）的阈值等。

（9）工伤预防专家库。该库主要包括与本统筹地区工伤预防相关的部分省内外专业人员、统筹地区各用人单位专业人员等的信息情况。

（10）用人单位监控及预警终端设置情况。监控及预警终端是“眼睛”和“嘴巴”，“眼睛看到”或检测到被监控场所的状态，与“平台”的“标准”状态比较，若有危险，实时由“嘴巴”发出警示。“终端”分固定式和移动式，固定终端（实时获取某区域内预防情况、向相关人员提示存在的风险及消除风险措施、发生事故时指导区域内人员避险）、移动终端供个人携带，实现移动监控和预警，对个人周围的危险“事件”（人的危险行为、物的危险状态）进行监控、警示。

（11）用人单位工伤风险库。该库主要包括各用人单位工伤风险评估情况、用人单位之间的工伤风险纵向比较和横向比较分析、各用人单位其他相关风险情况等。

（12）用人单位工伤预防规章制度及操作规程库。该库主要包括各用人单位工伤预防规章制度和操作规程及其完善情况分析等。

（13）工伤保险费率浮动测算。依据统筹地区工伤保险费率浮动规定，全面、综合分析用人单位工伤预防效果，测算出浮动比例。

（14）工伤预防工作指导。该工作指导的主要作用：一是对用人单位工伤风险用大数据分析，给出统筹地区工伤预防管理部门工作的重点范围和内容；二是应用大数据分析结果对各用人单位做好工伤预防工作给出参考结果，经专家审核后提供给相应单位，指导其工伤预防工作。

（15）工伤案例归纳与分析。用大数据分析方法分析归纳全部工伤案例，给出预防相同类型工伤事故重复发生的指导意见。

（16）工伤预防知识与技术宣传、培训服务。根据用人单位需要，提供在线宣传、培训及推荐专家现场宣传、培训。

（17）单位与个人工伤预防交流互动。实现在线交流互动，为用人单位解决工伤预防工作中遇到的困难及互相交流经验。

四、“平台”运行及其作用

1. “平台”运行模式

“平台”的运行基础需要各类数据库支撑。系统建设过程中，将各类设备、科技、生产作业数据进行全面汇总、整理，利用大数据技术进行分析，从海量的安全生产数据中提炼出精确信息用于监控设备和环境的安全状态，分析可能出现的工伤事故隐患，并对症下药，提出控制措施，有效遏制工伤事故的发生，实现工伤隐患排查与日常监管动态化、实时化。对于重点监管对象，信息系统会自动区分企业类别，并以此为依据对其实行不同的监管措施。

平台运行模式如图 6—1 所示。

2. “平台”运行特色

“平台”运行与其他工伤保险的管理信息系统相比，具有以下特点：

（1）指标量化。各评估指标及指标量化风险指数，能准确反映统筹地区用人单位的工伤风险情况。

（2）及时应对。及时主动为用人单位和管理部门提供风险突变及相应的应对措施。能随时应用人单位的需求，准确为其提供降低工伤风险的技术和管理措施。

（3）决策参考。能准确反映工伤保险统筹地区、用人单位工伤风险趋势和动态（实现横向及纵向比较），为工伤预防决策提供参考。

（4）智能分析。智能分析用人单位工伤预防绩效，并给出本年度工伤保

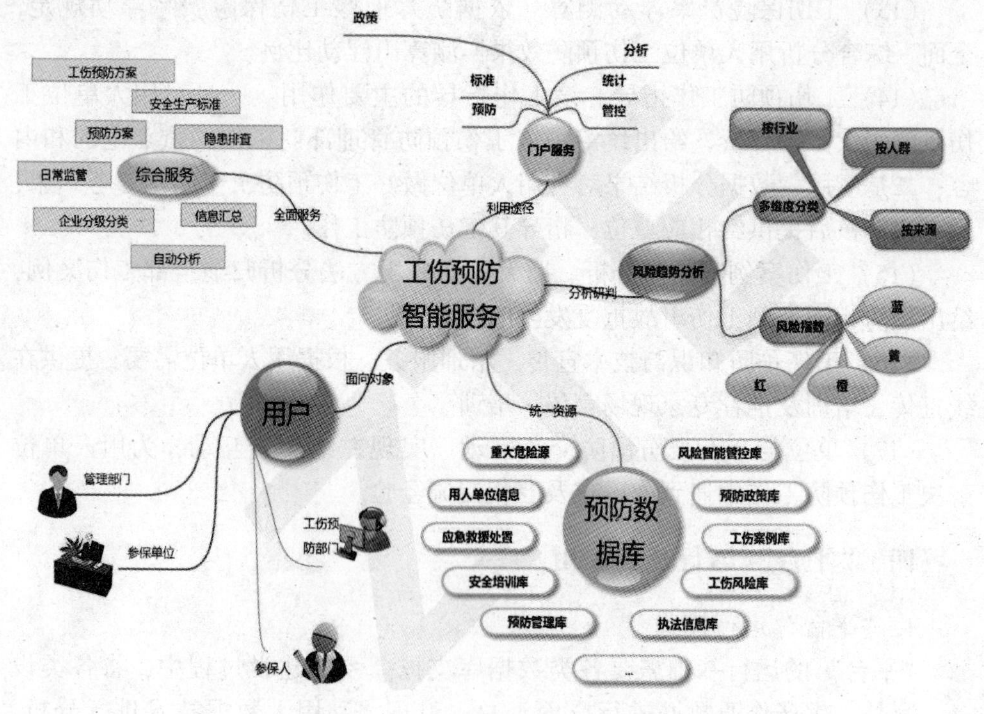

图 6—1 “平台”运行模式示意图

险费率浮动参数。

（5）降低工伤事故数量。本系统有效运行，可以明显减低统筹地区的工伤事故发生率。

3. “平台”能够达到的作用

（1）实现实时监控，排查工伤事故隐患。传统的工伤预防工作方式主要是依靠人的经验，通过人的专业知识和工作经验去发现生产中存在的工伤预防缺陷。这种方式存在一定缺点：一是受人的主观因素和技术水平的影响，不能全面排查工伤预防缺陷，且很难准确界定安全与危险的状态；二是由“人”发现工伤预防缺陷，存在力量不足，往往会发生滞后情况。建立了“平台”后，可以将工伤事故的多种因素进行全面汇总、整理，并分析对比，利用大数据技术对数据间的关系进行分析，从海量的相关数据中发现监控设备和环境的不安全状态，即时发现可能发生的工伤事故并实时预警；综合分析可能出现工伤事故的“薄弱点”，从而对症下药，提前采取措施，有效遏制工伤事故的发生。

（2）分析工伤事故规律，实现源头治理。目前，工伤预防管理中存在事前监管、日常监管缺少的现象，而是靠事后管理的方式，在事故发生后才分析事故的原因、追究事故责任、制定整改措施等。这种方式存在一定的局限性，难以达到从源头上防范事故的目的。将大数据原理运用到工伤预防，汇总建立伤亡事故数据库，加强数据分析研究，实现数据整合、分析、挖掘、展示一体化功能，可以及时发现潜藏规律，预测未来工伤事故趋势，有针对性地制定预防方案，提升源头治理能力和事前管控能力。

（3）抓住重点，提高预防效果。统筹地区工伤保险管理部门可从“平台”较准确地获取工伤预防重点单位信息，加强对工伤事故和职业病高发单位的预防力度。用人单位可从“平台”较准确地获取本单位工伤预防的重点，实现事前有针对性地预防。利于事后处置转变为事前防范，这既解决了点多面广的情况下的预防管理难题，提升了预防保障能力，节约了管理者大量时间精力，也符合预防理论中的风险识别预控及事前防范要求，牢牢掌握工伤预防工作的主动权。

（4）综合确定工伤保险费率浮动。应用工伤保险费率浮动机制促进用人单位做好工伤预防工作，是各统筹地区已建立并正在不断完善的机制。目前，基本上都是以用人单位工伤事故发生情况和保险基金赔付情况为依据确定浮动费率，这种方式存在一些不足：一是不能客观地反映用人单位工伤预防工作的全面情况，不利于充分发挥浮动费率促进工伤预防工作的作用；二是完全由“人”确定浮动费率，公平性不够。“平台”在大数据背景下的用人单位工伤预防工作状况与工伤保险浮动费率确定机制，能够实现科学、准确、公平、公正、公开，促进用人单位做好预防工作，同时可减少人为干扰。

（5）工伤风险趋势分析。工伤风险数字量化，在深入总结分析工伤事故发生规律、特点和趋势的基础上，根据存在主要工伤事故隐患和可能导致的后果，确定工伤风险级别，预测用人单位将来的工伤风险指数。同时用“红、橙、黄、蓝、绿”（红色为风险最高级）定级，并绘制用人单位工伤风险源分布电子图。

（6）利用“平台”变单向式宣传、培训为全面互动式宣传、培训。工伤预防宣传、培训不仅可以提高职工的工伤预防技能和意识，更是防止工伤事故发生最有效的手段。目前，工伤预防培训多借鉴安全生产宣传、培训经验，遵守归口管理、分级实施、分类指导、教考分离等方式，且存在培训内容呆板，培训方式、培训手段不适应形势发展要求等弊端，影响了宣传、培训的工作效率和效果。利用“平台”丰富宣传、培训内容，可改变宣传、培训方式，实行信息化管理，提高宣传、培训的实际效果。

（7）利用“平台”变单调的宣传、培训为多样化。采用大家喜闻乐见的文字、图形、动漫等形式，采取实际操作演练法、案例研讨法、娱乐法等手段，以工伤预防、工伤康复、待遇补偿等方面为内容开展宣传、培训。职工可根据需要，自主选择内容进行学习。

（8）对不同岗位有针对性地开展宣传、培训。对管理者和职工进行有针对性的培训；开辟工伤预防科普和应急逃生常识的宣传教育栏目；对用人单位不同职业人群，由理论基础好、实践经验强的优秀师资实施远程在线教育；对特种岗位人员，采用3D模拟仿真实景操作技能培训系统巩固安全操作技能；对全体职工采用事故模拟、仿真实景再现分析系统，切实提高宣传、培训的实效性。

（9）改变单一培训方式，利用“平台”的工伤预防宣传、培训移动终端，使培训对象随时随地利用手机“自选”宣传、培训内容。

（10）建立工伤预防在线宣传、培训考试考核平台，规范培训考核制度，通过在线学习、考试、考核等方式轻松完成针对职工制订的工伤预防宣传、培训计划。